畜牧兽医国家级高水平专业群产教融合系列教材

食用菌栽培技术

（以姓氏笔画为序）

主　编　李晓玉　唐　渊

副主编　张　萍

国家开放大学出版社·北京

图书在版编目（CIP）数据

食用菌栽培技术 / 李晓玉，唐渊主编；张萍副主编．

北京：国家开放大学出版社，2024.8. -- ISBN 978 - 7
- 304 - 12255 - 3

Ⅰ. S646

中国国家版本馆 CIP 数据核字第 2024XC8689 号

食用菌栽培技术

SHIYONGJUN ZAIPEI JISHU

主　编　李晓玉　唐　渊

副主编　张　萍

出版・发行：国家开放大学出版社

电话：营销中心 010 - 68180820　　　　总编室 010 - 68182524

网址：http://www.crtvup.com.cn

地址：北京市海淀区西四环中路 45 号　　邮编：100039

经销：新华书店北京发行所

策划编辑：金　慧　　　　　　　　版式设计：何智杰

责任编辑：张子翱　　　　　　　　责任校对：吕昀豁

责任印制：武　鹏　沙　烁

印刷：天津嘉恒印务有限公司

版本：2024 年 8 月第 1 版　　　　2024 年 8 月第 1 次印刷

开本：787mm × 1092mm　1/16　　印张：14　　字数：278 千字

书号：ISBN 978 - 7 - 304 - 12255 - 3

定价：48.00 元

食用菌栽培是现代生态农业的重要组成部分。从 20 世纪初纯菌种培育获得成功以来，食用菌人工栽培技术不断改进和完善，栽培规模不断扩大，受到了世界各国的普遍重视。随着科学研究的深入和科学技术的发展，人们对食用菌的认识不断加深。医学界发现，多种食用菌有促进人体健康、预防或治疗疾病的作用。生物界、环保界认为，食用菌是大自然生态良性循环的积极参与者，它们能分解、利用工农业副产品、废料；栽培过食用菌的培养料，又可作家畜、家禽的饲料等。因此，发展食用菌栽培，可加快城乡废弃物在生态循环中的转化速度，增加产品输出，提高整个生态系统的生产力。经济学界认为，食用菌栽培投资少、见效快，可向立体发展，占地少、城乡皆宜，经济效益和社会效益显著，前景广阔。

近年来，随着职业教育的飞跃发展，我国的教育改革取得了突破性进展。党的二十大报告指出，要"统筹职业教育、高等教育、继续教育协同创新，推进职普融通、产教融合、科教融汇，优化职业教育类型定位"。根据产业转型升级对职业教育提出的新要求，即将职业标准融入课程标准、课程内容的设计和实施中，编者按照项目教学的要求分解出各单元，组织编写了本教材。

本教材分为 5 个项目，即食用菌概述、食用菌的制种技术、常见食用菌栽培技术、食用菌病虫害防治、食用菌保鲜与加工。每个项目都制定了学习目标，包括知识目标和技能目标；分任务进行教学，每个任务都包含任务描述、知识准备及任务实施，让学生先学习、掌握理论知识，再具体实施，更好地发挥教学作用，大部分任务后还有知识拓展。本教材整体内容充实、简洁，语言精练，具有较强的实用性。

本教材由宁夏职业技术学院的教师根据多年的教学、科研实践和有关文献资料，分工合作编写而成。主编李晓玉负责拟定编写大纲、组织编写及统稿，主编唐渊协助主编李晓玉进行修改等相关工作。具体分工为：项目一、项目二、项目四、项目五，李晓玉、张萍；项目三，唐渊。

本教材可作为高等职业教育农林类专业教材，也可供食用菌科研工作者、相关从业人员和食用菌爱好者参考使用。

学生可通过学习本教材掌握食用菌的基础知识，根据自己的需求选择相关食用菌品种，学习其栽培、病虫害防治和采后加工等技术知识。学生在使用本教材时，一定要关注学习目标，利用好知识拓展的相关内容，真正地学到技术。

在本教材的编写过程中，编者参考、借鉴了一些国内外学者编写的著作与教材，并邀请多家食用菌生产企业进行指导，得到了相关老师的支持与帮助，在此一并向他们致以衷心的感谢！

编者

2024 年 3 月

CONTENTS

项目一 食用菌概述

学习目标

1. 知识目标

（1）认识食用菌和毒蘑菇的价值，掌握其概念。

（2）了解食用菌的分类地位和食用菌的种类。

（3）了解食用菌的基本形态结构特征、菌丝发育成子实体的形态变化。

（4）熟悉食用菌生长的营养要素及环境条件。

2. 技能目标

（1）能够区别食用菌的形态。

（2）能够区别食用菌的种类。

（3）能够根据不同食用菌的营养需求，选择合适的栽培原料配方。

任务 1-1 食用菌的概念、价值和鉴别

任务描述

通过学习食用菌的概念、价值、鉴别，学生能够对食用菌有一定了解；认识食用菌的主要类群；能够区别常见食用菌的种类。

知识准备

一、神奇的蘑菇世界

中国的地形地貌复杂、气候复杂多样，森林、草原植被和土壤种类、生态系统类型多种多样，为野生菌类的生长、繁衍创造了良好的生态环境。

（1）白牛肝菌（如图 1-1-1 所示），又称美味牛肝菌，生长于海拔 900 m 至 2 200 m 之间的松栎混交林中或砍伐不久的林缘地带；生长期为每年五月底至十月中，雨后天晴时生长较多，易于采收。白牛肝菌菌柄粗大，俗名"大脚菇"。白牛肝菌味道鲜美、营养丰富、厚实多汁，有"一颗牛肝菌管饱一顿饭"的说法。云南省各族群众喜爱采集白牛肝菌鲜菌烹调食用，西欧各国也有食用白牛肝菌的习惯。新鲜白牛肝菌除烹调食用外，也可以切片干燥，加工成各种小包装产品，用来配制汤料或做成酱油浸膏，还可以制成盐腌品食用。

图 1-1-1 白牛肝菌

（2）珊瑚菌（如图 1-1-2 所示），又名扫帚菌、帚菌、刷把蕈、扫把菌、笤帚、红扫把等。珊瑚菌科各属有不少质地脆嫩、别具风味的食用菌，是我国野生食用菌资源中不可忽视的组成部分。例如，葡萄状枝瑚菌、葡萄状珊瑚菌都可以食用。珊瑚菌有很多品种，颜色艳丽，有红、黄、白等色。珊瑚菌的子实体菌柄粗大，呈圆柱状或柱状团块，光滑，基部白色，具粉状斑点，手压后变褐色；菌肉白色，有蚕豆香味；由基部向上分叉，中上部呈多次分枝，成丛，淡粉色、肉桂红色，顶端呈指状丛集，蔷薇红色；老时菌肉褐色，孢子狭长，脐突一侧压扁，有斜长的斑马纹状平行脊突。

图 1-1-2　珊瑚菌

（3）绣球菌（如图 1-1-3 所示），又名绣球蕈、对花菌、干巴菌、椰菜菌等，多孔菌目、绣球菌科、绣球菌属。其子实体中等至大型，肉质，由一个粗壮的柄上发出许多分枝，枝端形成无数曲折的瓣片，形似巨大的绣球，因此得名绣球菌。因其具有较高的激活免疫能力，在日本有"梦幻神奇菇"之称。绣球菌含有大量的 β–葡聚糖、维生素 C、维生素 E 等美容产品有效成分，对祛除黑色素沉淀等肌肤问题具有良好的功效。

图 1-1-3　绣球菌

（4）鸡冠菌（如图 1-1-4 所示），子实体群生、丛生，无菌柄，金黄色至红色；口感脆嫩，有很好的防癌、抗癌效果。

（5）马勃（如图 1-1-5 所示），俗称牛屎菇、马蹄包、药包子、马屁泡，担子菌门马勃科。马勃嫩时色白，圆球形，体型较大，可食用，嫩如豆腐；老则灰褐色而虚软，外部有略有韧性的表皮，顶部出现小孔，弹之有粉尘飞出，内部如海绵，黄褐色。

图 1-1-4　鸡冠菌

图 1-1-5　马勃

（6）"见手青"。"见手青"（如图 1-1-6 所示）是一类具有显色反应特征的牛肝菌的统称。因其菌肉被压伤或被手碰伤后呈靛蓝色，故名"见手青"。"见手青"物种数量庞大，隶属于牛肝菌科，大部分为牛肝菌属，也有一些归为其他属，如绒盖牛肝菌属、粉末牛肝菌属等。

图 1-1-6　"见手青"

（7）炫蓝蘑菇（如图 1-1-7 所示），俗称"精灵的梧桐"（pixie's parasol）。它颜色鲜丽，但是并不发光，未成熟时期的幼苗呈蓝色。它在澳大利亚分布广泛，包括维多利亚州、塔斯马尼亚州、新南威尔士州、南澳大利亚州，以及昆士兰州的雷明顿国家公园。

图 1-1-7　炫蓝蘑菇

（8）荧光小菇。荧光小菇（如图1-1-8所示）是一种生物发光菌。19世纪，研究人员从来自日本小笠原群岛的标本中发现荧光小菇。其他生物发光菌主要分布在马来西亚、印度尼西亚、巴西、墨西哥和波多黎各，主要呈淡黄色，发绿光。生物发光菌发光是真菌内化学作用的结果，其作用方式与萤火虫发光类似。科学研究表明，生物发光菌中可分离出荧光素和荧光酶，生物发光菌的荧光源于一种被称为牛奶树碱的抗氧化剂。牛奶树碱通过酶促反应，被羟化酶转变为荧光素，然后荧光素在荧光酶的酶促反应中，因被氧化而发光。生物发光菌发光的亮度及其持久性受环境温度及水分的制约，同时也因蘑菇本身的营养条件及其衰老状态的改变而变化。

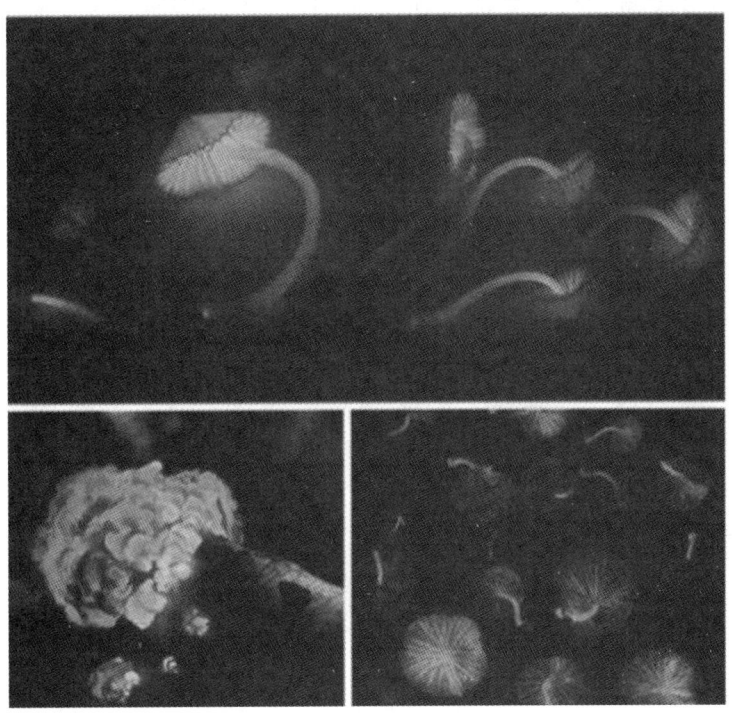

图 1-1-8　荧光小菇

据卯晓岚先生估计，我国食用菌有900多种，是世界上野生食用菌资源最为丰富的国家之一。然而，其中可培养出子实体的只有90多种，能进行大规模商业性栽培的仅20～30种，大量的食用菌仍处于野生状态。这些野生食用菌以其独特的营养和品质，被国际公认为"绿色食品中的珍宝"，有待于我们研究、驯化、栽培及利用。

二、食用菌的概念及价值

世界上的生物大致包括植物、动物和微生物。高等植物一般包括根、茎、叶等部位，主要依靠根系吸收水分和矿物质，依靠叶片中的叶绿素进行光合作用。多数高等植物通过种子进行繁殖。高等动物通过吞食方式进行取食，属于异养生物，通常以卵生和胎生方式繁殖。微生物是指微小的生物，通常需要在光学显微镜和电子显微镜下放大几十倍甚至几十万倍才能看见其个体形态。微生物包括病毒、细菌和真菌等。食用菌属于真菌界真菌门中的担子菌亚门和子囊菌亚门，大约有90%的食用菌属于担子菌亚门，10%属于子囊菌亚门，食用菌的分类地位如图1-1-9所示。

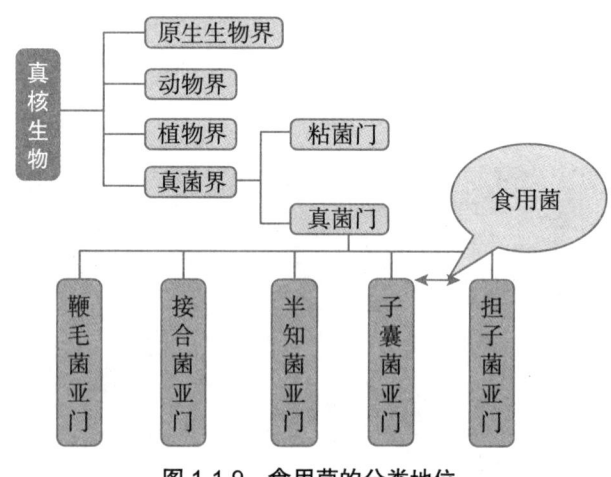

图1-1-9　食用菌的分类地位

1. 真菌的基本特征

（1）依靠丝状菌丝体吸收营养。

（2）菌丝体交织在一起形成组织体。

（3）细胞壁常含有几丁质，具有真正的细胞核。

（4）能够产生有性孢子或无性孢子进行繁殖。

（5）没有叶绿素，不能进行光合作用。

2. 食用菌的概念

食用菌是高等真菌中能形成大型肉质、胶质子实体或菌核类组织，并能食用的菌类的总称。这类高等真菌，大多子实体硕大，因而又称为可食用的大型真菌。据估计，全球能形成大型子实体的真菌有140 000种左右，而已被记载或已知的种类仅有14 000种左右，其中可食用的有2 000多种。有学者认为，有50%的已被描述的大型真菌具有不同程度的可食性。目前，可人工栽培的食用菌约200种，其中60多种可商业化栽培，具有一定规模的商业化栽培的有30多种。

3. 食用菌的价值

食用菌由于营养丰富、口感鲜爽、风味独特，自古以来就被人们列为上等佳肴。食用菌不仅味道鲜美，而且是一种高蛋白、低脂肪，富含人体必需的8种氨基酸以及多种维生素和矿物质等营养成分的健康食品，还具有提高机体的免疫力、调节生理代谢、预防疾病、延缓衰老等多种重要的药用和保健功能。目前，食用菌已经被联合国推荐为 21 世纪的理想健康食品，也被誉为绿色食品以及"植物性食品的顶峰"。有专家预测，21 世纪的食品将由 20 世纪的植物蛋白和动物蛋白组成的二元结构，发展为以植物蛋白、动物蛋白和菌类蛋白组成的三元结构。所以，我国著名的保健专家洪昭光教授提出了"一荤一素一菇"的健康合理的饮食结构。

（1）食用菌的营养价值。食用菌的营养丰富，蛋白质含量居于肉类和果蔬之间。几乎所有的食用菌都含有 8 种人体必需的氨基酸，低脂肪、低热量，且维生素和矿物质含量特别高。

① 蛋白质含量高。食用菌的蛋白质含量高于一般果蔬，占干重的 15% ~ 35%。不同培养料栽培的食用菌，其蛋白质含量存在差别，且草腐型食用菌蛋白质含量高于木腐型食用菌，未成熟的菇蕾蛋白质含量高于老熟的子实体。

② 氨基酸含量丰富。食用菌大多含有人体所必需的 8 种氨基酸，即赖氨酸、色氨酸、苯丙氨酸、甲硫氨酸、苏氨酸、异亮氨酸、亮氨酸、缬氨酸，尤其是食用菌含有的赖氨酸和亮氨酸完全能满足人体的需要。这些氨基酸人体不能合成或者合成量不足，需要从食物中获得。双孢蘑菇、香菇、草菇、平菇氨基酸总量大体相近，但各种氨基酸占比不同。

③ 低脂肪、低热量。食用菌的脂肪含量为其干重的 1.1% ~ 8.1%，其天然粗脂肪种类齐全，包括甘油二酸酯、甘油三酸酯、固醇和磷酸酯等。食用菌中不饱和脂肪酸含量高，是其成为健康食品的重要原因之一。常见食用菌干品中脂类含量如表 1-1-1 所示。

表 1-1-1 常见食用菌干品中脂类含量

品种	干品中脂类含量		
	总含量	不饱和脂类含量（占总含量）	饱和脂类含量（占总含量）
草菇	3.0%	1.76%（58.8%）	1.24%（41.2%）
冬菇	2.1%	1.55%（73.7%）	0.55%（26.3%）
香菇	1.3%	0.96%（73.6%）	0.34%（26.4%）
花菇	2.1%	1.37%（65.0%）	0.73%（35.0%）
双孢蘑菇	3.1%	2.12%（68.3%）	0.98%（31.7%）
凤尾菇	1.6%	1.08%（67.8%）	0.52%（32.2%）
黑木耳	1.3%	1.02%（78.1%）	0.28%（21.9%）

④ 维生素含量丰富。食用菌富含多种维生素，是人体维生素的重要来源。食用菌含丰富的 B 族维生素、生物素、维生素 C、麦角固醇等，其中 B 族维生素、麦角固醇含量比其他食物高，因此，食用菌有"植物肉"的美誉。

⑤ 富含多种矿物质。食用菌含有多种矿物质，如钙、磷、锰、镁、铁、锌、铜、钠、硫、氯、碘、硒等，其中钾、磷的含量较多，钙的含量次之，铁的含量较少。经常食用食用菌，有利于骨骼成长、保养牙齿、保持肌体的应激性。例如，金针菇有增加儿童的身高、体重，增强记忆力的功效，在日本被称为"增智菇"。

（2）食用菌的药用价值。大多数食用菌富含植物纤维，因此食用食用菌可以促进胃肠蠕动，防止便秘，并且降低血液中的胆固醇含量。香港中文大学食用菌专家张树庭教授曾这样形象地描述食用菌："无叶无芽无花，自身结果；可食可补可药，周身是宝。"各种食用菌不仅含有常规的单糖、二糖，还含有植物所少有的真菌多糖、糖蛋白、糖肽等。食用菌可以有效地提高人体免疫力，有抗肿瘤、抗癌、降血糖、降血压、降血脂、降低胆固醇、清除血液垃圾、软化血管、预防血管内壁粥样硬化、抗血栓、抗氧化、抗衰老等作用。食用菌的抗氧化能力很强，可以与一些色泽鲜艳的蔬菜相媲美。此外，食用菌还有护肝、促进肠蠕动、健肾、健脾益胃、保护神经、补血、加速排毒、抗菌、抗病毒等多种功效。食用菌中的核糖核酸具有很好的抗病毒作用，为人类制造新的抗病毒药物提供了新的途径。

 任务实施

一、食用菌鉴定

（一）材料准备

采集的野外大型真菌以及市场上售卖的各类大型真菌、各类食用菌标本、野外生境及子实体清晰照片。

（二）参考书籍准备

《中国食药用菌学》《中国大型菌物资源图鉴》《中国大型真菌彩色图谱》《实用野生蘑菇鉴别宝典》《中国大型真菌》等。

（三）食用菌基础鉴定

食用菌的分类是人们认识、研究和利用食用菌的基础。对野生食用菌的采集、驯化和鉴定，食用菌的杂交育种，以及资源开发、利用，都需要具备一定的分类学知识。

1. 食用菌的分类地位

魏泰克（R. Whittaker）提出的生物界系统包括植物界、动物界、原核生物界、原生生物界、真菌界。食用菌的分类地位和其他生物一样，也是按界、门、纲、目、科、属、

种的等次排列的。种是基本单位（种下有时还可划分为变种、生理小种或培养小系等）。

（1）品种。品种是指有共同祖先，有一定经济价值，遗传性状比较一致的人工栽培的食用菌群体。

（2）菌株。菌株是指单一菌体的后代，其是由共同祖先（同一种、同一品种、同一子实体）分离的纯培养物。

2. 食用菌的分类依据

食用菌的分类主要是以其形态结构、细胞、生理、生化、生态学、遗传等特征为依据的，特别是以子实体的形态和孢子的显微结构为主要依据。

3. 食用菌的种类

我国的地理位置和自然条件十分优越，蕴藏着极为丰富的食用菌资源。有研究表明，我国已经发现 900 多种食用菌，它们分别隶属于 144 个属、46 个科。

（1）子囊菌中的食用菌。在我国，属于子囊菌的食用菌分别隶属于 6 个科，即麦角菌科（如冬虫夏草）、块菌科（如黑孢块菌、白块菌、夏块菌）、羊肚菌科（如羊肚菌、黑脉羊肚菌、尖顶羊肚菌、皱柄羊肚菌）、地菇科（如网孢地菇、瘤孢地菇）、马鞍菌科（如马鞍菌、棱柄马鞍菌）和盘菌科。

（2）担子菌中的食用菌。

① 耳类，包括木耳目、银耳目、花耳目的可食用菌类。其常见的种类包括木耳科的黑木耳、毛木耳、皱木耳以及琥珀木耳等，其中黑木耳是著名食用兼药用菌；银耳科的银耳、金耳、茶耳、橙耳等，其中银耳和金耳也是著名的食用兼药用菌；花耳科的桂花耳。

② 非褶菌类，包括珊瑚菌科、锁瑚菌科、绣球菌科、牛舌菌科、齿菌科、多孔菌科、灵芝科的可食用菌类。常见的种类有珊瑚菌科的虫形珊瑚菌、杵棒珊瑚菌、扫帚菌；锁瑚菌科的冠锁瑚菌、灰锁瑚菌；绣球菌科的绣球菌；牛舌菌科的牛舌菌；齿菌科的猴头菇、珊瑚状猴头菇、卷缘齿菌，其中猴头菇是著名的食用兼药用菌；灵芝科的灵芝、树舌，其中灵芝被誉为"仙草"，有神奇的药效；多孔菌科的灰树花、猪苓、茯苓、硫色干酪菌，其中猪苓、茯苓的菌核是著名的中药材，灰树花又称栗子蘑，近年来越来越受国际市场的青睐。

③ 伞菌类，包括伞菌目、牛肝菌目、鸡油菌目、红菇目的可食用菌类，其中伞菌目的食用菌种类最多。常见的种类包括鸡油菌目的鸡油菌、小鸡油菌、灰号角、白鸡油菌等，鸡油菌近年来在国际市场上十分走俏，尤其是盐渍的鸡油菌；伞菌目的双孢蘑菇、野蘑菇、林地蘑菇、大肥菇；粪伞科的田头菇、杨树菇；鬼伞科的毛头鬼伞、墨汁伞、粪鬼伞、白鸡腿蘑；丝膜菌科的金褐伞、黏柄丝膜菌、蓝丝膜菌、紫丝膜菌、皱皮环锈伞等；蜡伞科的鸡油蜡伞、小红蜡伞、变黑蜡伞、鹦鹉绿蜡伞；光柄菇科的灰光柄菇、

草菇、银丝草菇；粉褶菌科的晶盖粉褶菌、斜盖褶菌；球盖菇科的滑菇、毛柄鳞伞、白鳞环锈伞、尖鳞伞；靴耳科的靴耳；鹅膏科的灰托柄菇、橙盖鹅膏菌；口蘑科的大杯伞、雷蘑、鸡枞、肉白香蘑、长根菇、松口蘑、金针菇、堆金钱菌、红蜡蘑、棕灰口蘑、榆生离褶伞等，其中松口蘑是十分珍贵的食用菌，在日本享有"蘑菇之王"的美称，每千克鲜品的价格高达几十美元到上百美元；牛肝菌科的美味牛肝菌、厚环乳牛肝菌、褐疣柄牛肝菌、黏盖牛肝菌、黑牛肝菌、松乳牛肝菌、松塔牛肝菌；铆钉菇科的铆钉菇；桩菇科的卷边网褶菌、毛柄网褶菌；红菇科的大白菇、变色红菇、黑菇、正红菇、变绿红菇、松乳菇、多汁乳菇；侧耳科的糙皮侧耳、金顶侧耳、桃红侧耳、凤尾菇、小平菇。

④腹菌类。腹菌类的食用菌主要指灰包目、鬼笔目、轴灰包目、黑腹菌目和层腹菌目的可食用的菌类。黑腹菌目和层腹菌目属于地下真菌，即子实体的生长发育是在地下土壤中或腐殖质层下面土表完成的真菌。常见的种类有灰包科的网纹灰包、梨形灰包、大秃马勃、中国静灰球；鬼笔科的白鬼笔、短裙竹荪、长裙竹荪；灰包菇科的荒漠胃腹菌；黑腹菌科的倒卵孢黑腹菌、山西光腹菌；须腹菌科的红须腹菌、黑络丸菌、柱孢须腹菌；层腹菌科的梭孢层腹菌、苍岩山层腹菌。

二、食用菌的综合鉴定

根据食用菌形态特征对其做出基本分类之后，找到图鉴中相对应的类别，通过将样品与图鉴彩色照片的形态结构描述比对，确定食用菌种类。如果不能准确鉴定，可将样品送至分子测序公司测序，最后综合图鉴完成食用菌的鉴定。

 知识拓展

食用菌栽培简史

食用菌作为一类自然界广泛分布的真菌可食资源，人类对它的认识和利用晚于对植物和动物的认识和利用。

1977年，我国浙江余姚河姆渡出土的新石器时代化石表明，早在7 000年以前，中国人的祖先就已经开始食用蘑菇。阿历索保罗（C.Alexopoulos）等著的《菌物学概论》中记载了4 000年前古希腊的迈锡尼（Mycenae）文明的人类利用蘑菇的历史。公元前500年以后，各个历史时期，中国都有大量的文献记载人们对食用菌的认识和利用。例如，北魏的《齐民要术》中介绍了多种蘑菇加工烹饪方法。

人类在认识和采食野生食用菌的基础上，在5世纪前后，出现了人工栽培食用菌的活动。

南北朝时期的《名医别录》中有用松木栽培茯苓的记录。中国古籍中记载的最早的

"种菌法"，是唐代韩鄂所著《四时纂要》中记载的金针菇的栽培方法。

在 7 世纪，我国湖北房县一带就有木耳栽培，出现了人工接种和培植的方法。唐代苏敬的《唐本草》有详细记录："煮浆粥安诸木上，以草覆之，即生蕈尔。"其内容包括了接种、保湿、出耳多个重要的栽培环节。

元代农学家王祯所著的《王祯农书》详细记述了香菇段木半人工栽培技术，包括了选场、选树、砍伐、接种、浇水、惊蕈、催菇等内容。书中"菌子"一段中，记载了农民栽培香菇的经验。由此可见，我国人工栽培香菇已有十分久远的历史了。

17 世纪中叶，法国成功地进行了双孢蘑菇的栽培。博纳丰（Bonnefons）在 1651 年详尽地描述了双孢蘑菇的栽培方法。法国植物学家杜纳福（Tournefort）在 1707 年发表了双孢蘑菇栽培的论文，描述了法国人利用有孢子萌发长出白色丝状物的马粪作为"菌种"栽培双孢蘑菇的过程，并提出了"覆土出菇"的方法。

18 世纪，日本从中国学习引进了香菇栽培技术。佐藤成裕的《惊蕈录》中系统描述了名为"铊目法"的香菇栽培技术。

19 世纪初，我国广东一带开始栽培草菇。1822 年，《广东通志》中就记载了广东韶关的南华寺僧人们以稻草栽培草菇的方法，并称草菇为"南华菇"。《英德县续志》具体记录了南华寺的草菇栽培，包括整地、建堆、保温保湿、采收、烘干、市场销售等全过程的技术。在 20 世纪，广东的草菇栽培技术被华侨带到东南亚和北非，并被西方所认识，所以草菇的英文名为 Chinese mushroom（中国菇）。

19 世纪后期，银耳在四川通江、湖北房县有大规模栽培。1865 年，四川通江已有大规模人工栽培银耳的记载。1898 年，当地耳农为保护银耳的生态环境，立下"银耳碑"，规定不准在耳林中放牛割草、打猎采集、铲山灰和烧荒。

20 世纪是世界食用菌栽培产业种类、规模和技术的快速发展时期。从种类看，之前的食用菌栽培主要集中在双孢蘑菇、香菇、木耳等几个种类，20 世纪后有 20 多种食用菌被规模化栽培。

在规模上，20 世纪初，全球人工栽培食用菌的总产量在 1 万 t 以下。到 2000 年，全球人工栽培食用菌的总产量约 920 万 t，中国 2000 年的食用菌产量达 663.8 万 t，占全球总产量的 65%，产值仅次于粮、棉、油、果、菜，居第 6 位，超过了茶叶、糖、蚕桑等经济作物，成为我国农业经济中的重要产业。

在技术方面，食用菌栽培的发展更是突飞猛进。19 世纪末，法国巴斯德微生物研究所采用孢子分离获得双孢蘑菇纯菌种的技术，为食用菌栽培产业插上了腾飞的翅膀。以双孢蘑菇为例，1905 年达格尔（Dugar）发明并公布了双孢蘑菇的纯菌种培养方法。1932 年，辛登（Sinden）发明了谷粒种的菌种制作技术。同期，标准化的双孢蘑菇菇房在美国诞生。纯菌种、谷粒种、标准化菇房三大技术大大地促进了欧美食用菌栽培产业的发展。1960 年以后，新品种、机械化设备的使用，特别是在 1980 年以后电子计算机控制的现代新标准菇房、二次发酵、三次发酵、栽培过程分工合作等技术方法以及现代生物学研究成果的基础上，工业自动化和电子信息技术的应用和不断优化，使双孢蘑菇生产环境控制水平进入电子计算机控制水平，其产量和品质不断提升，双孢蘑菇栽培产业进入机械化、工厂化、自动化、电子信息化的产业新时代，成为食用菌产业技术的领头羊。

在日本，1911 年，森本彦三郎成功地用组织分离法获得香菇纯菌种，极大地推动了日本香菇段木栽培技术的发展。在 20 世纪 50—70 年代，日本成为世界香菇栽培技术的带头国家，其技术辐射到韩国及东南亚，并回传到中国。20 世纪 70 年代，日本成功研发出木腐菌（金针菇）的工厂化瓶栽技术，并投入大规模生产。随后，真姬菇、海鲜菇、杏鲍菇、灰树花等食用菌工厂化栽培技术也取得重大突破，丰富了工厂化栽培的食用菌种类。其在工厂化品种选育、生产机械化、菌种生产工艺、菇房设施设备及生态环境控制等方面进行了一系列的研究，形成了整套工厂化生产技术规范，为世界食用菌产业发展做出了重大贡献，特别是对中国和韩国当代食用菌产业发展产生了重要影响。

在中国，1949 年以前，人们一直用自然接种法进行香菇、木耳、银耳、草菇等食用菌的栽培。中华人民共和国成立后，中国食用菌栽培产业得到了发展。20 世纪 60 年代，我国菌种制备技术基本成熟。20 世纪 70 年代。我国开始广泛推广人工接种技术，使食用菌产业规模不断扩大，促进了驯化工作和可栽培种类的增加；栽培基质材料的创新成果不断出现，农作物秸秆开始被使用到食用菌栽培中。到 1978 年，我国食用菌的总产量已达到 5.8 万 t。1978 年底，改革开放使全国各行各业进入了快速发展的车道，食用菌栽培产业搭上了发展的快车，开始缔造震撼世界的"中国食用菌发展奇迹"。到 1986 年，我国食用菌总产量从 1978 年的 5.8 万 t 增长到 58.5 万 t，是 1978 年的约 10 倍，占 1986年世界总产量 218.2 万 t 的 26.8%。到 1994 年，我国食用菌总产量达到 264.1 万 t，占世界总产量 490.9 万 t 的 53.8%。到 2000 年，我国食用菌总产量是 663.8 万 t，是改革开放前的 100 倍以上，占世界食用菌总产量的 65%。

进入 21 世纪，更多的野生食用菌种类被驯化栽培。现在，约 200 种野生食用菌可以试验性栽培，约 100 种人工栽培成功，其中 70 多种实现商业化栽培，约 30 种实现了大规模的商业化栽培。2017 年，全球食用菌总产量约 4 950 万 t，产值约 420 亿美元。

2017 年，中国食用菌产量达 3 712 万 t，占世界总产量的 75%，产值约 2 721 亿元人民币。食用菌栽培在中国农业经济中占有重要位置，是粮、蔬、果、油之后的第五大农业产业，超过棉花、茶叶和糖类。

从全国食用菌产量分布看，总产量在 100 万 t 以上的有：河南（519.1 万 t）、福建（408.71 万 t）、山东（392.99 万 t）、黑龙江（324.35 万 t）、河北（291.89 万 t）、吉林（230.12万t）、江苏（220.15万t）、四川（205.56万t）、陕西（121.42万t）、江西（121.18万t）、湖北（115.8万t）、辽宁（107.70万t）。产量50万t以上100万t以下的有广西、湖南、浙江、广东、云南、安徽、内蒙古、贵州。

按食用菌种类统计，产量前7位的种类依次是：香菇（986.51万t）、黑木耳（751.85万t）、平菇（546.39万t）、双孢蘑菇（289.52万t）、金针菇（247.92万t）、毛木耳（168.64万t）和杏鲍菇（159.71万t），其总产量占全国食用菌总产量的84.9%，是我国食用菌产品的主要品种。2017年产量在20万～90万t的食用菌有茶薪菇、银耳、真姬菇、秀珍菇、草菇、滑菇6个品种。

2016年，我国有食用菌工厂600多家，日产量达到7000多t，占全球食用菌工厂化总产量的43%。这些工厂的主要技术和品种，除双孢蘑菇及其栽培技术来自欧美，基本上都来自日本或韩国。

近年来，我国具有完全自主知识产权的食用菌工厂化栽培新种类开始出现，如绣球菌、暗褐网柄牛肝菌、裂褶菌、金耳等。

可以看出，中国已成为世界食用菌栽培产业的"超级航母"。中国食用菌出口到世界各国，食用菌栽培产业是中国农业产业中最具有国际市场竞争力的行业之一。

任务 1-2　食用菌的形态结构及生活史

任务描述

通过学习食用菌的基本形态结构，学生可以了解菌丝发育成子实体的形态结构变化。

知识准备

在自然界中，食用菌种类繁多、千姿百态、大小不一。不同种类的食用菌以及不同的环境中生长的食用菌都有其独特的形态结构特征。虽然它们在外表上有很大差异，但实际上它们都是由生活于基质内部的菌丝体和生长在基质表面的子实体组成的，即食用菌是由菌丝体和子实体两部分组成的。掌握食用菌形态结构和分类知识，是指导生产、获得栽培成功的前提和保证。

一、菌丝体的形态结构

1. 菌丝的概念

菌丝是由管状细胞组成的丝状物，是由孢子吸水后萌发芽管，芽管的管状细胞不断分枝伸长发育而形成的。每一段生活菌丝都具有潜在的分生能力，均可发育成新的菌丝体。生产中应用的"菌种"，就是利用菌丝细胞的分生作用进行繁殖的。食用菌的菌丝一般是多细胞的，菌丝被隔膜（septum）隔成了多个细胞，每个细胞可以是单核、双核或多核的。隔膜是由细胞壁向内环状生长而形成的。菌丝的类型如图1-2-1所示，食用菌的菌丝都是有隔菌丝。

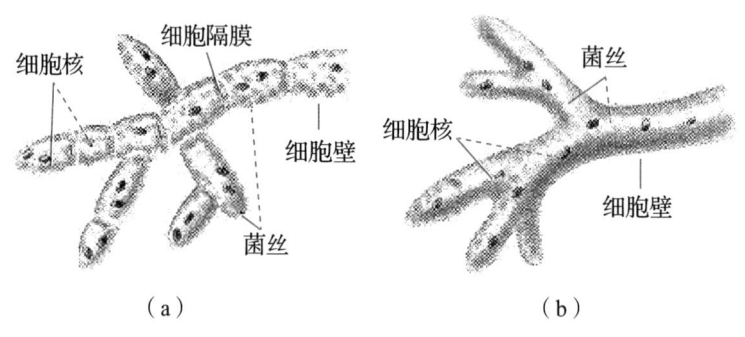

图 1-2-1　菌丝的类型

（a）有隔菌丝；（b）无隔菌丝

2. 菌丝的形态

食用菌菌丝的形态为多细胞、管状、无色、透明、有横隔。

3. 菌丝的功能

菌丝的功能包括分解、吸收、转化、积累、运输养分和繁殖。

4. 菌丝的类型

根据菌丝发育的顺序和细胞中细胞核的数目，食用菌的菌丝可分为初生菌丝、次生菌丝、三生菌丝。

（1）初生菌丝。初生菌丝是由孢子萌发而形成的菌丝。开始时菌丝细胞多核、纤细，后产生隔膜，分成许多个单核细胞，每个细胞只有一个细胞核，因此其又称为单核菌丝或一次菌丝。子囊菌的单核菌丝发达且生活期较长；而担子菌的单核菌丝生活期较短且不发达，两条初生菌丝一般很快配合后发育成双核化的次生菌丝。单核菌丝无论怎样繁殖，一般都不会形成子实体，只有和另一条可亲和的单核菌丝质配之后变成双核菌丝，才会产生子实体。

（2）次生菌丝。两条初生菌丝结合，经过质配而形成次生菌丝。由于在形成次生菌丝时，两个初生菌丝细胞的细胞核并没有发生融合，因此次生菌丝的每个细胞含有两个细胞核，因此其又称为双核菌丝或二次菌丝。双核菌丝是食用菌菌丝存在的主要形式，食用菌生产上使用的菌种都是双核菌丝，一般只有双核菌丝才能形成子实体。它能发出多个分枝，向多极生长，并分泌水解酶，将基质中的大分子碳水化合物水解成小分子化合物以供自身生长需要，从而不断生长扩大，直至成熟集结形成子实体，同时也为子实体提供养料。两条初生菌丝制种培养次生菌丝体，任何微小的菌丝体片段（菌种块），均能产生新的生长点，并由此产生新的菌丝体。生长基质内的菌丝体，如条件适宜，可以永远生长下去，直至基质养料消耗完毕。

大部分食用菌的双核菌丝顶端细胞上常发生锁状联合，这是双核菌丝细胞分裂的一种特殊形式。担子菌中许多种类的双核菌丝都是靠锁状联合进行细胞分裂，不断增加细胞数目，锁状联合过程如图 1-2-2 所示。

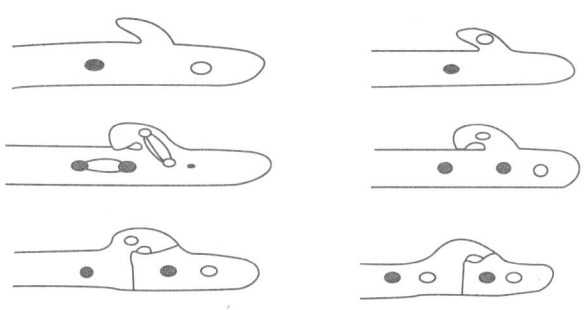

图 1-2-2　锁状联合过程

① 在双核菌丝的两核间的细胞壁上产生一个喙状突起（喙突），其中一个核移入喙突，两异质核开始同时进行有丝分裂，形成四个子核。

② 在喙突中形成的两个核，一个留在其中，另一个转移到细胞的上端；菌丝中分裂的两个核，一个与喙突中转移过来的核移动到上端，另一个移动到下端。

③ 细胞中部和喙突基部均生出横隔，将原细胞分成三部分。此后，喙突尖端继续下延与细胞下部接触并融通。同时喙突中的核进入下部细胞内，使下部细胞也成为双核。

经上述变化后，四个子核分成两对，一个双核细胞分裂为两个。此过程结束后，在两细胞分融处残留一个喙状结构，即锁状联合。

这一过程保证了双核菌丝在进行细胞分裂时，每个细胞都能含有两个异质核，为进行有性生殖，通过核配形成担子打下基础。双核菌丝是靠锁状联合进行细胞分裂的；锁状联合是双核菌丝的鉴定标准，凡是产生锁状联合的菌丝均可判断为双核菌丝。锁状联合也是担子菌亚门的明显特征之一，尤其是香菇、平菇、灵芝、木耳、鬼伞等。

（3）三生菌丝。三生菌丝是指由次生菌丝进一步发育形成的已组织化的菌丝，也称为结实性菌丝，如菌索、菌核、菌根中的菌丝以及子实体中的菌丝。

5. 菌丝体的概念

菌丝体是由基质内无数纤细的菌丝交织而成的丝状体或网状体，一般呈白色绒毛状，如图 1-2-3 所示。

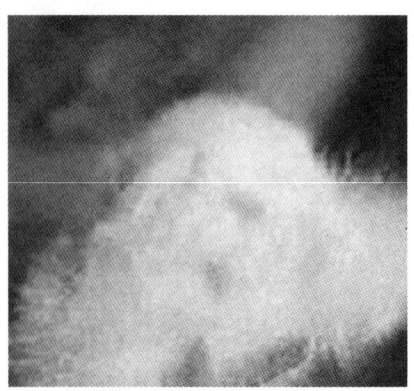

图 1-2-3　菌丝体

6. 菌丝组织体的类型

菌丝体无论在基质内伸展，还是在基质表面蔓延，一般都是很疏松的。但是有的子囊菌和担子菌在环境条件不良或在繁殖的时候，菌丝体的菌丝相互紧密地缠结在一起，就形成了菌丝体的变态，即菌丝组织体。常见的菌丝组织体有以下几种。

（1）菌索。菌索是指由菌丝缠结而形成的形似绳索的结构。菌丝组织体对不良环境有较强的抵抗力，当环境条件适宜时，菌索可发育成子实体，典型的有蜜环菌、安络小伞等。

（2）菌核。菌核是指由菌丝体和贮藏营养物质密集而形成的有一定形状的休眠体。菌核中贮藏着较多的养分，对干燥、高温和低温有较强的抵抗能力。因此，菌核既是真菌的贮藏器官，又是度过不良环境的菌丝组织体。菌核中的菌丝有较强的再生力，当环境条件适宜时，很容易萌发出新的菌丝或者由菌核上直接产生子实体。我们常用的药材如猪苓、雷丸、茯苓等都属于菌核，如图 1-2-4 所示。

图 1-2-4　菌核

（3）菌丝束。由大量平行菌丝排列在一起形成的肉眼可见的束状菌丝组织叫菌丝束。其无顶端分生组织，如双孢蘑菇子实体基部常生长着一些白色绳索状的丝状物即它的菌丝束。

（4）菌膜。由菌丝紧密交织成一层薄膜即菌膜，如香菇的表面形成的褐色被膜。

（5）子座。子座是指由菌丝组织，即拟薄壁组织和疏丝组织构成的容纳子实体的褥座状结构，一般呈垫状、栓状、棍棒状或头状，如图1-2-5所示。它是真菌从营养生长阶段到生殖阶段的一种过渡形式。

图1-2-5　子座

二、子实体的形态结构

菌丝在基质中吸收养分，不断地生长和增殖，在适宜条件下转入生殖生长，形成子实体原基并逐步发育为成熟子实体。子实体是真菌进行有性生殖的产孢结构，俗称菇、蕈、耳等，其功能是产生孢子，繁殖后代，其也是人们食用的主要部分。担子菌的子实体称为担子果，是产生担孢子的部分；子囊菌的子实体称为子囊果，是产生子囊孢子的部分。子实体是由菌丝构成的，与营养菌丝比，其在形态上具有独特的变化和特化功能。子实体形态丰富多彩，不同种类各不相同，有伞状（香菇）、贝壳状（平菇）、漏斗状（鸡油菌）、舌状（半舌菌）、头状（猴头菇）、毛刷状（齿菌）、珊瑚状（珊瑚菌）、柱状（羊肚菌）、耳状（木耳）、花瓣状（银耳）等。可作商品化栽培的食用菌大多为伞菌，下面以伞菌为例，简单地介绍其子实体的形态和构造。伞菌子实体主要由菌盖、菌褶、菌柄组成，某些种类还具有菌幕的残存物——菌环和菌托。伞菌子实体的结构如图1-2-6所示。

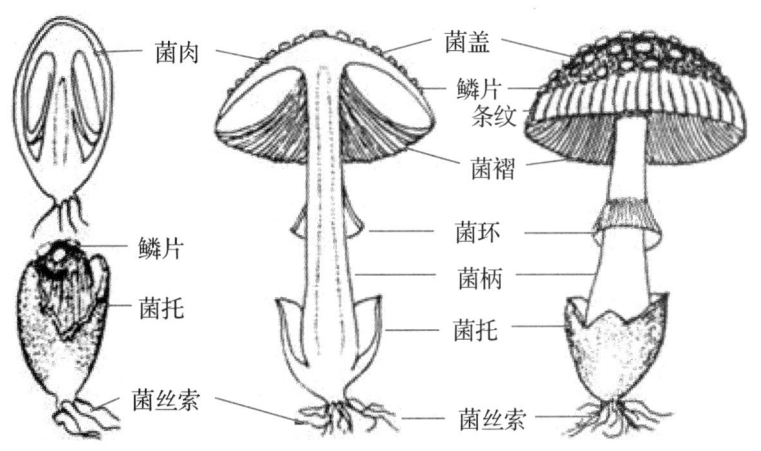

图1-2-6　伞菌子实体的结构

1. 菌盖

菌盖又称菌帽，是伞菌子实体位于菌柄之上的帽状部分，是主要的繁殖结构，也是我们食用的主要部分。其由表皮、菌肉和产孢组织组成。

（1）菌盖形态。菌盖形态因种而异，常见有钟形（草菇），半球形（双孢蘑菇）等。菌盖常见形态如图 1-2-7 所示。

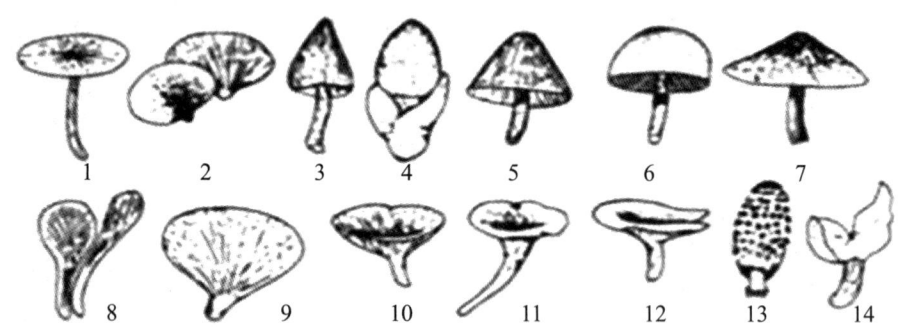

图 1-2-7　菌盖常见形态

1. 圆形；2. 半圆形；3. 圆锥形；4. 椭圆形；5. 钟形；6. 半球形；7. 斗笠形；
8. 钥匙形；9. 扇形；10. 漏斗形；11. 喇叭形；12. 浅漏斗形；13. 圆筒形；14. 马鞍形

（2）菌盖颜色。菌盖颜色各异，有乳白色（双孢蘑菇）、杏黄色（鸡油菌）、灰色（草菇）、红色（大红菇）、紫绿色（青头菌）等。

（3）菌盖附属物。菌盖附属物如图 1-2-8 所示。常见的菌盖附属物包括鳞片（蛤蟆菌）、丛卷毛（毛头鬼伞）、颗粒状物（晶粒鬼伞）、丝状纤维（四孢蘑菇）。

（4）菌肉。菌盖表皮以下是菌肉，多为肉质，少数是革质（裂褶菌）或蜡质（蜡菌），也有胶质或软骨质的。

（5）菌盖边缘形状。菌盖边缘形状如图 1-2-9 所示。菌盖边缘形状常为内卷（乳菇）、反卷、上翘和下弯等，边缘有的全缘，有的撕裂或为不规则波状等。

（6）菌盖大小。菌盖大小因种而异，小的仅几毫米，大的可达几十厘米。通常将菌盖直径小于 6 cm 的称为小型菇，菌盖直径在 6 ～ 10 cm 的称为中型菇，大于 10 cm 的称为大型菇。

2. 菌褶

菌褶是生长在菌盖下的片状物，由子实层、子实下层和菌髓三部分组成。

（1）菌褶形状。菌褶有三角形、披针形等，有的很宽，如宽褶拟口蘑等；有的窄，如辣乳蘑等。

（2）菌褶颜色。菌褶有白色、黄色、红色。

（3）菌褶排列。菌褶一般呈放射状，由菌柄顶部发出，可分成五类：①等长；②不等长；③分叉；④有横脉；⑤网纹，即菌褶交织成网状。

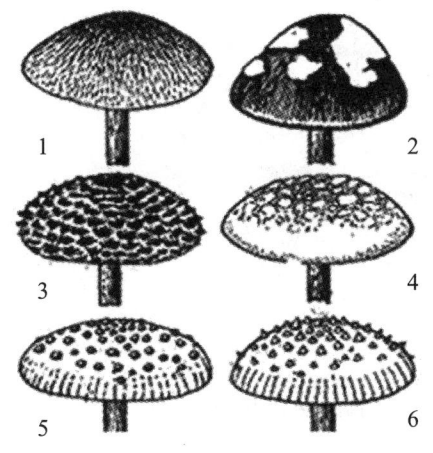

图 1-2-8　菌盖附属物

1. 纤毛；2. 丛毛鳞片；3. 颗粒状鳞片；
4. 块状鳞片；5. 龟裂鳞片；6. 角锥鳞片

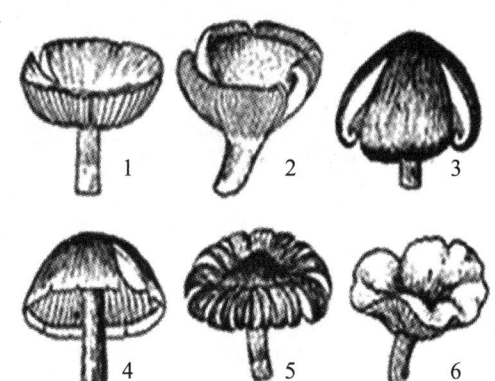

图 1-2-9　菌盖边缘形状

1. 上翘；2. 反卷；3. 内卷；4. 边缘有全缘；
5. 边缘撕裂；6. 边缘不规则波状

（4）菌褶与菌柄的连接（着生）方式。菌褶与菌柄着生及边缘情况如图 1-2-10 所示。菌褶与菌柄的连接方式主要有以下几种。

① 直生：菌褶内端呈直角状着生于菌柄上，如红菇。

② 离生：菌褶的内端不与菌柄接触，如双孢蘑菇、草菇。

③ 弯生（凹生）：菌褶内端与菌柄着生处呈弯曲状，如香菇、金针菇。

④ 延生（垂直）：菌褶内端沿着菌柄向下延伸，如平菇。

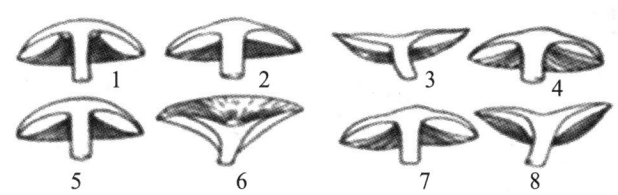

图 1-2-10　菌褶与菌柄着生及边缘情况

1. 离生；2. 弯生；3. 直生；4. 延生；5. 边缘平滑；6. 边缘波浪形；7. 边缘颗粒状；8. 边缘锯齿状

（5）菌管。菌管是管状的子实层，在菌盖下面多呈辐射状排列，如牛肝菌或多孔菌。

3. 菌柄

菌柄是连接菌盖和菌丝体的中间结构，同时还起支撑作用。

（1）菌柄形状。菌柄形状如图 1-2-11 所示，主要包括圆柱形（金针菇）、棒状、假根状（鸡枞）、纺锤形等。

（2）菌柄着生位置。菌柄的着生位置包括中生（草菇）、偏生（香菇）、侧生（平菇）等类型。

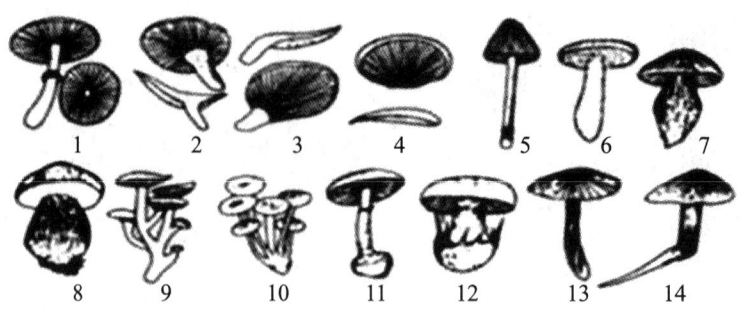

图 1-2-11　菌柄形状

1. 中生；2. 偏生；3. 侧生；4. 无菌柄；5. 圆柱形；6. 棒状；7. 纺锤形；8. 粗筒状；9. 分枝；
10. 基部联合；11. 基部膨大呈球状；12. 基部膨大呈臼状；13. 菌柄扭转；14. 基部延长呈假根状

（3）菌柄纵剖面形状。菌柄纵剖面形状可分为实心（香菇）、空心（鬼伞）、半空心（红菇）。

4.菌幕、菌环和菌托

（1）菌幕。菌幕是指包裹在幼小子实体外面或连接在菌盖和菌柄间的膜状结构，前者称为外菌幕，后者称为内菌幕。

（2）菌环。幼小子实体的菌盖和菌柄间的那层膜，随着子实体成熟，残留在菌柄上发育成菌环。

（3）菌托。包裹在幼小子实体外面的那层膜，随着子实体的生长，残留于菌柄基部，形成菌托。

三、孢子的形态结构

孢子是真菌繁殖的基本单位，就像高等植物的种子一样。食用菌孢子可分成有性孢子和无性孢子两大类。在食用菌子实体的子实层上会产生有性孢子如担孢子、子囊孢子，无性孢子如分生孢子、厚垣孢子、粉孢子等。

子囊菌的有性孢子称为子囊孢子，担子菌的有性孢子称为担孢子。担孢子产生在担子上，子囊孢子产生在子囊内。食用菌担子及子囊如图 1-2-12 所示。

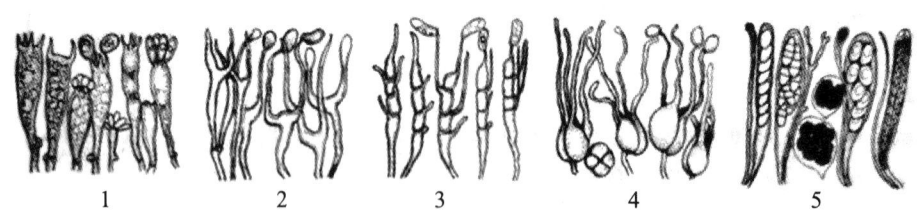

图 1-2-12　食用菌担子及子囊

1.同担子；2.叉担子；3.横隔担子；4.纵隔担子；5.子囊及子囊孢子

资料来源：卯晓岚. 中国大型真菌［M］. 郑州：河南科学技术出版社，2000.

子囊孢子的形成过程包括质配、核配、减数分裂和有丝分裂,一般在1个子囊内形成8个子囊孢子。担孢子的形成过程包括质配、核配和减数分裂,一般在1个担子上形成4个担孢子。担子一般呈棒状,顶端通常具4个小梗,各生1个担孢子;有的只有2个小梗和2个担孢子(双孢蘑菇)。有的担子有纵隔(银耳),有的担子有横隔(木耳)。子囊孢子和担孢子均为单细胞、单倍体的有性孢子。

不同种类的食用菌,其孢子的大小、形状、颜色以及孢子外表饰纹都有较大的差异,这也是对其进行分类的重要特征和依据。孢子多为球形、卵形、腊肠形等。孢子表面常有小疣、小刺、网纹、条棱、沟槽等多种饰纹。食用菌孢子的形状及表面特征如图 1-2-13 所示。孢子一般无色,少数有色,但当孢子成堆时则常呈现白色、褐色、粉红色或黑色。孢子的传播十分复杂,有的通过主动弹射传播;有的通过风、雨水等被动传播;还有少数种类(黑孢块菌)通过动物传播。

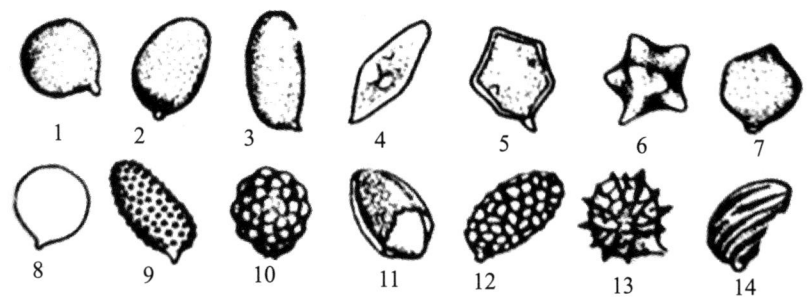

图 1-2-13　食用菌孢子的形状及表面特征

1. 近球形;2. 圆形;3. 椭圆形;4. 纺锤形;5. 角形;6. 星形;7. 柠檬形;
8. 光滑;9. 具麻点;10. 具小瘤;11. 具外孢膜;12. 具网纹;13. 具刺棱;14. 具纵条纹

资料来源:卯晓岚. 中国大型真菌[M]. 郑州:河南科学技术出版社,2000.

四、食用菌生活史的概念

所谓生活史,是指生物一生所经历的生长发育和繁殖阶段的生活周期的全过程。

食用菌生活史是指从孢子到孢子的整个生长发育过程,即从孢子在适宜的条件下萌发开始,先形成单核菌丝,单核菌丝融合形成双核菌丝,当双核菌丝发育到生理成熟阶段,菌丝扭结生长成子实体,子实体产生新一代孢子,至孢子散落而告终。

生活史规定了食用菌个体发育的顺序和完成每个阶段的时间。

五、食用菌中伞菌类的典型生活史

食用菌中伞菌类的典型生活史由以下九个阶段组成。

(1)担孢子萌发,生活史开始。

（2）单核菌丝（初生菌丝）开始发育。

（3）两条可亲和的单核菌丝融合（质配）。

（4）形成异核的双核菌丝（次生菌丝）。多数食用菌的双核菌丝具有锁状联合。双核菌丝能够独立地、无限地繁殖，有些菌种的双核菌丝能产生粉孢子、厚垣孢子等无性孢子。

（5）在适宜的环境条件下，双核菌丝发育成结实性菌丝（三生菌丝）并组织化，产生子实体。

（6）子实体菌褶表面或菌管内壁的双核菌丝的顶端细胞发育成担子，进入有性生殖阶段。

（7）来自两个亲本的一对交配型不同的单倍体细胞核在担子中融合（核配），形成一个双倍体细胞核。

（8）双倍体细胞核立即进行成熟分裂，即减数分裂。

（9）担孢子弹射，待条件适宜时进入新的生活史。

香菇的生活史如图 1-2-14 所示。

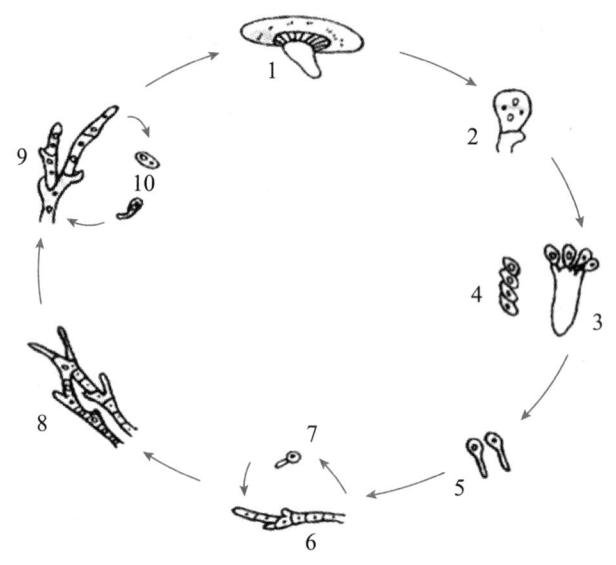

图 1-2-14　香菇的生活史

1. 子实体；2. 担子形成；3. 成熟的担子；4. 担孢子；5. 担孢子萌发；6. 单核菌丝；
7. 单核厚垣孢子；8. 单核菌丝的融合；9. 双核菌丝；10. 双核厚垣孢子及其萌发

六、菌丝的营养生长期

食用菌的整个生活周期分为两个阶段：从孢子萌发到产生双核菌丝为营养生长期，这个阶段主要是细胞数目的增加和体内养分的积累过程，这就是我们常说的发菌期；从子实体原基形成到产生担孢子为生殖生长期，即我们常说的出菇期。

菌丝的营养生长期通常包括孢子萌发期、单核菌丝期和双核菌丝期三个阶段。

1. 孢子萌发期

食用菌的生长是从孢子萌发开始的，孢子在适宜的基质上，先吸水膨胀长出芽管，芽管顶端产生分枝发育成菌丝。在胶质菌中，部分种类的担孢子不能直接萌发菌丝，如银耳、金耳等，常以芽殖方式产生次生担孢子或芽孢子，也叫芽生孢子；在适宜的条件下，次生担孢子或芽孢子形成菌丝。木耳等的担孢子在萌发前有时先产生横隔，担孢子被分隔成多个细胞，每个细胞再产生若干个钩状分生孢子后才萌发成菌丝。

2. 单核菌丝期

单核菌丝是子囊菌营养菌丝存在的主要形式；而担孢子萌发的单核菌丝存在的时间很短，它细长、分枝稀疏、抗逆性差、容易死亡，故分离的单核菌丝不宜长期保存。有些食用菌的单核菌丝遇到不良环境时，菌丝中的某些细胞形成厚垣孢子；条件适宜时又萌发成单核菌丝，如草菇、香菇等。但有些食用菌的担孢子含有两个核，菌丝从萌发开始就是双核的，无单核菌丝阶段，如双孢蘑菇。

3. 双核菌丝期

单核菌丝发育到一定阶段，由可亲和的单核菌丝之间进行质配，使细胞双核化，形成双核菌丝。双核菌丝是担子菌类食用菌营养菌丝存在的主要形式。经过双核化的菌丝寿命较长，可以多年产生子实体，在自然界形成蘑菇圈。食用菌的营养生长主要是双核菌丝的生长。固体培养时双核菌丝通过分枝不断蔓延伸展，逐渐长满基质；液体培养时形成菌丝球，将基质的营养物质转化为自身的养分，并在体内积累，为日后的繁殖做物质准备。

七、菌丝的生殖生长期

1. 子实体形态的发生

双核菌丝在营养及其他条件适宜的环境中能旺盛地生长，体内合成并积累大量营养物质，达到一定的生理状态时，先分化出各种菌丝束，菌丝束在条件适宜时形成菇蕾，菇蕾再逐渐发育为子实体。

2. 担孢子的形成与传播

（1）担子、担孢子的形成。担子、担孢子的形成有以下三种方式。

第一种，产生4个担孢子。其担子起源于双核菌丝顶端细胞，顶端细胞逐渐膨大成担子，二核结合，经减数分裂产生4个单倍体的核，担子顶端生出4个小梗，小梗顶端膨大成幼担孢子，4个单倍体核分别进入4个幼担孢子内，最后产生4个单细胞、单核、单倍体的担孢子。产生4个担孢子的担孢子形成过程如图1-2-15所示。

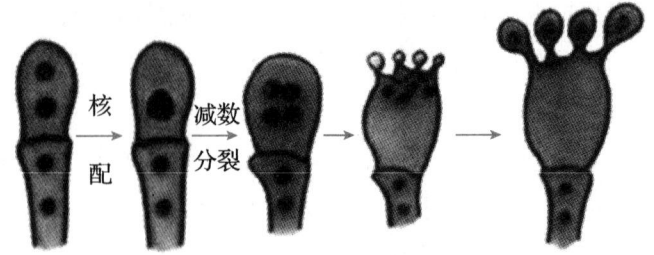

图 1-2-15   产生 4 个担孢子的担孢子形成过程

第二种，产生 2 个担子，且只产生 2 个单核担孢子，另外 2 个子核留在担子中消退，如桂花耳。

第三种，产生 2 个担子，每个担子中有 2 个核，即 2 个双核的担孢子，如双孢蘑菇。

（2）担孢子的传播。担孢子个体很小，但数量很大，利用自然力进行传播，这是菌类适应环境条件的一种特性。孢子散发的数量是很惊人的，通常为十几亿到几百亿个，如双孢蘑菇为 18 亿个，平菇为 600 亿～ 855 亿个。有的食用菌是通过动物取食、雨水、昆虫等其他方式传播的，如竹荪孢子通过昆虫传播。

3.菌丝的有性结合

按初生菌丝的交配反应，我们可以将食用菌菌丝的有性结合分为同宗结合和异宗结合两类。

同宗结合的菌类，其单核菌丝是自交可育的，可以用单孢子分离方法选育优良品种。属于这种类型的有草菇、粪田鬼伞等，约占食用菌总数的 10%。

异宗结合的菌类，只有两条性别不同的初生菌丝才能结合配对，又分为二极性异宗结合和四极性异宗结合两种类型。

二极性异宗结合的菌类，其性别由一对遗传因子 Aa 所决定，只有含 A 因子的单核菌丝才能和含 a 因子的单核菌丝结合配对，属于这种类型的有木耳、光帽鳞伞以及鬼伞属的一些菌种，约占食用菌总数的 33%。二极性异宗结合如表 1-2-1 所示。

表 1-2-1   二极性异宗结合

孢子性别	A	A	a	a
A	−	−	+	+
A	−	−	+	+
a	+	+	−	−
a	+	+	−	−

注："＋"表示可育，"－"表示不可育。

四极性异宗结合的菌类，其性别由两对独立分离的遗传因子 Aa、Bb 所决定，只有所含两个因子都不相同的两条单核菌丝才能结合，如含 AB 因子的单核菌丝只能和含 ab 因子的单核菌丝结合配对，含 Ab 因子的单核菌丝只能和含 aB 因子的单核菌丝结合配对，属于这种类型的有香菇、毛木耳、平菇、银耳等，约占食用菌总数的 57%。四极性异宗结合如表 1-2-2 所示。异宗结合的菌类，其单孢菌株经配对后，才能产生子实体。

表 1-2-2　四极性异宗结合

孢子性别	AB	Ab	aB	ab
AB	－	－	－	＋
Ab	－	－	＋	－
aB	－	＋	－	－
ab	＋	－	－	－

注："＋"表示可育，"－"表示不可育。

八、食用菌中几种有代表性的生活史类型

各种食用菌的生活史，由于控制有性结合过程的基因不同而有差异，下面是四种有代表性的食用菌的生活史类型。

（1）草菇的生活史：初级同宗结合。

（2）双孢蘑菇的生活史：次级同宗结合，单因子控制、二极性。

（3）滑菇的生活史：二极性异宗结合，单因子控制、二极性。

（4）香菇的生活史：四极性异宗结合，双因子控制、四极性。

 任务实施

一、食用菌形态结构的观察

1. 材料和工具准备

（1）材料：新鲜食用菌（平菇、香菇、草菇、金针菇等）。

（2）工具：显微镜（目镜：15×；物镜：10×、40×）、接种针、载玻片、盖玻片、无菌水、吸水纸、解剖刀（用于切薄片）、小镊子、培养皿等。

2. 识别各种食用菌子实体的形态结构特征

首先，仔细观察各种类型的食用菌子实体的外部形态结构特征，并比较各种子实体的主要区别，特别注意菌盖、菌柄、菌环、菌托的特征，并对之进行比较、分类。其次，用解剖刀纵切子实体观察其菌盖组成，菌肉的颜色、质地，菌褶形状和着生情况（离生、延生、直生、弯生）。最后，观察其菌柄的组成和质地，如中实或中空等。

3. 双核菌丝及锁状联合的观察

（1）在清洁的载玻片中央滴半滴蒸馏水。

（2）用接种针于试管斜面或培养料内挑取少许菌丝体置于载玻片中，并用接种针将菌丝体挑开使之分散。

（3）用镊子加盖玻片，注意避免产生气泡。

（4）用显微镜观察双核菌丝及锁状联合的形态构造。

4. 子实层的观察

（1）选取新鲜幼嫩子实体，从菌盖内侧取一小块菌褶组织。

（2）将菌褶组织切片，并放入有蒸馏水的培养皿中。切片要求薄而均匀。

（3）取载玻片，于中央加半滴蒸馏水，再用小镊子小心而轻快地将切下的薄片挑起，放入载玻片水滴中，加盖玻片，注意不要产生气泡。

（4）将制好的切片标本置于显微镜下，先用低倍镜，再用高倍镜观察菌褶两侧子实层。

二、巩固训练

观察子实体形态特征，能够准确识别子实体的各个部位。

 知识拓展

一、显微镜的使用方法

1. 安放

把显微镜放在自己前面略偏左的桌面上，这样便于用左眼观察物像，用右眼看着画图。安放时镜筒向前，镜臂向后。

2. 对光

转动转换器，使低倍物镜正对通光孔，并使物镜前端与载物台有 2 cm 左右的距离。然后把反光镜对着光源，但是反光镜不能直接对着太阳。只要视野的光亮程度合适，光就对好了。

3. 观察

对好光后，把显微镜玻片标本放在载物台上，并使玻片上的标本对着通光孔的中心，再用压片夹夹住。然后慢慢地转动调焦螺旋，直到接近玻片。然后用左眼向目镜内注视，同时反方向转动调焦螺旋，直到看清物像。

4. 再放大

选好一个放大目标，再把要放大的部分移到视野正中心，如果物像不清楚，再转动调焦螺旋。如果还观察不清楚，就必须换用高倍物镜。用高倍物镜观察时，高倍物镜顶端离玻片很近，稍不小心就会压到玻片，所以要特别小心。

5.移动玻片

在显微镜里看到的物像是倒像，因此，要使物像向上移动，就要向下移动玻片；要使物像向左移动，就要向右移动玻片。

二、使用显微镜的注意事项

（1）先用低倍镜观察，用低倍镜能看清的，就不再用高倍镜，特别是高倍物镜。

（2）必须保护好镜头，不用手或硬物接触透镜，擦拭镜头一定要用镜头纸。

（3）载物台要保持清洁干燥，不要让玻片标本上的水流到载物台上。

（4）转动调焦螺旋不要用力过猛，以防损伤机件。

（5）取用显微镜要轻拿轻放，要用右手握住镜臂，左手托住镜座。

（6）使用完毕，要把显微镜外表擦干净，并把镜筒旋下至最低处。最后把显微镜放入镜箱，送回原处保存。

任务 1-3　毒蘑菇的鉴别与中毒防治

任务描述

通过学习毒蘑菇的概念、形态特征等，学生能够基本了解毒蘑菇的基础知识和中毒防治方法；能够通过查阅资料，鉴定常见毒蘑菇。

知识准备

一、毒蘑菇的概念与形态特征

毒蘑菇是指大型真菌中的有毒种类。中国的毒蘑菇种类多、分布广泛、资源丰富。在广大山区农村和乡镇，误食毒蘑菇中毒的事例比较普遍，几乎每年都有严重中毒致死的报告。长期以来，鉴别毒蘑菇是人们十分关心的事。因为鉴别毒蘑菇并不容易，在野外最好不要轻易尝试不认识的蘑菇，必须在分辨清楚或请教有实践经验者之后，证明确实无毒方可食用。

毒蘑菇大多数属于担子菌，少数属于子囊菌，种类繁多，形状各异，以伞状为主，也有片状、耳状、盘状、马鞍状等。可食用的无毒蘑菇多生长在清洁的草地或松树、栎树上，而毒蘑菇往往生长在阴暗、潮湿的肮脏地带。毒蘑菇菌面颜色鲜艳，有红、绿、墨黑、青紫等颜色，特别是紫色的蘑菇往往有剧毒，采摘后易变色。无毒蘑菇的菌盖较平，伞面平滑，菌面上无轮，下部无菌托；而毒蘑菇菌盖中央呈凸状，形状怪异，菌面厚实板硬，菌柄上有菌环，菌柄细长或粗长，易折断。将采摘的新鲜野蘑菇撕断菌柄，无毒蘑菇的分泌物一般清亮如水（个别为白色），菌面撕断不变色；而毒蘑菇的分泌物稠浓，呈赤褐色，撕断后在空气中易变色。无毒蘑菇有特殊香味，而毒蘑菇会有怪异味，如辛辣、酸涩、恶腥等味。

二、毒蘑菇的毒性特征

毒蘑菇在生境和形状上与无毒蘑菇相似，如果误食就有生命危险。

（1）毒性强。有的毒蘑菇毒性很强，来势很猛，有致人死亡的危险。

（2）毒性表现迟缓。有的毒蘑菇毒性表现较迟缓，但一旦发作就来不及抢救。

（3）中毒反应有差异。有不少蘑菇对一般人无毒，但对个别人可引起中毒。

（4）酒后反应。少数蘑菇本来无毒，但在饮酒后食用可引起中毒。

三、毒蘑菇的种类

据统计，全世界已知的毒蘑菇种类约 2 000 种，中国有近 200 种，分属于 26 科 58 属，其中危害较大的约 40 种，可致人死亡的约 30 种。

1. 毒鹅膏

毒鹅膏（如图 1-3-1 所示）又称毒伞、鬼笔鹅膏，其子实体一般中等大。菌盖表面光滑，边缘无条纹，初期近卵圆形至钟形，开伞后近平展，表面灰褐绿色、烟灰褐色至暗绿灰色，往往有放射状内生条纹。菌肉白色。菌褶白色，离生，稍密，不等长。菌柄白色，细长，圆柱形，长 5 ～ 18 cm，粗 0.6 ～ 2 cm，表面光滑或稍有纤毛状鳞片及花纹，基部膨大呈球形，内部松软至空心。菌托较大而厚，呈苞状，白色。菌环白色，生菌柄上部。其夏秋季在阔叶林中地上单生或群生。

毒鹅膏极毒，中毒后潜伏期长。发病初期恶心、呕吐、腹泻；后期出现呼吸困难、谵语，肝、肾细胞损害，黄疸，肝大及肝萎缩，最后昏迷，死亡率极高。

豹斑鹅膏引起的中毒症状与毒鹅膏类似。

2. 白鹅膏

白鹅膏（如图 1-3-2 所示）子实体中等大，纯白色。菌盖初期卵圆形，开伞后近平展，直径 7 ～ 12 cm，表面光滑。菌肉白色。菌褶离生，稍密，不等长。菌柄细长，圆柱形，长 9 ～ 12 cm，粗 2 ～ 2.5 cm，基部膨大呈球形，内部实心或松软，菌托肥厚，近苞状或浅杯状，菌环生菌柄上部。其夏秋季分散生长在林地上。

白鹅膏分布于我国河北、吉林、江苏、福建、安徽、陕西、甘肃、湖北、湖南、山西、广西、广东、四川、云南、西藏等地。

白鹅膏极毒，毒素为毒肽和毒伞肽，中毒症状以肝损害型为主，死亡率很高。

图 1-3-1　毒鹅膏

图 1-3-2　白鹅膏

3. 毒蝇鹅膏菌

毒蝇鹅膏菌（如图 1-3-3 所示）又称蛤蟆菌、捕蝇菌、毒蝇菌、毒蝇伞。

毒蝇鹅膏菌子实体较大。菌盖宽 6 ～ 20 cm，边缘有明显的短条棱，表面鲜红色或橘红色，并有白色或稍带黄色的颗粒状鳞片。菌褶纯白色，密，离生，不等长。菌肉白色，靠近菌盖表皮处红色。菌柄较长，直立，纯白，长 12 ～ 25 cm，粗 1 ～ 2.5 cm，表面常有细小鳞片，基部膨大呈球形，并有数圈白色絮状颗粒组成的菌托。菌柄上部具有白色蜡质菌环。毒蝇鹅膏菌夏秋季在林中地上成群生长，分布于我国黑龙江、吉林、四川、西藏、云南等地。

毒蝇鹅膏菌因可以毒杀苍蝇而得名。其毒素有毒蝇碱、毒蝇母、基斯卡松以及豹斑毒伞素等。误食后约 6 h 以内发病，产生剧烈恶心、呕吐、腹痛、腹泻、出汗、发冷、肌肉抽搐、脉搏减慢、呼吸困难、牙关紧闭、精神错乱、头晕眼花、神志不清等症状，使用阿托品疗效良好。此菌还产生甜菜碱、胆碱和腐胺等生物碱。

毒蝇鹅膏菌可药用，小剂量使用时有安眠作用。该菌子实体的乙醇提取物，对小白鼠肉瘤 S-180 有抑制作用。其所含毒蝇碱等毒素对苍蝇等昆虫毒性很强，可用于森林生物防治。

据记载，西伯利亚的通古斯人及雅库特人曾将毒蝇鹅膏菌用作传统的节日食用菌。一般成人食用一朵后便会产生如痴似醉的感觉，他们认为这是一种享受。在德国民间将此菌浸入酒中，用以治风湿痛。在一些国家，毒蝇鹅膏菌被作为一种安眠药物。我国东北地区，人们将此毒菌破碎后拌入饭中，用来毒死苍蝇，甚至毒死老鼠及其他有害动物。

另外，毒蝇鹅膏菌表面的鳞片脱落后，往往与可食用的橙盖伞相似，采食时需注意区别。

该菌含丙酸，可用于制造丙酸盐用作防腐剂、人造果子香等。

此菌属外生菌根菌，与云杉、冷杉、落叶松、松、黄杉、桦、山毛榉、栎、杨等树木形成菌根。

4. 大鹿花菌

大鹿花菌（如图1-3-4所示）的菌盖为不规则球形或脑状，初淡红褐色，后咖啡褐色，菌盖的基部有数处与菌柄相连。菌肉极薄，蜡质，菌柄有细绒毛，有少数纵向折裂或沟槽。大鹿花菌在针叶林中地上靠近腐木单生或群生，分布于我国吉林、西藏等地。

此菌含马鞍菌酸，极毒，破坏红细胞，可致死，但用热水浸泡脱毒后即成美味食用菌。

图 1-3-3　毒蝇鹅膏菌

图 1-3-4　大鹿花菌

5. 秋生盔孢伞

秋生盔孢伞又称焦脚菌、秋生鳞耳。个体较小，菌盖近平展，黄褐色。菌褶黄褐色。菌柄细长，中空，上部黄色，基部黑褐色，具纵棱纹。

秋生盔孢伞为著名毒菌之一，致死率极高，毒性成分主要包括鹅膏毒肽和鬼笔毒肽。

6. 毛头鬼伞

毛头鬼伞又称鸡腿蘑、毛鬼伞。子实体较大。菌盖呈圆柱形，当开伞后很快边缘菌褶溶化成墨汁状液体。菌盖直径3～5 cm，高9～11 cm，表面褐色至浅褐色，随着菌盖长大而断裂成较大鳞片。菌肉白色。菌柄白色，圆柱形，较细长，且向下渐粗，长

7 ～ 25 cm，粗 1 ～ 2 cm，光滑。

毛头鬼伞春至秋季在田野、林缘、道旁、公园内生长，雨季甚至可在茅屋顶上生长。此菌有时生长在栽培草菇的堆积物上，与草菇争养分，甚至抑制其菌丝的生长。

毛头鬼伞分布于我国黑龙江、吉林、河北、山西、内蒙古、甘肃、新疆、青海、西藏等地。

该蘑菇一般可食用，但含有苯酚等胃肠道刺激物，还含有腺嘌呤、胆碱、精胺、酪胺和色胺等多种生物碱，食后可能引起中毒；与酒类，如啤酒同食，容易引起中毒。

毛头鬼伞可人工栽培，不过因为成熟快，容易出现菌褶液化，必须掌握采摘时间。还可以用菌丝体进行深层发酵培养。

7. 黄粉牛肝菌

黄粉牛肝菌（如图 1-3-5 所示）子实体较小，受伤处变蓝色。菌盖覆有柠檬色或黄色的粉末。菌肉白色至淡黄色。菌柄靠近上部有菌环，往往因散落有孢子而呈现青褐色。其夏秋季在林中地上单生或群生，分布于我国吉林、江苏、安徽、广东、广西、四川、云南、贵州、山西、甘肃、陕西、福建、湖南等地。

误食黄粉牛肝菌主要引起头晕、恶心、呕吐等病症。

8. 粪生光盖伞

粪生光盖伞（如图 1-3-6 所示）子实体较小，菌盖半球形至扁半球形，暗红褐色至灰褐色，初期边缘有白色小鳞片，后变光滑。菌褶污白、褐色至紫褐色。菌柄污白至暗褐色，菌幕易消失。粪生光盖伞分布于我国湖南和西藏等地。

粪生光盖伞有毒，含致幻觉物质。此菌在马粪或牛粪上单生或群生。

图 1-3-5　黄粉牛肝菌

图 1-3-6　粪生光盖伞

9. 亚稀褶黑菇

亚稀褶黑菇（如图 1-3-7 所示）菌盖为扁半球形，中部下凹呈漏斗状，浅灰色至煤黑色，表面干燥，边缘色浅而内卷。菌肉白色。菌褶浅黄白色，伤后变红色，直生或近延生，稍稀疏。亚稀褶黑菇分布于我国湖南、贵州、云南、四川、江西、福建等地。

亚稀褶黑菇误食中毒发病率在 70% 以上，30 min 后发生呕吐等，死亡率为 70%。

图 1-3-7　亚稀褶黑菇

四、毒蘑菇中毒反应及中毒防治

1. 中毒反应的特点

全世界毒蘑菇约 2 000 种，我国约 200 种，其中危害较大的约 40 种，致死的约 30 种。毒蘑菇种类不同，含毒素不同，有时一种毒蘑菇含有多种毒素，而且毒蘑菇所含毒素的种类和数量，也因时间和地区而不同。毒蘑菇的中毒反应有如下特点。

（1）差异性。毒素进入胃、肝、血液，毒素不同，侵害机体的部位不同，症状也不同。因进食者体质强弱、进食多少、饮食习惯、进食前后所吃的食物以及加工和烹调方法等不同，进食毒蘑菇后的结果差异很大。

（2）复杂性。一种毒蘑菇常含有多种毒素，增加了症状的复杂性。

（3）混合症状。误食毒蘑菇后经常有混合症状，在实践中，临床症状的分型很难确定。

2. 中毒反应的类型

毒蘑菇中毒反应以其所含毒素与患者症状可分为以下四种类型。

（1）肝损害型。

①症状。毒伞、白毒伞、鳞柄白毒伞以及褐鳞小伞这类极毒菌，会引起肝损害症状。除对肝有严重损害，其对肾、心、脑、神经系统均有毒害作用，病程长，病情凶险

而复杂，病死率为 60% ～ 100%。

该类中毒症状潜伏期长，中毒症状出现在食后 6 ～ 24 h，患者先有呕吐，继之腹痛及腹泻。有些患者在吐泻后出现假愈期，这正是毒素入侵肝脏破坏肝细胞的时期，有时也可以侵害肾脏。假愈期过后，患者开始出现肝痛、肝大、黄疸、出血、精神兴奋或抽搐，时而烦躁不安、谵妄或抽搐，时而嗜睡或昏迷，不思饮食。

② 毒素。引起肝损害的毒素是原浆毒素，它能使人和动物体内大部分器官发生细胞变性，引起肝损害症状，已知的主要有毒肽和毒伞肽两大类。

（2）神经致幻型。

① 症状。潜伏期短，进食后 10 ～ 120 min 发病。中毒反应大致可以分成以精神兴奋为主、以精神错乱为主和以精神抑制为主等类型，它们往往交替出现，难以截然分开。

患者除呕吐、腹泻，还可出现幻视、幻觉、狂笑、精神错乱等神经兴奋的症状，同时可出现流涎、流汗、流泪、瞳孔缩小、血压下降、呼吸困难等。病死率低，但患者也可死于呼吸衰竭或循环衰竭。

② 毒素。神经致幻毒素包括毒蝇碱、异恶唑衍生物、色胺类化合物等，如蟾蜍素、裸盖伞素。

引起神经致幻的毒蘑菇有毒蝇鹅膏菌、毒红菇、黄锈伞、红网牛肝菌、花褶伞等。

（3）溶血型。

① 症状。潜伏期一般为 6 ～ 12 h。患者出现胃肠炎与头痛、疲倦、痉挛等神经症状；可出现贫血，黄疸，血红蛋白尿，肝、脾肿大及心、肾受累等，严重时可引起死亡，死亡率 2% ～ 4%。

在中毒后 1 ～ 2 d，红细胞被大量破坏，可引起急性溶血性贫血。多数患者在吃毒蘑菇后过一定时间，突然寒战、发热、腹痛、头痛、腰背痛、肢体痛、面色苍白、恶心、呕吐、全身虚弱无力、烦躁不安和气促。

因大量溶血，患者可于短时间内出现黄疸、红血蛋白尿及血红蛋白血症，严重者可有昏迷或惊厥，并死于衰竭或休克。患者大多有脾肿大，网织红细胞增多。溶血以后，有时也可能引起肾脏损害，重者可因续发尿毒症而死亡。

② 毒素。能引起溶血症状的毒素种类不多，如苄基毒肽，其是原浆毒素中的一种溶血毒素；又如鹿花菌素、马鞍菌酸，属于甲基联胺化合物，是原浆毒素。

引起这种症状的毒蘑菇以鹿花菌、梭柄马鞍菌为主。

（4）胃肠中毒型。

① 症状。特点是发病快，潜伏期短，一般为 10 ～ 360 min。中毒后出现剧烈恶心、呕吐、腹痛、腹泻，也有疲倦、昏厥、谵语。病程短，一般病死率很低，严重者偶有死亡。

② 毒素。目前对胃肠毒素的了解尚少，可能包括类树脂物质（resin-like）、苯酚（phenol）、甲酚类物质（cresol-like）等。

这类毒蘑菇有很多，如毒粉褶菌、虎斑蘑、发光侧耳。有些致人中毒后临床症状较显著，但无死亡危险，如褐盖粉褶菌；有的毒性不大，发病不显著，如红菇、乳菇、牛肝菌，还有橙红毒伞、毒光盖伞、月光菌和多种毒伞、环柄菇、蜡伞等。

3. 中毒防治

误食毒蘑菇后，应立即拨打急救电话，并保留毒蘑菇样品供专业人员救治参考。毒蘑菇中毒尚没有解毒的特效药，解毒的关键是迅速排出毒物。常用中毒防治方法如下。

（1）催吐。在等待医院救护时，患者应大量饮用温开水或稀盐水，然后采取催吐措施，如用汤匙、手指或筷子直接压舌根基部，或口服硫酸铜 0.25 ～ 0.5 g、硫酸锌 2 g 或 0.1% 的高锰酸钾水溶液一杯，吐出所吃毒蘑菇，以减少毒素的吸收。

为了补偿反复呕吐引发的脱水，最好让患者饮用加入少量食盐和食用糖的糖盐水，以补充体液。

（2）洗胃。用 0.01% ～ 0.05% 高锰酸钾溶液、1% 盐水或浓茶水反复洗胃。患者也可先服用 4% 鞣酸溶液，或浓茶水一杯，等沉淀毒物后，再进行反复洗胃。

胃内毒物清洗后，可通过胃管再灌入活性炭 2 ～ 3 茶匙（溶水一杯）、蛋清等毒物吸附剂、黏附剂或解毒剂。

（3）导泻。可用温盐水灌肠、用 50% 硫酸镁溶液导泻（儿童每岁 1 g，成人 20 ～ 30 g）或用大黄 30 g，一次煎服。

（4）解毒。服用"通用解毒剂"（2 份活性炭，1 份氧化镁，1 份鞣酸混合溶于水）20 g 解毒；对肝脏严重损害者，可在早期用含巯基药物解毒，用 5% 二巯基丙磺酸钠 5 mL 肌内注射，或以 50% 葡萄糖 20 ～ 40 mL 稀释后静脉注射，每日 2 次，逐渐减量，一般用 5 ～ 7 d，小儿酌情减量。

对于急性肝损害型中毒，可注射 L– 半胱氨酸盐酸盐解毒；氢化可的松 200 ～ 500 mg 加入 5% 或 10% 葡萄糖溶液 500 mL 中，静脉滴注；肝太乐 100 ～ 300 mg，加入 5% 或 10% 葡萄糖溶液中，静脉滴注。

 任务实施

自然界中野生毒蘑菇很多，在《中国野生大型真菌彩色图鉴》中，明确标识的毒蘑菇有 52 种，如褐鳞环柄菇、肉褐鳞环柄菇、白毒伞、鳞柄白毒伞、毒伞、秋生盔孢伞、大鹿花菌、包脚黑褶伞、毒粉褶菌、残托斑毒伞、鹅膏菌、毒蝇鹅膏菌、粉红枝瑚菌等。毒蘑菇没有统一的形态特征，难以通过外观识别，必须由专业人士鉴定。

 知识拓展

毒蘑菇的应用价值

毒蘑菇食后能使人中毒，其引起毒理作用的生物毒素主要有生物碱类、环型多肽类、吲哚类衍生物、异恶唑衍生物等，它们导致人类机体器官或机能损伤，严重的可致死，但这些毒素也能抑制肿瘤生长，抗菌、抗病毒等，蕴含了大量生物药物开发的潜力。很多毒蘑菇经过加工炮制可入药，如误食麦角菌严重时可致命，但用于妇产科则是对症的良药；在筛选抗癌药物方面，不少毒蘑菇可能是强有力的候选者；有的毒蘑菇可用于除杀害虫，达到生物防治的目的。鹅膏菌毒素特别是肽类毒素在生物学及医学上具有重要的作用。例如，一定浓度的鹅膏毒肽对真核生物 RNA 聚合酶 II 具有抑制作用，但对 RNA 聚合酶 I 和 RNA 聚合酶 III，或没有抑制作用，或抑制作用十分微弱，这种专一抑制性使得鹅膏毒肽成为非常重要的生化试剂，在分子遗传学研究方面的作用相当突出，在肿瘤治疗、免疫生物学、毒理学研究等方面也具有很大的潜力。正因如此，毒蘑菇是我国生物药物研究与开发的宝贵资源，其开发利用已引起人们的重视。当前，国内外对毒蘑菇的研究开发重点大多放在毒蘑菇的中毒防治、识别、资源开发及其毒素的提取上面。通过这些深入细致的工作，人们逐步认识到毒蘑菇具有极其重要的经济与应用价值，具有广阔的开发前景。

首先，利用毒蘑菇开发各种特效药剂的潜力很大。某些毒蘑菇中含有的蟾蜍素可代替蟾蜍分泌的蟾蜍素、蛇毒、蝎毒等用于治疗脑血栓，具有消热解毒、消肿止痛、化瘀除脓的功效。大孢花褶伞、花褶伞、角鳞灰伞、古巴裸盖伞、日本裸盖伞、橘黄裸伞等毒蘑菇中含有的光盖伞素、光盖伞辛等物质可以让人昏睡等，可从这些毒蘑菇中提取开发出治疗精神病、镇痛安神的药剂。毒蝇鹅膏菌中含有的口蘑氨酸、鹅膏氨酸、异鹅膏胺等是作用于中枢神经的异恶唑衍生物，已用于制作致幻剂和安眠药，其药效潜力较大。毒蘑菇在我国传统医学中也有广泛应用，如毛头鬼伞可治疗消化不良、痔疮；黄丝盖伞抗湿疹、关节炎；鳞皮扇菇与黄粉牛肝菌可治疗外伤出血、跌打损伤等疾病；黄粉牛肝菌可治疗肝病；亚稀褶黑菇可治疗痢疾、伤寒、肠炎等；卷边网褶菌、白乳菌、绒毛乳菇、环纹苦乳菇、亚稀褶黑菇、密褶红菇、臭红菇、野蘑菇等有追风、散寒、舒筋、活络之功效。另外，许多毒蘑菇中含有抗菌、抑菌、抗病毒的物质，如黄斑伞菌体浸出液对金黄色葡萄球菌和伤寒杆菌有明显的抑制作用；水粉杯伞含有的水粉蕈素能强烈抑制分枝杆菌和噬菌体的生长；月夜菌中提取出的菌醇，对霉菌具有明显的抑制作用；毛头鬼伞可以抗真菌；毒红菇和鳞皮扇菌具有抗小鼠脊髓灰质炎病毒的作用。目前已从毒蘑菇中筛选出抗生素、抗病毒的药物成分。随着研究的深入及社会需求的提升，将毒蘑菇用于开发药物具有重要的意义。

有些毒蘑菇具有抗癌、抗肿瘤的作用，如细网牛肝菌、亚稀褶黑菇、毒红菇、毒粉褶菌对艾氏腹水癌和肉瘤（S-180）的抑制率达 100%；此外，绿褐裸伞、毒蝇鹅膏菌、橘黄裸伞、白棕口蘑、绒白乳菇、鬼伞、月夜菌、臭红菇、亚稀褶黑菇、白乳菇等具有明显的抗肿瘤作用，抑制率一般在 60% ～ 70%。在科学日益发展的今天，毒蘑菇在抗癌药物筛选药源方面，已引起国内外学者的高度重视，利用这些毒蘑菇中毒素的特殊作用，提取、开发特效药剂具有深远的意义。

一些毒蘑菇的毒素对某些真菌及某些昆虫有明显的抑制或毒性作用，可利用这一点将其用于农业的生物防治中。据报道，有些大型真菌含有忌避、拒食，甚至某些有毒成分，对许多昆虫及某些菌类有对抗作用。例如，毒伞肽能不可逆阻断 RNA 聚合酶 Ⅱ，对除了少数食菌昆虫外的所有真核生物有毒。含有毒肽和毒伞肽的毒伞子实体浸煮液可以杀死棉花中的红蜘蛛。毒蝇鹅膏菌含有毒蝇碱、麦斯卡松、麦蝇母等，对苍蝇的诱杀作用十分明显，1 ～ 2 min 就可将苍蝇杀死；从疣鹅膏提取的异恶唑衍生物，对人体无任何不良伤害，对苍蝇却是致命的毒剂；蝇口蘑子实体也具有明显的杀蝇能力。能诱杀苍蝇的毒蘑菇还有黄毒蝇伞、豹斑毒伞等种类，利用这些毒蘑菇杀灭苍蝇，是一种极其有效的手段。据试验，毒肽和毒伞肽类物质，生物防治时使用量都极少。经小白鼠试验，发现前者最小致死量为 1 ～ 2 mg/kg 体重，后者为 0.2 ～ 1 mg/kg 体重，生物防治大田使用量 15 g/hm² 左右，对环境无污染作用，对作物无残留。用毒蘑菇提取物进行生物防治是相对安全的，也符合现代绿色农业生产的要求，毒蘑菇是很有前景的杀虫剂药源，作为生物防治的一个新领域是大有前途的。

此外，某些毒蘑菇的提取物还可用于美容、调味、橡胶等行业。例如，乳菇属的众多种类，如毛头乳菇、环纹苦乳菇等，尽管其对人体有毒，但是它们分泌的橡胶物质，是大有潜力的橡胶资源，如果采取发酵生产或大规模栽培，对我国的国民经济建设具有极其重要的意义。

人们通过对毒蘑菇的深入研究，发现其能为人所利用的方面越来越多。尽管毒蘑菇在自然界的分布比较广泛，种类繁多，但野生的毒蘑菇资源是有限的，现有的野生资源远远不能满足人类需求。据报道，人工栽培毒蘑菇是可能实现的。例如，结合现代农业生产技术，对一些有用的毒蘑菇进行组织培养和人工代料栽培，或借助发酵工艺生产技术，在室内或室外创造或模拟毒蘑菇生长的环境，可对其进行规模化生产，开发一批疗效高的新药及为农业生产提供药源。毒蘑菇和普通食用菌不同，目前利用组织培养、人工代料栽培或发酵生产毒蘑菇，还处于试验阶段，要达到现代化的人工生产水平，还需要进一步研究和探索。毒蘑菇的毒素以及其次生代谢物质的应用开发都有待于我们更进一步去了解和认识，以期更有效、更多地开发毒蘑菇资源，满足农业、医药卫生事业需要。由此可见，毒蘑菇对人类的种种毒害，相对于众多的益处和用途来说是微不足道的，如何全面开发利用毒蘑菇资源，拓宽和寻求某些产品的原料来源，对生物防治、防病治病等事业来说，具有极其重要的现实经济价值和广泛的社会意义。

任务 1-4　食用菌生长对营养及环境条件的要求

 任务描述

通过学习食用菌的营养类型及食用菌生长所需要的营养物质和环境条件，学生能够根据不同食用菌种类的营养需求，选择合适的栽培原料配方。

 知识准备

一、食用菌摄取营养的方式

食用菌是异养微生物，自身不能合成养料，只能通过菌丝细胞从环境中摄取营养物质。根据自然状态下食用菌营养物质的来源，可将其分为腐生型、寄生型和共生型三种类型。

1. 腐生型

从动植物尸体上或从无生命的有机物中吸取养料的食用菌称为腐生型食用菌，这是大部分食用菌的营养类型。根据腐生型食用菌所适宜分解的植物尸体不同和生活环境的差异，可分为木腐型（木生型）和草腐型（草生型）两个生态类群。

（1）木腐型。木腐型食用菌在自然界主要生长在死亡的树木、树桩、断枝或活立木上的死亡部分，从中吸取营养，破坏其结构，导致木材腐朽，但一般不侵害活立木，常见的有猴头菇、灵芝、香菇、木耳等。其对木质有选择性，因此在实际栽培中应选择适生的树种。例如，栽培茯苓选用松属树种，人工代料栽培应选择合适的材料。

（2）草腐型。草腐型食用菌主要以草本植物，特别是禾本科植物的秸秆为主要碳源。草腐菌分解秸秆中的半纤维素、纤维素作为碳源；或以土壤和地表腐殖质为基质，且不与树木形成菌根。常见的草腐型食用菌有双孢蘑菇、巴氏菇、鸡腿菇、草菇等。

2. 寄生型

寄生型食用菌是指生活在活的有机体上，从活的寄主细胞中吸收营养而生长发育的食用菌。食用菌中，整个生活史都是营寄生生活的情况十分少见，多是在生活史的某一阶段营寄生生活，而其他时期则营腐生生活，为兼性寄生。例如，冬虫夏草秋季寄生于蝙蝠蛾的幼虫体上，致使虫体死亡，然后营腐生生活，靠虫体营养完成生活史。灵芝、

糙皮侧耳、金针菇、猴头菇等是腐生菌，但能在一定条件下侵染活立木，在林地栽培时应采取一定防护措施。

3. 共生型

共生型食用菌是指能与高等植物、昆虫、原生动物或其他菌类相互依存、互利共生的食用菌。这种类型的食用菌不能在枯枝、腐木或土壤中生长，而与多种树木的根生长在一起，形成一种相互供应养分的共生菌根，称为菌根菌。菌根菌的菌丝紧密包围在根毛外围，形成菌套，不侵入根细胞内，只在根细胞间隙中蔓延的为外生菌根。内生菌根大部分菌丝在根的内部组织中发育，菌丝均在植物细胞内形成吸器。

松乳菇、红菇、美味牛肝菌等菌根菌与高等植物共生，其菌丝包围在树根的根毛外围，一部分菌丝延伸到森林落叶层中，取代根毛，从土壤中吸收水分和养料供给菌丝体和植物，并能分泌物质刺激植物根系生根，菌根菌则从树木中吸收碳水化合物。

伴生关系是微生物间的一种松散联合，在联合中可以是一方得利，也可双方互利。例如，银耳与香灰菌就是一种典型的伴生关系。银耳分解纤维素和半纤维素的能力弱，也不能很好地利用淀粉。因此，银耳不能很好地单独在木屑培养基上生长，而当银耳菌丝与香灰菌丝混合接种在一起时，银耳利用香灰菌丝分解木屑的产物繁殖结耳。栽培银耳时，常将银耳菌丝和香灰菌丝混合后播种。

二、食用菌生长的营养要求

尽管食用菌摄取营养的方式不同，其所摄取营养物质的来源也不同，但为了维持生命活动需要，食用菌对营养物质的需求基本相同，大致包括碳源、氮源、无机盐及生长因子四大类营养物质。

不同的食用菌对营养物质的成分、比例要求不尽相同。

1. 碳源

碳源是食用菌最重要的营养来源，是一切生命活动的碳素来源，其不仅是构成活细胞中的蛋白质、核酸、糖等必需的元素，而且是代谢活动中重要的能量来源。碳源有无机碳源和有机碳源之分，但食用菌所需的碳源几乎都来自有机物，如糖类、醇类、有机酸等。

（1）糖类。糖类是食用菌最易利用的能源。在糖类中，单糖胜于双糖；己糖胜于戊糖；葡萄糖胜于半乳糖、甘露糖。在多糖中，淀粉优于纤维素、果胶质及其他杂多糖。不同食用菌分解糖类的能力不一样，采用不同的糖类培养食用菌效果也不一样。

（2）醇类。像其他微生物一样，某些食用菌如香菇、平菇也可以将乙醇、甘油等醇类物质作为碳源。在实验室条件下，金针菇也能将乙醇作为碳源来产生子实体。

（3）有机酸。食用菌能够利用有机酸，其中柠檬酸、琥珀酸、苹果酸、富马酸是食用菌相对容易利用的有机酸。但是一般来说，有机酸作为碳源的效果不如糖类，因为菌丝与外部进行物质交换，通过细胞膜时具有选择性。

2. 氮源

凡用于构成细胞物质或代谢产物中氮素来源的营养物质，统称为氮源。氮素是碳素外最重要的营养素，是食用菌合成核酸、蛋白质和酶类的主要原料，对其生长发育有重要作用，一般不提供能量。食用菌主要利用有机氮，如尿素、氨基酸、蛋白胨、蛋白质等。氨基酸、尿素等小分子有机氮被菌丝直接吸收，而大分子有机氮则必须通过菌丝分泌的胞外酶，将其降解成小分子有机氮才能被吸收利用。在自然界中，菌体的氮源主要来自树木、秸秆、堆肥以及其他腐殖质；人工栽培食用菌中，常用豆饼粉、麦麸、米糠、玉米粉、尿素等作为有机氮的来源。

碳源和氮源是食用菌的主要营养。营养基质中的碳、氮浓度要有适当比值，称为碳氮比（C/N）。不同的食用菌，不同的生长发育阶段对碳氮比的要求有一定的差异。一般来说，菌丝生长阶段要求含氮量较高，以碳氮比（15～20）：1为宜，含氮量过低，菌丝生长缓慢。子实体发育阶段要求培养基含氮量较低，以碳氮比（30～40）：1为宜，含氮量过高，则抑制子实体的发生和生长。

3. 无机盐

无机盐是食用菌生命活动不可缺少的物质。它不仅是细胞的组成成分，而且是酶的组成成分，许多微量元素作为酶的辅助因子，与酶的活力有密切的关系。按其在菌丝中的含量，无机盐可分为大量元素和微量元素。微量元素有铁、铜、锌、锰等，因需求量极微，1 L培养基只需1 μg。在栽培料和水中都有一定含量的微量元素，一般无须添加。大量元素中最为重要的是磷、钙、镁、钾，1 L培养基的添加量一般以0.1～0.5 g为宜。实验室配制营养基质时，常用磷酸二氢钾、磷酸氢二钾、硫酸镁、石膏粉（硫酸钙）、过磷酸钙等。在秸秆、木屑、畜粪等原料中均含有各种矿质元素，只酌情补充少量过磷酸钙或钙镁磷肥、石膏粉、草木灰、熟石灰等，就可满足食用菌的生长发育。

4. 生长因子

食用菌生长必不可少的微量有机物，称为生长因子。生长因子不提供能量，也不参与细胞结构的组成，一般是酶的组成部分，具有调节代谢和促进生长的作用。其需求量虽然很小，但严重缺乏时食用菌将会停止生长。生长因子主要为维生素、氨基酸、核酸、核苷酸等物质，如维生素H、烟酸、硫胺素等。例如，硫胺素是菌类必需的维生素，缺乏时，菌类的发育和发生受到抑制，如香菇菌丝生长需要添加硫胺素。在马铃薯、麦芽、米糠、酵母中，各种维生素含量比较丰富，因此，在培养料中若有这些原料，则不必额外添加生长因子。

三、食用菌生长对环境条件的要求

1. 温度

温度是影响食用菌生长发育的重要环境因素，不同的食用菌因其野生环境不同而有不同的温度适宜范围。食用菌都有其最适生长温度、最低生长温度和最高生长温度。

（1）温度对孢子生长发育的影响。食用菌的孢子需要在一定的温度下才能萌发。在适宜的温度范围内，萌发率随温度增高而增高；但超过最高生长温度后，萌发率随着温度的升高而下降；超过极端高温，就不萌发或死亡；在低温范围内，多数孢子不死亡。

（2）温度对菌丝生长发育的影响。食用菌的菌丝生长期，一般适温范围为 20～30 ℃，25 ℃时生长最好。多数食用菌菌丝体生长的最低温度是 2 ℃，最高温度是 39 ℃，一般的生长温度范围是 5～33 ℃。一般来说，菌丝对低温的耐受能力比高温强得多。由于高温使蛋白质变性，使酶失去活性，菌丝体代谢不能正常进行，因此，在高温条件下菌丝体的生活力迅速降低，甚至死亡。低温对其只有抑制作用，并无伤害。很多食用菌菌丝在 0 ℃或 0 ℃以下的低温下不会死亡，只是不能正常地生长发育。实验室经常在 0～4 ℃的温度下保存菌种，就是利用了这种特性。例如，香菇菌丝在 40 ℃经 240 min、42 ℃经 120 min、45 ℃经 40 min 就死亡，但香菇菌丝在菇木内即使遇到 -20 ℃也不会死亡。

（3）温度对子实体分化和发育的影响。食用菌子实体分化和发育的温度比它的菌丝体生长所需的温度低，且适温范围都比较窄。例如，香菇菌丝生长的适温为 25 ℃，而子实体分化要求的温度在 15 ℃左右。根据子实体分化时的温度需求，我们可将食用菌划分为三种温度类型。

① 低温型：子实体分化的最高温度为 24 ℃，最适温度在 20 ℃以下，如香菇、金针菇、平菇、猴头菇、双孢蘑菇、羊肚菌等。

② 中温型：子实体分化的最高温度为 28 ℃，最适温度在 20～24 ℃，如银耳、木耳、大肥蘑菇、牛肝菌等。

③ 高温型：子实体分化的最高温度在 30 ℃以上，最适温度在 24 ℃以上，如草菇、灵芝、白黄侧耳、银丝草菇、长根菇等。

另外，根据食用菌子实体分化时对温度变化的反应不同，又可把食用菌分为两种类型。

① 恒温型：低温处理对子实体的分化无促进作用的食用菌，如木耳、猴头菇、灵芝、草菇、大肥蘑菇、银丝草菇等。

② 变温型：低温处理能促进子实体分化的食用菌，如香菇、金针菇、平菇等。生产中可利用食用菌的变温特点诱导子实体的分化。

食用菌子实体分化形成以后，便进入子实体的发育阶段。不同种类食用菌子实体的发育温度也不相同。一般来说，这一阶段子实体发育的最适温度低于菌丝体生长的最适温度，略高于分化时的温度。

2. 水和空气相对湿度

水在食用菌生命活动中具有重要的作用。水是食用菌的组成成分，其菌丝体的含水量在 80% 左右，子实体含水量更高，可达 90%。水还可参与食用菌的新陈代谢，在吸收营养、输送物质、维持细胞渗透压平衡、保持细胞生存空间等方面起重要作用。食用菌生活环境中的水分含量对食用菌的生产甚至生命起着关键性的作用。一旦缺水，食用菌将生长不良或不能生长。但是，不同食用菌的含水量是不同的。同一种食用菌的含水量与其不同的生长阶段、环境条件（包括基质含水量、空气相对湿度、温度等）具有密切的关系。

对于食用菌生产来说，水分的控制包括基内水分和空气相对湿度两个方面。

（1）基内水分。基内水分除了指培养基、培养料和段木的含水量，还指菌根菌着生的土壤湿度。培养料的含水量可用水分在湿料中的百分含量表示。一般适合食用菌菌丝生长的培养料的含水量在 60% 左右。双孢蘑菇培养料在播种时的最适含水量为 63% ～ 68%，如果培养料的含水量高于或低于这个标准，那么双孢蘑菇将会减产。

水质对食用菌的生长发育也有影响。香菇菌丝在海水配制的培养基上的生长速度只及用淡水配制的 50%；用海水浸泡的菇木，香菇产量只及淡水浸泡的 50% ～ 80%。由此可见，不宜用海水栽培香菇。

培养料中的水分常因蒸发或出菇而逐渐减少。因此，栽培期间必须经常喷水。

（2）空气相对湿度。食用菌不同生长期对水分的要求各不相同，营养生长期水分主要从培养料中吸收，受空气相对湿度影响较小，要求空气相对湿度一般为 70% 左右；而生殖生长期不仅要从培养料中吸收水分，也要从空气中吸收水分，因此要求有较高的空气相对湿度。食用菌在子实体生长发育阶段，要求空气相对湿度为 80% ～ 95%。出菇期若空气相对湿度在 70% 以下，会导致正在形成的菌盖变硬甚至鞭裂；空气相对湿度低于60%，则子实体就会停止生长；空气相对湿度降至 40% 时，子实体不再分化，已分化的也会干枯死亡。若空气相对湿度过高，空气过于潮湿，易滋生病菌，形成的静止高温环境，会影响氧气的供应，导致二氧化碳和其他有害气体的积累，对子实体形成毒害，还会影响菇体正常蒸腾作用，减少菇体水分的蒸发，妨碍菌丝体中的营养成分向菇体运输。此外，在菇场或菇房中保持一定的空气相对湿度能防止培养料或幼嫩子实体中水分过度蒸发。

3. 光照

食用菌细胞内不含叶绿素，不能进行光合作用，因此不需要直射光。如果把食用菌放在直射光下培养，一方面日光中的紫外线有杀菌作用；另一方面在阳光下水分急剧蒸发，空气湿度低，不利于食用菌生长。因此，栽培食用菌必须在菇房、树荫下或荫棚内进行。

食用菌在菌丝生长阶段不需要光照，但大部分食用菌在子实体分化和发育阶段都需要一定的散射光。根据子实体形成时期对光照的要求，一般可以将食用菌分为喜光型、厌光型和中间型 3 种类型。

（1）喜光型食用菌，即子实体只有在散射光的刺激下，才能较好地生长发育的食用菌。例如，香菇、草菇、松口蘑、滑菇等食用菌，在完全黑暗条件下不形成子实体；金针菇、侧耳、灵芝等食用菌在黑暗环境中虽能形成子实体，但菇体畸形，常只长菌柄，不长菌盖，不产生孢子，这类食用菌也属于喜光型。

（2）厌光型食用菌在整个生活周期中都不需要光的刺激，有了光，子实体不能形成或发育不良，如双孢蘑菇、茯苓等食用菌可以在完全黑暗的条件下完成生活史。

（3）中间型食用菌对光照反应不敏感，不论有无散射光，其子实体都能够正常生长发育，如黄伞等。

光的质量（波长）对子实体的形成也有影响。光照对子实体的色泽有很大的影响。光照不足时，草菇呈灰白色，木耳为浅褐色，只有在光照强度为 250～1 000 lx 的条件下，木耳才呈正常的黑褐色。金针菇在明亮环境中栽培，菌柄色泽深、绒毛长；在黑暗环境中栽培，金针菇呈白色或淡黄色。在黑暗中栽培，香菇子实体不但菌柄长，且色泽白，失去香菇正常的色泽。

4.氧气与二氧化碳

空气是食用菌生长发育必不可少的重要生态因子。我们周围的空气主要成分是氮气、氧气、二氧化碳等，其中氧气和二氧化碳对食用菌的生长发育的影响最为显著。食用菌是好气性菌类，食用菌的呼吸作用是吸收氧气，排出二氧化碳，同时释放能量。

不同种类的食用菌对氧气的需求量是有差异的，同一种食用菌在不同生长阶段对氧气的需求量和对二氧化碳的敏感程度也不同。

一般食用菌在菌丝生长期对氧气的需求量较小，对二氧化碳也不敏感。平菇发菌期能在二氧化碳浓度为 20%～30% 的环境中生长，只有在二氧化碳的浓度大于 30% 后才会停止生长。香菇、金针菇、木耳的菌丝也能在较高二氧化碳浓度的条件下较好地生长，但在通风透气的情况下，菌丝生长速度更快。对于大多数食用菌来说，二氧化碳的浓度过高会抑制菌丝生长，并且抑制作用随二氧化碳浓度的提高而增强，银耳、灵芝、滑菇，都有这种反应。

子实体分化阶段，食用菌从营养生长转入生殖生长，这时的氧气需求量较低。微量的二氧化碳（浓度 0.034%～0.1%）对双孢蘑菇和草菇子实体的分化是必要的，但低浓度的二氧化碳对猴头菇、灵芝、金针菇等有抑制分化的作用。

子实体形成之后，食用菌的呼吸作用旺盛，对氧气的需求量急剧增加。0.1%以上的二氧化碳浓度就会对子实体产生毒害作用。平菇在空气中二氧化碳浓度超过0.13%时会出现畸形菇，灵芝在0.1%的二氧化碳浓度下不形成菌盖，猴头菇在0.1%的二氧化碳浓度下形成珊瑚状分枝，双孢蘑菇在二氧化碳浓度大于1%时，出现菌柄长、开伞早、品质差的现象。因此，在生产中，在子实体发育期，要经常对菇房通风换气，排除菌丝细胞产生的二氧化碳和其他代谢废气，以保证子实体的正常发育。

5.酸碱度

酸碱度（pH）一方面与胞外酶活力有关，任何一种酶的催化作用都要求在特定的pH环境中进行，否则都将引起酶活力下降甚至失活，影响营养物质的分解；另一方面通过影响食用菌营养作用而影响其生长，这与营养物质的吸收有关。食用菌是好氧性真菌，过高的pH会影响菌体的正常呼吸。因此，必须调节好培养基质的pH，保证食用菌的正常生理活动。

不同种类的食用菌菌丝体生长所需要的基质的pH不同，但大多数食用菌喜偏酸性环境，适宜菌丝生长的pH在3～6.5，最适pH为5～5.5。大部分食用菌在pH大于7时生长受阻，pH大于8时生长停止。木腐型食用菌在偏酸性环境中菌丝生长速度较快，草腐型食用菌在偏碱性条件下菌丝生长速度较快，这与两类食用菌中对生长起主要作用的酶的差异有关。例如，猴头菇最耐酸，它的菌丝体在pH低于2.4时仍能生长，适宜的pH为4；但它不耐碱，pH大于7.5时菌丝就难以生长。草菇则喜碱，最适pH在7.5左右，在pH为8的草堆中，仍能良好地生长发育。

由于在食用菌栽培过程中，食用菌分解有机物产生有机酸，使培养基呈酸性，所以在配制培养基时应将pH适当调高，常加石灰水、磷酸二氢钾、磷酸氢二钾、氢氧化钠或碳酸钠等，使培养基随菌丝生长逐渐接近最适pH。

任务实施

一、不同pH对香菇菌丝生长的影响

（1）菌种准备。准备一株香菇作为实验材料。

（2）准备PDA培养基。

（3）pH条件的单因子试验。以PDA培养基为培养基，用0.1 mol/L HCL和0.1 mol/L NaOH调节pH为5、6、7、8共4种条件的培养基。

（4）用7 mm打孔器取相同大小的菌片接种，在25 ℃培养28 d，用十字划线法测生长直径。

（5）每隔24 h观察菌丝生长情况。

通过实验发现香菇的菌丝的生长喜酸性条件，供试的 4 种 pH 条件下，pH 在 5 ～ 6 最适合香菇的菌丝生长。

二、巩固训练

学习食用菌对营养物质和环境条件的需求，能够阐述常见食用菌生长对营养物质及环境条件的要求。

 知识拓展

除了上述环境因素影响食用菌的生长发育，还有某些生物因子与食用菌的生长也有着密切的关系。影响食用菌生长发育的生物因子是指食用菌的生物环境。

食用菌与其他不同种类的生物或微生物生存在同一环境中，彼此之间发生着复杂的关系，主要表现在种间共处、伴生、共生、竞争、拮抗、寄生和啃食等方面。

（1）种间共处是指两种生物生活在同一种环境中，两者之间不表现明显的利害冲突。

（2）伴生是指微生物间的一种松散联合，在联合中可以是一方得利，也可以是双方得利。

（3）共生是指食用菌和高等植物、昆虫、原生动物或其他菌类形成相互依存的共生关系。

（4）竞争是指生活在一起的两种微生物为了自身生长而争夺有限的同一种营养或其他需要的养料、环境等。

（5）拮抗是指两种微生物生活在一起时，一种微生物产生某种特殊的代谢产物或使环境条件改变，从而抑制或杀死另一种微生物的现象。

（6）寄生是指一种生物生活在另一种生物表面或体内，从其细胞、组织或体液中取得营养。

（7）啃食是指危害食用菌的鼠类、螨类和昆虫等对食用菌菌丝或子实体的啃食，而造成食用菌减产的现象。

以下我们通过食用菌与微生物、食用菌与植物及食用菌与动物的关系来阐述这些复杂关系的表现。

1.食用菌与微生物的关系

许多微生物能为食用菌提供必要的营养物质。例如，嗜热细菌、放线菌、真菌的混合微生物群在双孢蘑菇堆肥二次发酵过程中，不仅能帮助分解纤维素、半纤维素等大分子物质，软化草茎，为双孢蘑菇生长提供必要的氨基酸、维生素和醋酸盐，而且这些微生物自身繁殖所合成的菌体蛋白质和多糖体，是双孢蘑菇生长的良好营养。用于栽培双孢蘑菇的培养料，实际上就是堆肥中的微生物发酵加工制成的。

微生物为食用菌提供营养物质的第二个例子是香灰菌与银耳伴生。银耳分解纤维素和半纤维素的能力极弱，甚至不能很好地利用淀粉，因此它不能单独在木屑培养基上生长。只有当银耳与香灰菌丝混合接种在一起时，银耳才由于获得了香灰菌丝分解木屑得到的养分而繁殖结耳。因此，在制备银耳菌种时须将两者按一定比例混合接种在一起。这样的银耳菌种实际上已不是纯银耳菌丝种，而是银耳和香灰菌的混合培养物。

　　2. 食用菌与植物的关系

　　有些食用菌能与植物共生，形成菌根，彼此受益。菌根是真菌与植物互利的结合形式。能与植物形成菌根的真菌称为菌根菌。菌根菌能分泌吲哚乙酸等物质，刺激植物根系生长，促进植物吸收某些盐类，而植物则把光合作用合成的碳水化合物提供给真菌。

　　菌根菌有 11 目、30 科、99 属，多见于块菌科、牛肝菌科、红菇科、口蘑科、鹅膏科。能与菌类形成菌根的植物主要有裸子植物、被子植物和蕨类植物。一定的菌根菌要求一定的植物根系与其结合，如牛肝菌、松乳菇与松，丝膜菌与红云杉，红菇与红栎，口蘑与黑栎，鹅膏与松、杉、落叶松、桦，黑孢块菌与毛栎、榛等树。我国常见的菌根食用菌均属于伞菌目，约有 78 种，分属于 11 科、25 属。

　　3. 食用菌与动物的关系

　　依靠动物帮助才能完成生活史循环的食用菌种类较少，典型的例子是白蚁"栽种"鸡枞。鸡枞常见于针阔叶林中地上、荒山或玉米地中。凡鸡枞生长之处必有白蚁，鸡枞柄与白蚁巢相连，多群生。盛夏季高温湿润时，白蚁窝上先长出小白菌球，随后长成突起状幼鸡枞，最后突破覆土伸出地面，成为常见的鸡枞。白蚁与鸡枞的关系，可能是鸡枞利用蚁粪和白蚁分泌的激素生长，当鸡枞生长的地方遭人畜或其他机械破坏后，白蚁搬家，就不会再长鸡枞了。

　　此外，有些动物对食用菌的孢子传播也是有益的。竹荪的孢子就是靠蝇类传播的，著名的块菌子囊果生于地下，它的孢子只能通过野猪挖掘采食后才能传播（猪粪传播）。

项目二　食用菌的制种技术

学习目标

1. 知识目标

（1）掌握菌种的基本知识。

（2）了解食用菌菌种的生产设备、消毒与灭菌方法及常用菌种的保藏方法。

（3）掌握食用菌制种技术流程和技术要点。

2. 技能目标

（1）能完成母种培养基的配制与灭菌。

（2）能进行组织分离，制作母种。

（3）能完成母种的转管与培养。

（4）能初步对菌种质量进行鉴定。

（5）能根据不同菌种选择适宜的保藏方法进行保藏。

任务 2-1　认识菌种

任务描述

通过学习菌种的概念、菌种的类型，学生能够熟悉常见食用菌的母种形态，区分母种、原种和栽培种。

🍑 知识准备

菌种是食用菌生产最重要的生产资料，菌种质量的好坏关系到生产的成功与失败，优良的菌种是栽培成功的基本条件，劣质菌种会使食用菌生产轻者减产、重者绝收，因此，生产优良的菌种是食用菌栽培的一个极其重要的环节。

一、菌种的概念

菌种是食用菌生产的首要条件，其是指以保藏、试验、栽培为目的，具有繁衍能力，遗传特性相对稳定的孢子、组织或菌丝体及其营养性或非营养性的载体；或者是指人工培养进行扩大繁殖和用于生产的纯菌丝体，也就是培养基质和菌丝体的联合体。

二、菌种的类型

在生产上，根据分离、提纯菌株的来源、繁殖代数、转接的方式及生产目的，把菌种分为母种、原种和栽培种。

1. 母种

母种又称一级种、试管种，是食用菌的原始菌株。母种是通过组织分离法或孢子分离法选育而成的，它既可繁殖原种，又适于菌种保藏。

2. 原种

原种又称二级种，由母种扩繁而来。其是由母种转接到麦粒培养基、玉米粒培养基等较粗放的培养基上培养而成的菌种。原种成本较高，通常不宜直接用作生产种，而需要再次扩大培养后才能用于生产，有时也可以直接出菇。原种要求必须纯度高、活力强、营养丰富。

3. 栽培种

栽培种又称三级种，是由原种扩繁而来，直接用于生产的菌种。菌种经进一步扩大培养，菌丝分解基质的能力进一步增强，更能适应外界环境条件。栽培种可用瓶作容器培养，也可用塑料袋作容器培养。长好的栽培种最好在 10 ～ 40 d 使用，时间长了可能自行分化形成子实体，或生活能力下降，容易感染杂菌而引起减产。栽培种包括麦粒种、木塞种、木屑种、草料种等。

（1）麦粒种。麦粒种是以小麦等禾谷类作物种子为培养基的菌种。麦粒种适合食用菌栽培种的培养。

（2）木塞种。木塞种是以木塞颗粒为主料，配以一定量的木屑填充物做成培养基的菌种，适于作为段木栽培香菇、木耳的栽培种，也适于作为茯苓、猪苓、蜜环菌等的栽培种。

（3）木屑种。木屑种是以阔叶树木屑为主料，配以麦、米糠等辅料做成培养基的菌种。木屑种适合于多种食用菌栽培，如木耳、毛木耳、香菇、灵芝、猴头菇、蜜环菌、杨树菇（柱状田头菇）等。

（4）草料种。草料种是以作物秸秆为主料，适量加入麦、米糠等辅料做成培养基的菌种，适合于多种草本代料栽培的食用菌，如平菇、凤尾菇、鲍鱼菇、阿魏菇、杨树菇、草菇、猴头菇、金针菇、鸡腿菇等。

任务实施

根据不同食用菌母种、原种、栽培种形态特征对平菇、香菇、双孢蘑菇的母种、原种、栽培种进行区分。

任务 2-2 认识菌种生产的设施与设备

任务描述

食用菌菌种生产需要进行无菌操作，对设施条件有一定的要求。通过本任务的学习，学生能够掌握菌种生产的常用设备，能使用这些设备进行菌种的生产作业。

知识准备

一、制种场地

一般的房屋经过改造即可以作为菇房，也可以建立专用房。菇房栽培一般采用床架式以充分利用空间。

（一）菇房应具备的条件

（1）具有良好的保温性能。墙壁较厚，门窗封闭性能好，能避免外界气温变化造成室内温度产生剧烈变化，具有冬暖夏凉的条件。

（2）具备良好的通风排气性能。菇房内既不能有死角，又不能让风直接吹到菇床上。

（3）具备加温设施。平稳、均衡供热的高效、经济的加温设施，是实现优质、高产、高收的基础。

（4）墙面、地面光洁坚实。水泥墙地面便于清洁消毒，可防治杂菌和害虫。

（5）采光方便，没有直射光。

（6）有水源，有配制培养料的场地，四周清洁，易排水。

（二）菇房的类型

1. 地上菇房

地上菇房要求地势较高，远离鸡舍畜栏，附近无空气污染源，近水源，有堆料场地。一般菇房宽 8 ～ 10 m、高 5.3 ～ 6 m，长 20 m；东西走向，便于通风换气、冬季采暖；开上、下两排或上、中、下三排通风窗，窗大小以 0.4 m×0.5 m 为宜，窗上装网纱以防虫，下窗口下沿距地面 10 cm 左右，以排出二氧化碳废气（二氧化碳密度较大，常沉积在底层）。菇房中间顶上应安装拔风筒，高 130 cm、直径 40 cm，拔风筒顶端装风帽。拔风筒既可使菇房上下空气均匀一致，又可避免风直接吹到菇床上。菇床可采用木制、钢制或钢筋混凝土预制条架成，宽度以采菇方便为标准，层距 60 ～ 70 cm，底层距地面 20 cm，床架排列方向与菇房走向垂直为好。

2. 地下菇房

山洞、地窖、地下室、防空洞均可作菇房栽培食用菌，也可以建造专用地下菇房。地下菇房冬暖夏凉，空气湿度大，适于全年栽培食用菌，但是通风条件差，常需要电动鼓风机送风排气。地下菇房可采用畦式栽培，也可床栽。袋式栽培的可采用脱袋堆墙式出菇方式，简单实用，效果较好。

3. 半地下棚式菇房

半地下棚式菇房是与冬暖式蔬菜大棚一样的菇房，适于北方地区。许多地方已采用蔬菜大棚栽培食用菌。

半地下棚式菇房东西走向，坐北朝南，长度不限，宽 4 ～ 5 m，地下深度 0.8 ～ 1.2 m，将四周和地面夯实。地上部分，北墙高 0.8 ～ 1 m，东西墙起脊，北坡长 1 ～ 1.2 m，上部用竹竿或钢管、角铁、铁丝等物搭框架，中间和南边用水泥立柱支撑，覆盖塑料膜封严，最上面覆盖草帘。围墙可打成 0.4 ～ 0.6 m 的土墙，也可砌成带夹层的砖墙，中间填满保温材料。后墙打制时，贴地面留通气孔，孔间距 2 ～ 2.5 m，直径 0.3 ～ 0.4 m。菇房一端留门。这种菇房，采用塑料袋立体栽培，每 25 m² 可投料 1 t。

4. 塑料大棚

塑料大棚可制成地上式或半地下式，一般长 10 ～ 15 m，宽 5 ～ 6 m，室内空间高度 2 ～ 2.5 m。棚架可以是竹制，也可以是钢制或木制，可在塑料薄膜外面盖上草帘或苇席；在北方地区作为太阳能温室，可做成多层薄膜，保温、保湿。墙上或壁面上要开通窗或安装拔风筒，以利空气流通。棚内采用床栽，也可采用代料立体栽培。

5. 坑道式菇房

坑道式菇房适用于丘陵山地，利用荒坡栽培食用菌。在背风朝阳的南坡、东南坡挖坑道，东西走向，宽 3 m 左右，深 2 m，长度不限，以管理方便为标准，一般为 8 ～ 10 m。

一端或两端开进出口并作通风口，挖出的石土堆筑在南北两侧，使北高南低。南北两侧分别挖排水沟，坑道上面南北架木棒或钢筋水泥铸造的水泥棒，上面盖以无滴塑料薄膜，再在上面覆盖稻草或草帘、草席，可以遮阳保温。坑道内可进行床栽、代料菌墙式栽培。坑道式菇房保温、保湿性能好，冬季可以利用太阳能提高室温。

二、制培养基设备

1. 配料设备

不同的生产规模，配料所需要的设备有所不同，其主要设备有拌料机（如图 2-2-1 所示）、切片粉碎两用机（如图 2-2-2 所示）和铡草机（如图 2-2-3 所示）。

图 2-2-1　拌料机

图 2-2-2　切片粉碎两用机

图 2-2-3　铡草机

2. 培养基分装设备

采用手工装料，只要备一块垫瓶（袋）底的木板和一根"丁"字形捣木（供压料时用）即可；但具有一定规模的菌种厂，为了提高装料效率，应选用装袋机（如图 2-2-4 所示）。装料时，以塑料瓶作容器的要压料和打接种穴，可用瓶料专用打穴器；以塑料袋作容器，一般装料后要用塑料袋专用打穴器在袋壁上打接种穴。

图 2-2-4　装袋机

3.接种设施、设备

接种设施、设备是指分离和扩大转接各级菌种的专用设施、设备，主要有接种室、接种箱、超净工作台及各种接种工具。

（1）接种室。接种室又称无菌室，是进行菌种分离和接种的专用房间。其设置不宜与灭菌室和培养室距离过远，以免在搬运过程中造成杂菌污染。生产量较大的菌种厂，应充分注意各个工作间的位置安排。接种室一般面积 5 ～ 6 m²，高 2 ～ 3 m 即可，过大或过小都难以保证无菌状态。接种室外设缓冲间，面积约 2 m²。门不宜对开，最好安装移动门。接种室内的地面和墙壁要求光滑洁净，便于清洗消毒。室内和缓冲间装紫外线灯（波长 265 nm，功率 30 W）及日光灯各一盏。接种室具有操作方便、接种量大和速度快等优点，适于大规模生产。

（2）接种箱。接种箱（如图 2-2-5 所示）是供菌种分离、移接的专用木制箱，实际上是缩小的接种室，其有多种形式和规格。接种箱内部装紫外线灯和日光灯各一盏、箱前（或箱后）的两个圆孔装上 40 cm 长的布袖套或橡皮手套，双手由此伸入操作。圆孔外要设推门，不操作时应关门。箱体安装玻璃、木板均要注意密封，箱的内外均用油漆涂刷。

接种箱结构简单、制造容易、造价较低、移动方便，由于人在箱外操作，气温较高时也能维持作业，适于制作母种、原种。

图 2-2-5　接种箱

（3）超净工作台。超净工作台（如图 2-2-6 所示）是一种局部层流（平行流）装置，能够在局部形成洁净的工作环境。室内的风经过滤器送入风机，由风机加压送入正压箱，再经高效过滤器除尘，洁净后通过均压层，以层流状态均匀垂直向下进入操作区（或以水平层流状态通过操作区），以保证操作区有洁净的空气环境。由于洁净的气流匀速、平行地向着一个方向进入，空气没有涡流，故任何一点灰尘或附着在灰尘上的杂菌，都很难向别处扩散转移，而只能就地排除掉。因此，洁净气流不仅可以创造无尘环境，而且其是无菌环境。使用超净工作台的好处是接种分离可靠、操作方便，尤其是在炎热夏季，可提高接种人员工作的舒适度。

（4）接种工具。接种工具（如图 2-2-7 所示）是指分离和移接菌种的专用工具，样式很多。用于菌种母种制作和转接母种的工具，因大多在试管斜面和平板培养基上操作，一般用细小的不锈钢丝制成；用于原种和栽培种转接的工具，因培养基比较粗糙紧密，可用比较粗大的不锈钢丝制成。

图 2-2-6　超净工作台

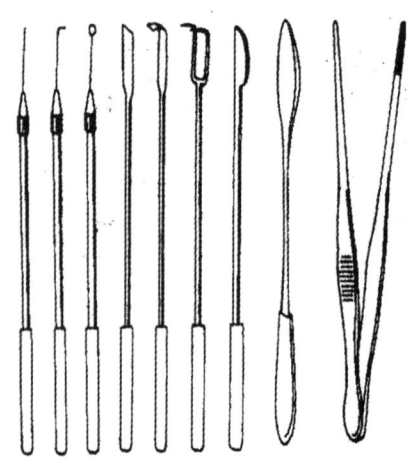

图 2-2-7　接种工具

三、菌种培养设备

菌种培养设备主要是指接种后用于培养菌丝体的设备，如恒温培养箱、霉菌培养箱（或生化培养箱）和摇瓶机（摇床机）等。

1. 恒温培养箱

恒温培养箱可在医疗器械商店买到。电热恒温培养箱由箱体、温度控制器（加热控制器）和电热丝三部分构成，通过温度控制器的旋钮控制温度。当旋钮转到某一位置时，控制器接通电源，电热丝加热，达到一定温度后自动断电，低于一定温度又会自动接通电源加热。旋钮上的刻度不是箱内温度，箱内温度要通过附加的温度计指示。因此，使用时要通过附加温度计标定出旋钮的位置。由于电热恒温培养箱只能加热不能制冷，当室温高于培养温度时，电热恒温培养箱就失去调温作用。

2. 霉菌培养箱

霉菌培养箱（如图 2-2-8 所示）是既能加热、又可制冷的设备，包括箱体、控温器、电热器（电热丝或电热管）、制冷器（与电冰箱相似，由压缩机和蒸发器等组成）四部分，其温度仍需温度计指示。当箱内温度低于所要求的温度（由旋钮确定）时，电热器加热；当箱内温度高于所需温度时，制冷器压缩机工作制冷。

图 2-2-8 霉菌培养箱

3. 摇瓶机

食用菌进行深层培养或制备液体菌种时，需设置摇瓶机。摇瓶机有往复式和旋转式两种。往复式摇瓶机的摇荡频率是 80 ～ 120 r/min，振幅（往复距）为 8 ～ 12 cm；旋转式摇瓶机摇荡频率为 180 ～ 220 r/min。旋转式摇瓶机耐用、效果较好，如全温振荡培养箱。

四、菌种保藏设备

食用菌菌种是科研和生产的重要资源，它和其他生物一样，具有遗传性和变异性，人们希望通过保藏使一个具有优良性状的菌种的性状保持不变或尽可能地少变、慢变。菌种保藏方法很多，所需设备有以下 3 种。

1. 生物冷藏柜

生物冷藏柜保藏菌种一般温度控制在 3 ～ 4 ℃。菌种保藏方法中的低温定期移植保藏法、液体石蜡保藏法、自然基质保藏法、砂土管保藏法、滤纸片保藏法、生理盐水保藏法、蒸馏水保藏法等都适宜在生物冷藏柜中保藏。

2. 菌种库

有条件的单位，如有需要，可建造冷库，用以暂时存放成品菌种，即菌种库。其温度一般控制在 4 ～ 8 ℃，这样既可节省能源，又能较长时间保存菌种。

3. 液氮罐

采用液氮罐保藏菌种是指利用液态氮的超低温（–196 ～ –150 ℃），使生物的代谢水平降低到最低限度。在这样的条件下保藏菌种，能保持其性状基本上不发生变异。这是目前国际上最先进的菌种保藏方法。

 任务实施

一、使用灭菌锅的操作步骤

食用菌制种需使用灭菌锅，其操作步骤如下。

（1）确认电源的正确连接，将灭菌锅右侧的电源开关打开，然后按下"POWER ON/OFF"键开机。

（2）确认锅内压力为 0 MPa 的情况下，轻轻向下按灭菌锅盖的把手，脚踏盖锁解除踏板，把盖打开。向灭菌锅内注水（蒸馏水），直到水漫过底盘中心孔的横杠（大约需要 2 L 水）。

（3）放置待灭菌的物品，盖上盖子到磁封条封好，将盖锁住。注意不要过满，不要有单独的小型颗粒。

（4）选择运行模式（一般选择普通灭菌模式，选其他模式需要请示安全员）。

（5）启动灭菌程序。

① 确定放气瓶内的水位在"HIGH"和"LOW"之间；

② 确定排水瓶内的水位足够低，不会碰到排气管的顶端；

③ 按"START/STOP"键启动灭菌程序。

（6）灭菌完成后，温度降至 90 ℃以下（锅内压力为 0 MPa）的情况下才能打开盖子，拿出灭菌好的物品。

（7）按"POWER ON/OFF"键断开电源。

二、使用灭菌锅的注意事项

（1）在压力到达 0 MPa 之前，不打开灭菌锅盖。

（2）压力表出现异常时，应停止使用。

（3）打开灭菌锅锅盖时，应充分注意来自灭菌室内的蒸汽，防止烫伤。

（4）放置灭菌物品时要注意不要碰触、损伤内胆中的温度探头。

（5）当放气瓶中的水位高于"HIGH"标记时，须在灭菌前将水倒出至"LOW"标记。

（6）当灭菌锅内的水位低于底盘中心的横杠时，应当补加适量蒸馏水至漫过横杠。

（7）为避免阻塞管系，应经常换水；准备长时间停用时，要将灭菌锅内的水排空。

 知识拓展

常压灭菌灶

没有条件购买高压蒸汽灭菌锅的单位及个人，可自制常压灭菌灶，用于原种、栽培种培养基的灭菌，同样可以达到灭菌目的。常压灭菌灶要求有较高的密闭度，这样灭菌效果好又可节省燃料。密闭度高的，温度可达 105 ℃；密闭度低的则达不到 100 ℃。

一、常压灭菌灶的常见类型

1.砖制土蒸灶

砖制土蒸灶是指用砖和水泥制成的土蒸灶，是食用菌生产中常用的灭菌灶。这种灭菌灶分为单锅灭菌灶和双锅灭菌灶。单锅灭菌灶体积较小，一次可装料袋 500～800 袋，双锅灭菌灶可装料袋 1 000～1 200 袋。

单锅灭菌灶的灶体长和宽均为 1.5 m，高为 2 m，灶内安装 1 个直径为 1 m 的铁锅；双锅灭菌灶是指灶内并排安装 2 个直径为 1 m 的铁锅，灶长为 3 m，宽为 2 m，高为 2 m。灶体用砖砌成，并在内外壁上都抹上水泥砂浆，要求内壁光滑。双锅灭菌灶内2 个锅之间设置 1 个水槽，使 2 个锅的水互相流通。另外，需在灶外侧，即在烟道与灶体之间设置 1 个热水池。热水池用小铁锅制作，直径为 0.5 m，四周用砖砌边框，形成热水池，在灶体与热水池之间安装 1 根铁管，便于向灶内锅中补充水，防止水被烧干后烧坏铁锅。在灶体一侧开 1 个门，门的大小以能对角线放入铁锅为宜，以便更换被烧坏

的铁锅。门不宜过大，否则不易密封。在距灶体底部 0.4 m 处开门，门高为 1.2 m，宽为 0.5 m。门框边缘向内凹进 4 cm，边缘要求呈水平状且光滑，便于门与门框紧贴，减少漏气量。在门的两侧各均匀地安装 3 个钢筋环，直径为 7～8 cm，用木棒加木楔扣紧门板。门板用木板制作，在内侧贴上塑料薄膜，并在中央开 1 个插入温度计的小孔。在灶体内摆放 2 层砖，放上木板作横隔，在横隔上摆放料袋。炉膛制作成烧煤的灶，要求煤燃烧时火力大。

2. 小型钢板灭菌灶

小型钢板灭菌灶用钢板焊接制作，以蜂窝煤作为燃料，操作方便，便于灶体运输。灶体规格为高 2.2 m，长和宽 1.3 m。在一侧开 1 个宽为 0.6 m、高为 1.2 m 的门。在灶内距底部 0.3 m 处，焊接一圈角钢，用于摆放木板作横隔。底层钢板厚为 0.5 cm，其余部位的钢板厚为 0.3～0.4 cm。在横隔两侧各摆放 1 根带小孔的铁管，并将一端伸出灶体外，安装上阀门，用作排气管。门边缘焊一圈角钢，并焊接上螺母。门也用钢板制作，在门边缘开圆孔，与螺母相对应，便于将门扣上后用螺帽扣紧。炉膛制作成可烧蜂窝煤或散煤，以烧蜂窝煤的炉膛为好，使用方便。烧普通煤的炉膛同砖制土蒸灶。用蜂窝煤作为燃料的小型钢板灭菌灶，用一个煤车装煤燃烧，煤车底部为炉桥，四周用铁板制作，在下方安装 4 个铁圈作轮子，煤车长 0.85 m，宽 0.75 m，高 0.4 m，一次可装 148 块大号蜂窝煤。煤车装煤后，煤顶部距灶体的高度为 3 cm 左右。灭菌时，在灶体内装足水，使水面距横隔约 5 cm，然后整齐地摆放料袋，一次可装料袋 500 个。关闭门后，送入点燃了几个蜂窝煤的煤车。当灶内水被烧开，打开排气阀门，有大量蒸汽出现时，用铁板挡住炉膛口，用小火保温。若门关闭较严，不漏气时，应微开启排气阀门，让部分气体排出，防止产生高压，胀破灶体。煤燃烧结束后，再闷一夜或半天后取出料袋。

3. 大型钢板灭菌灶

大型钢板灭菌灶是指用钢板制作的大型灭菌灶，具有密封严、升温快的特点，是生产上用于代替砖制土蒸灶的灭菌灶。一次可装料袋 2 000～3 000 个，便于大规模生产。

整个灶体用钢板制作，有长 3 m、宽 1.8 m、高 2.4 m 和长 3 m、宽 2 m、高 2 m 等不同规格的灶体。灶体内底层为盛水槽，在距底部 0.3 m 处安装横隔。在一侧中央开 1 个门，一端安装 1 个进水管，另一端安装 1 个水位管，水位管距底部 0.1 m 左右。在水位管上连接一根透明的塑料管，竖直起来，通过塑料管内水位来判断灶体内水量。加热装置设置为燃煤的灶，一端为燃烧煤的炉膛，另一端设置烟道。也可制作成燃煤块或蜂窝煤的燃烧炉。

二、选择和使用常压灭菌灶的注意事项

（1）灭菌锅一定要够大，烧煤以正方形锅底为好，烧柴以长方形锅底为好。锅内加

足水，尤其是第一锅，这样不仅可以防止烧干锅，而且烧下一锅的时候不用烧很长时间就能产生蒸汽。

（2）无论简易锅、土蒸锅还是铁皮锅，灭菌仓摆放密度都不要过大，最好每个周转筐中都保留一定的空隙，便于热空气流通。

（3）带探头的压力温度表要将探头插入最下层筐中的菌袋内部。直到这个温度表显示温度达到100 ℃时再开始计时（恒温100 ℃保持8～10 h）。实际生产中，3 000袋以下的常压灭菌锅保持8 h，3 000～5 000袋的常压灭菌锅需要保持10 h，5 000～10 000袋的常压灭菌锅保持12 h。

（4）温度表需要校准，常用的校准方法是将探头插入滚开的开水中。不同海拔开水温度也不同。例如，海拔高度0 m，沸水温度100 ℃；海拔高度500 m，沸水温度约98 ℃；海拔高度1 000 m，沸水温度约97 ℃。

（5）闷制。达到灭菌温度以后，不要急于打开锅门降温，最好闷制6～10 h再出锅。

任务2-3　菌种生产

 任务描述

通过任务学习，学生能够掌握PDA（potato dextrose agar，马铃薯葡萄糖琼脂）培养基的制备；学会母种转管操作；能按要求配制原种和栽培种培养基。

所需操作工具和材料：灭菌锅、电炉、铝锅、漏斗、纱布、菜刀、砧板、烧杯、捆扎绳、硅胶试管塞、试管（18 mm×180 mm）、马铃薯、葡萄糖、琼脂、通用pH试纸、培养箱、超净工作台、接种工具等。

 知识准备

一、母种培养基的类型

1. 天然培养基

天然培养基是指直接由天然物质或者天然物质的提取液制备而成的培养基。培养基常用的天然物质有马铃薯、麦芽、酵母、胡萝卜、豆芽、玉米、高粱以及水果、蔬菜和部分植物的茎、根等。天然培养基的化学成分不确定，多用于菌种分离、培养和保藏，不适于生理研究。

2. 合成培养基

合成培养基是指用已知成分的有机化合物和无机化合物配制而成的培养基。在一般情况下，培养基应含有磷、钾、钙、钠、镁等大量矿质元素，以及铁、锌、锰、铜等微量元素。平时所使用的化学纯试剂中含有的杂质，已能满足食用菌对微量元素的要求，配制培养基时不需要另外添加微量元素。在进行微量元素的生理研究时，应采用分析纯化学试剂并使用蒸馏水，再加入所需的微量元素。

3. 半合成培养基

半合成培养基是指在天然培养基中加入一部分已知的化合物所配制成的培养基，是生产和实验中使用最广泛的一类培养基。最常用的有 PDA 培养基、酵母膏麦芽糖琼脂培养基等。

培养基根据物理状态不同，分为液体培养基和固体培养基。琼脂是最常用和最理想的凝固剂，用琼脂制作的固体培养基称为琼脂培养基。固体培养基适用于菌种分离培育、形态观察；液体培养基多用于生理研究。近年来，采用液体培养基制作菌种也引起了重视。

二、培养基主要原料的性质

1. 琼脂

琼脂是由麒麟菜、石花菜或江篱等制成的，琼脂含有丰富的膳食纤维，蛋白质含量高、热量低，具有排毒养颜等作用。

实验室所用琼脂的化学成分为：水 16%、灰分 4.4%、氧化钙 1.15%、氧化镁 0.77%、氮 0.4%。钙离子和镁离子都以同硫酸根结合的方式存在于琼脂中。琼脂在 90 ℃时熔化，当温度降至 45 ℃时又成凝胶状。在实验工作中，应趁热将培养基制作成所需要的形状。琼脂对于大多数真菌来说，只是一种凝固剂，而不是碳源。

2. 蛋白胨

蛋白胨是将肉、酪素或明胶用酸或蛋白酶水解后干燥而成的外观呈淡黄色的粉剂，具有肉香的特殊气息。蛋白质经酸、碱或蛋白酶分解后也可形成蛋白胨。在人类的胃内，蛋白质的初步消化产物之一就是蛋白胨。蛋白胨富含有机含氮化合物，也含有一些维生素和糖类，可以作为微生物培养基的主要原料。一般来说，用于蛋白胨生产的蛋白包括动物蛋白（酪蛋白和肉类）、植物蛋白（豆类）和微生物蛋白（酵母）三种，能为微生物提供碳源、氮源、生长因子等营养物质。

3. 酵母膏

酵母膏是酵母菌的水溶性自溶物经过浓缩制成的，是多种维生素的最好来源，对于某些菌类有刺激生长的作用。在半合成培养基和合成培养基中，加入酵母膏有时是很有必要的。在进行营养生理分析时，则不使用酵母膏，而代之以纯的矿物质、氨基酸和维生素，以便进行定量分析。酵母膏富含完全蛋白质、均衡的必需氨基酸以及 B 族维生素、核苷酸、微量元素等，是最为理想的生物培养基原料和发酵工业中的主要原料。其功效是酵母的 8 倍，可以大大提高菌种的生产速率及发酵产品得率。

三、母种培养基的配方

供食用菌分离培养的培养基配方有很多，下面主要介绍固体培养基的制作方法。根据不同种类食用菌的营养生理要求不同，其成分各有侧重。

常用的食用菌母种培养基有以下几种。

（1）马铃薯琼脂综合培养基。马铃薯 200 g，葡萄糖 20 g，磷酸二氢钾 3 g，硫酸镁 1.5 g，维生素 $B_1$10 ～ 20 mg，琼脂 18 ～ 20 g，水 1 000 mL。

（2）PDA 培养基。马铃薯 200 g，葡萄糖 20 g，琼脂 20 g，水 1 000 mL。PDA 培养基 pH 适中，广泛适用于培养各类真菌。

（3）葡萄糖蛋白胨琼脂培养基。葡萄糖 20 g，蛋白胨 20 g，琼脂 18 ～ 20 g，水 1 000 mL。

四、原种、栽培种常用培养基的配方

常用的原种、栽培种培养基有以下几种。

（1）木屑培养基。其配方为：木屑 78%、麦麸或米糠 20%、石膏 1%、糖 1%、水适量。木屑培养基适用于平菇、木耳、香菇、猴头菇。

（2）棉籽壳培养基。其配方为：棉籽壳 78.5%、米糠 20%、石膏 1.5%、水适量。棉籽壳培养基适用于平菇、猴头菇、金针菇、鸡腿菇。

（3）粪草培养基。其配方为：稻草（切碎）78%、干粪 20%、石灰 1%、石膏 1%、水适量。粪草培养基适用于草菇、鸡腿菇、姬松茸。

各种培养料应新鲜、干燥、无霉烂。各种培养基的含水量应保持在 60% 左右。

将培养料拌匀装入菌种瓶（或菌种袋）内，装料松紧适宜、上下一致，装料高度以齐瓶（袋）肩为宜。然后用锥形木棒在瓶的中央向下插一个小洞，塞上棉塞。装好的料瓶（袋）要当天灭菌，以免培养料发霉变质。

 任务实施

一、PDA 培养基制作

1. 营养液的制作

（1）准备工作。

① 材料。马铃薯、葡萄糖（或蔗糖）、琼脂、水。

②仪器及用具。电炉、铝锅、玻璃棒、漏斗、纱布、止水夹、漏斗架、菜刀、砧板、1 000 mL 烧杯、捆扎绳、硅胶塞、棉花、试管（18 mm × 180 mm）、试管架、铁丝筐、1.5 cm 厚的长木条、标签、天平、称量纸、牛角匙、精密 pH 试纸、牛皮纸、橡皮筋、纱布、恒温培养箱、手提式高压灭菌锅、超净工作台或接种箱、接种铲、酒精灯、火柴、记号笔等。

③消毒药品。75% 酒精棉球、0.25% 新洁尔灭溶液、烟雾消毒王或菇保一号等。

（2）材料预处理。预处理工作包括切马铃薯、称量水、称量药品、处理琼脂等。

（3）熬制。将切好的马铃薯块加适量水后放入铝锅中，煮至酥而不烂。

（4）过滤、加葡萄糖。用双层纱布过滤，取滤汁放在铝锅中并加入葡萄糖。

（5）加琼脂，定容。在沸腾状态下加入琼脂粉，直到琼脂完全溶化，定容至1 000 mL。

2. 营养液的分装

（1）用带止水夹的漏斗或用注射器分装营养液。

（2）分装量为试管长度的五分之一至四分之一。注意培养基不能沾污试管口。营养液的分装如图 2-3-1 所示。

图 2-3-1　营养液的分装

（3）塞硅胶塞（棉塞）。硅胶塞松紧适度，三分之一在管外，三分之二在管内。

（4）捆扎。用牛皮纸包住试管头部，5 根一捆，用橡皮筋捆扎封装好。

3. 灭菌

在 0.11 MPa 压力下维持 30 ～ 40 min。

4. 摆斜面

灭菌后冷却到 60 ℃左右，从锅内取出试管，趁热摆成斜面。一般斜面长度以试管长度的三分之二为宜，待冷却后即成斜面培养基，如图 2-3-2 所示。

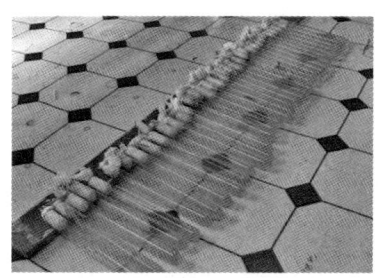

图 2-3-2 斜面培养基

5. 无菌检查

取数支斜面培养基放入 28 ℃左右的恒温箱中培养 2 ～ 3 d，若无杂菌生长便可使用。

二、组织分离法

母种可以从有关部门引种，或采用组织分离和孢子分离等方法获取。用于组织分离的种菇，要选择头潮菇，即外观好、大小适中、菌肉肥厚、尚未弹射孢子、无病虫害的菇体。

1. 实验用具

酒精灯 1 盏、火柴 1 盒、解剖刀 1 把、75% 酒精 1 瓶、接种铲 1 把、酒精棉球 10 粒（装在广口瓶中）、培养皿 2 个等。

2. 实验材料

种菇 2 朵、试管斜面培养基 4 支。

3. 方法步骤

（1）清除种菇表面及菇脚的杂物，再用 75% 酒精消毒种菇表面、双手及接种工具。

（2）点燃酒精灯，用手把种菇沿柄纵向掰开（也可用解剖刀切开），使子实体成对称的两半，用经灼烧灭菌冷却后的接种铲在菌柄与菌盖交界处挑取大小约为 10 mm³ 的组织块，迅速转接到试管斜面培养基上，然后用酒精灯火焰对试管口进行灭菌处理，再塞上棉塞。

（3）将接种好的试管置于 26 ～ 28 ℃下培养，7 ～ 10 d 菌丝即可长满试管。培养过程中应每天检查，发现污染及时拣出，选择菌丝生长旺盛的试管用来转管。

三、母种转管

引进或分离获得的母种数量有限，往往不能满足生产的需要，因此要对获得的母种进行扩大繁殖，以增加母种数量。

将试管菌种转移到新的试管斜面培养基上扩大繁殖，称为转管。

1. 实验用具

酒精灯 1 个、火柴 1 盒、接种钩（或接种铲）1 把、镊子 1 把、酒精棉球 10 粒（装在广口瓶中）等。

2. 实验材料

母种试管 1 支、试管斜面培养基 4 支。

3. 方法步骤

母种转管的方法步骤如图 2-3-3 所示，具体包括以下步骤。

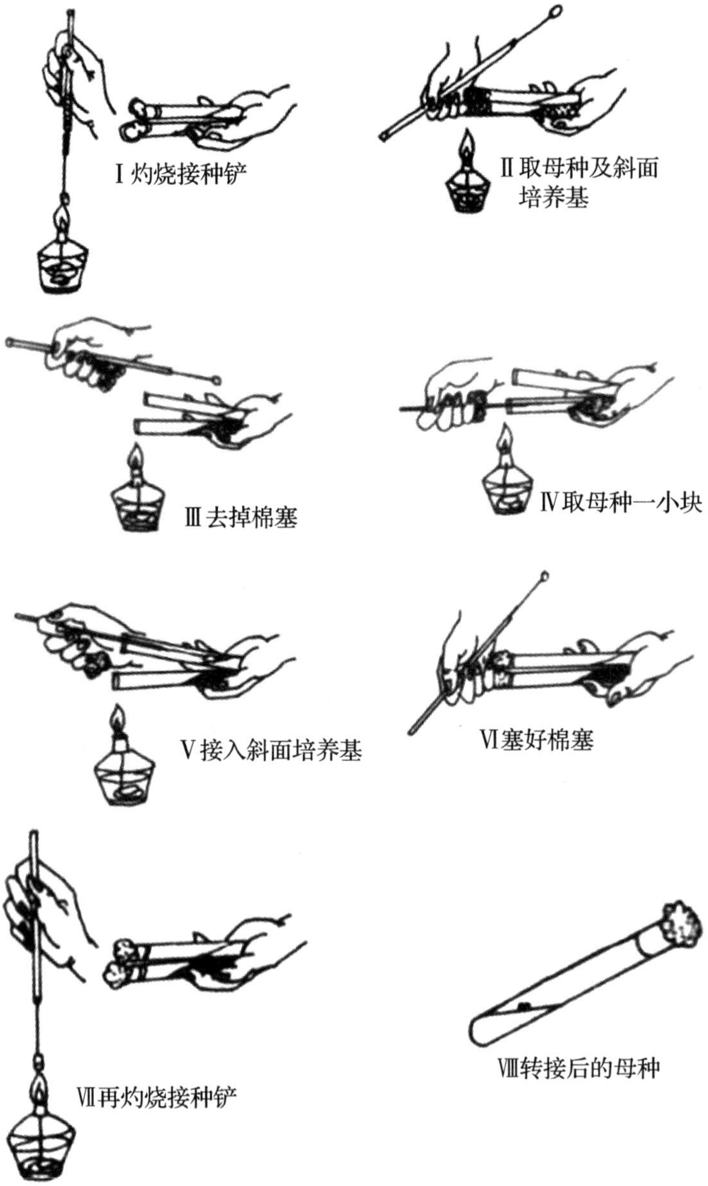

Ⅰ 灼烧接种铲

Ⅱ 取母种及斜面
培养基

Ⅲ 去掉棉塞

Ⅳ 取母种一小块

Ⅴ 接入斜面培养基

Ⅵ 塞好棉塞

Ⅶ 再灼烧接种铲

Ⅷ 转接后的母种

图 2-3-3　母种转管的方法步骤

（1）接种前，先将接种工具和培养基放入接种箱，用紫外线灯消毒 30 min。用紫外线灯消毒时，人应离开接种室，在关灯 30 min 后方可进入接种室。洗净双手、擦干、用 75% 酒精棉球擦拭。点燃酒精灯，右手拿起接种铲或接种钩，用火焰灼烧灭菌，待其冷却。

（2）左手并握母种试管和斜面培养基试管；右手拿接种铲或接种钩，用右手小指、无名指和手掌去掉棉塞，夹在其间，迅速用火焰封口。然后右手将接种铲或接种钩通过火焰伸入母种试管，在斜面培养基菌体上挑取母种一小块（稍带培养基），迅速接入试管斜面培养基的中央，并轻轻地按压，以防滑动。棉塞经火焰消毒后塞进试管口，并再灼烧接种铲。

（3）将接种后的母种试管贴上标签，在试管棉塞外包裹报纸或牛皮纸，捆扎在一起，放在 26 ～ 28 ℃的恒温培养箱中培养。待菌丝长满试管后（一般 7 ～ 15 d），可用来制作原种。

在转管过程中，应严格按照无菌操作规范进行转管。

四、原种接种

1. 实验用具

酒精灯 1 个、火柴 1 盒、接种钩 1 把、75% 酒精棉球（装在广口瓶中）等。

2. 实验材料

母种试管 1 支、原种培养基 1 瓶。

3. 方法步骤

（1）将灭菌后的原种培养基搬到无菌室，待温度下降至 27 ℃左右时，置于接种箱用紫外线灯灭菌 40 min。

（2）用 75% 酒精球消毒手和母种试管外壁。

（3）点燃酒精灯，在酒精灯火焰上灼烧接种钩，冷却。

（4）接种者手持母种试管，在火焰上方拔掉母种试管和菌种瓶的棉塞，试管口对准酒精灯火焰上方，用火焰烧一下试管口。

（5）待接种钩冷却后取 2 块 1 cm 的菌种至菌种瓶内。

（6）塞上棉塞，贴好标签。

五、栽培种接种

1. 实验用具

酒精灯 1 个、火柴 1 盒、接种匙 1 把、75% 酒精棉球 10 粒、木架 1 个。

2. 实验材料

原种瓶、栽培种培养基。

3. 实验步骤

（1）将灭菌后的栽培种培养料搬到无菌室，待温度下降至 27 ℃左右时，置于接种箱灭菌 40 min。

（2）用 75% 酒精棉球消毒手和母种试管外壁。

（3）点燃酒精灯，在酒精灯火焰上灼烧接种匙，冷却。

（4）将原种瓶固定在木架上，在火焰上方拔掉原种瓶棉塞和栽培种培养料上的棉塞（或塑料盖）。

（5）将原种瓶培养料表面的老菌种块和菌皮挖掉，用接种匙取满匙菌种至栽培种培养料，稍加压实。

（6）在火焰上方塞好棉塞（或塑料盖）。接种后，贴上标签，注明菌种名称和接种时间。

（7）接种后移入培养室或培养箱，一般在温度 26 ～ 28 ℃、湿度 55% ～ 65% 的条件下培养。

（8）培养期间，若发现感染杂菌要及时处理。待菌丝长满全瓶，即为栽培种。

 知识拓展

液体菌种生产

一、液体菌种概述

液体菌种是指通过液体培养基培养的方式获得的菌种，与固体菌种相对。液体菌种可以作为原种或栽培种使用。其具有生产周期短、菌龄整齐、菌丝繁殖快、生长过程中可以根据菌丝体的需要中途补充养分及调节 pH 等优点。液体菌种在工厂化食用菌生产中具有明显优势，早在 20 世纪 70 年代就有食用菌液体菌种栽培的研究。但目前液体菌种在生产上的应用较少，主要是因为其在生产和应用上存在一些限制因素，如设备昂贵、能耗大、操作技术要求高以及不易贮藏、不易运输等。食用菌液体菌种制作是在发酵罐中，采用液体培养基通入无菌空气并加以搅拌，增加培养基中溶氧含量，提供食用菌菌体呼吸代谢所需要的氧气，并控制适宜的外界条件，以获得大量的菌丝体或代谢产物。

二、液体菌种的生产设备

1. 基本设备

基本设备包括两个部分：空气净化设备和培养设备。空气净化设备有空气压缩机、空气过滤器、油水分离器等；培养设备有摇床、种子罐、发酵罐。

2. 发酵罐

发酵罐分内外双层，外层电加热（作蒸汽发生器和降温用）；内层进行发酵，由提升管、通气道、空气过滤系统、压缩机、减压阀、油水分离器、粗过滤、精过滤、电控系统、温控仪、温度探头、时间继电器等组成。

液体菌种发酵罐设计压力 0.25 MPa，灭菌压力 0.15 MPa，灭菌温度 121 ～ 126 ℃。培养过程中，培养器压力 0.03 ～ 0.05 MPa，夹层冷却水压力小于 0.13 MPa。

发酵罐空气过滤系统的气泵转速为 1 400 r/min、排气量 125 L/min；滤芯的过滤精度为 0.01 μm，过滤效率达 99.99%。

根据食用菌品种不同，可自行设定发酵罐的发酵温度，然后由温控器自控。

三、液体菌种生产操作的程序

液体菌种生产操作的程序包括发酵罐的清洗检查、培养基的制作、上料、培养基和精过滤器的灭菌、降温、发酵罐内接种和培养。

1. 发酵罐的清洗检查

发酵罐在每次使用后或再次使用前都必须对罐内进行彻底的清洗，操作方法如下。

（1）用自来水冲洗发酵罐的内壁并将提升管气道上的异物彻底清除。

（2）检查各个阀门、加热器、温度计保护套、控制柜、气泵是否正常，如有故障应及时排除。

正常情况下，上一批生产完成后，只需将发酵罐清洗就可进入下一批生产，只有下列情况需要进行空罐灭菌（简称空消）：① 新罐初次使用时；② 上一罐染杂菌时；③ 更换生产品种时；④ 罐长期不需要使用时。

空消的方法为：关闭各部的阀门，加水至视镜中线，启动加热器加热，微开排气阀，加热到 120 ～ 126 ℃，维持 30 ～ 40 min 后，把罐中的水放出即可。

2. 培养基的制作

（1）培养基配方。基础配方为：马铃薯 10%、麦麸 3%、磷酸二氢钾 0.2%、硫酸镁 0.075%、红糖 1%、蛋白胨 0.2%、消泡剂 0.035%。

根据不同的品种采用不同的培养基配方，在没有确定最佳配方时，多数品种都可以使用这个基础配方。

（2）培养基制作步骤。马铃薯挖芽、去皮、洗净后，切成厚 0.2 ～ 0.4 cm 的薄片，和麦麸一起，用直径 30 ～ 34 cm 的不锈钢锅（或铝锅）分批煮至马铃薯酥而不烂后，用 6 ～ 8 层纱布过滤取液，放入较大的塑料桶，再煮一锅水加入红糖和其他物料，搅拌溶化即可。

注意用于制作培养基的器具要单独使用，不要沾染油污。

3. 上料

把制作好的培养基加入发酵罐中，再加入自来水，调整料液至标准线，即可灭菌。

4. 培养基和精过滤器的灭菌

设定好灭菌温度在 121 ～ 126 ℃，打开排气阀，按启动开关，两加热管开始加热工作。当温度达 100 ℃，把冷空气排出后，有大量蒸汽排出时，即可关闭排气阀。当温度达到 126 ℃，压力为 0.15 MPa 时，要立即微开排气阀，这时开始计时，保持 30 ～ 40 min。气路和精过滤器要同时用饱和蒸汽进行灭菌，消除所有死角和杂菌，确保系统处于无菌状态。

5. 降温

达到灭菌时间后，关闭所有的阀门，设定好培养温度 22 ～ 26 ℃，这时应立即通入冷水降温。当压力降至 0.03 ～ 0.05 MPa 时开始通气，调整发酵罐内压力为 0.03 ～ 0.05 MPa。温度降至 22 ～ 26 ℃时开始罐内接种。应根据不同品种降低到不同温度，一般为 22 ～ 26 ℃。

6. 发酵罐内接种

将提前培养的 300 ～ 500 mL 的三角抽滤瓶装液体菌种准备好，先把发酵罐上的接种口用 95% 的酒精火圈封上，逐渐开大接种阀门使罐内压力降至 0 MPa，立即把三角抽滤瓶装的液体菌种通过滤嘴，快速地倒入罐内。接种过程在火焰保护下进行。关闭接种阀后，调整罐内的压力到 0.03 ～ 0.05 MPa，并检查发酵罐温度和空气流量，即可进入培养阶段。

7. 培养

依据不同品种设定不同培养温度，一般为 22 ～ 26 ℃。空气流量调至 1.2 ～ 2 m³/h，罐内压力在 0.03 ～ 0.05 MPa 即可。

培养期间不用专人管理，自接种 24 h 以后，每隔 12 h 可自接种口取样一次，观察菌种萌发和生长情况。一般观测以下几个指标。

（1）菌液颜色、澄清度。正常菌液颜色纯正，虽有淡黄、橙黄、浅棕等颜色，但不浑浊。

（2）菌液的气味。正常的菌液有一种香甜味，随着培养，味道越来越淡。

（3）菌液中菌球数量的增长情况。随着培养，菌球逐渐增多变大。

四、液体菌种接种方法

1. 菌种发酵终点判断依据

当液体菌种达到质量要求后即可接种。菌种发酵终点的判断依据有以下几种。

（1）从生产周期来看，一般品种生产周期为 3 ～ 5 d。

（2）菌液取样静置 5 min，菌球占整个菌液的 80% ～ 90%。菌球与菌液界限分明，周边毛刺明显，菌丝活力强。

（3）液体的香甜味前期较浓，随着培养会越来越淡，取而代之的是菌丝的特有味道。

（4）菌液的颜色变浅，澄清透明，说明营养耗尽。

2. 接种的具体做法

（1）将接种管和接种枪接好，接种管及接种枪头用 8 ～ 10 层纱布包好，在 121 ～ 126 ℃的条件下灭菌 40 min。

（2）在火焰的保护下将接种管装到接种口上。

（3）调整发酵罐内的压力至 0.03 ～ 0.05 MPa 后，打开接种阀，在接种室的超净工作台前接种。

（4）三个人配合，其中一人搬筐，一人开袋，一人用接种枪接种，要求孔内和料面都有菌种，每袋接种量 10 ～ 15 mL。

任务 2-4　菌种质量鉴定

 任务描述

食用菌菌种在栽培使用过程中会因遗传变异而导致优良性状下降，具体表现为培养过程中菌落形状不规则，菌丝稀疏或出现扇变菌落，菌落过早产生色素；栽培时出菇潮次不明显，畸形菇比例上升，产量下降，对不良环境或杂菌的抗性降低；等等。通过任务学习，学生能通过观察接种块长出的菌落及菌丝体长势进行菌种质量鉴定。所需设备和材料为平菇试管种。

 知识准备

菌种质量的优劣是食用菌生产成败的关键，必须通过鉴定后才可投入生产。菌种鉴定必须从形态、生理、栽培和经济效益等方面进行综合评价。生产上认为最可靠的方法是进行目测和镜检。通过实际观察，主要鉴定菌种的种性、菌丝生长状态、杂菌、害虫、积水和菌丝自溶共 6 项检验项目，检验结果全部符合质量标准的为合格品。若其中有一项或多项不符合质量标准，为等外品或不合格品。出售的菌种必须贴有菌种质量合格标签，注明菌种种类、级别、品种、生产单位和接种日期。

一、母种质量鉴定

母种在同一种培养基上具有原菌株的菌落形态特征，无病虫杂菌，菌丝洁白，生长健壮有力，边缘整齐、不发黄、不老化，菌龄掌握在刚长满斜面即可用于扩接母种或继代培养。

一般母种质量鉴定的主要项目如下。

1. 外观形态

要求母种菌丝浓密、洁白、粗壮、爬壁能力强，培养基没有收缩，无杂菌、无异色，符合其品种（株型）的外观特征。

2. 镜检

挑取少量菌丝放在显微镜下检验，查看菌丝特征是否符合所培养的菌类；有无杂菌污染；具有锁状联合特性的种类还应看到锁状联合现象。具锁状联合的种类有锁状联合出现得越多，菌种结实性越强的特点。

3. 转接斜面培养观察

将菌丝接种在斜面培养基上，在适宜温度下培养，菌丝生长快而整齐、浓密健壮者为优良品种；较差的菌种菌丝细弱、稀疏、不整齐。在适宜条件下生长良好的菌种，再放入高温下（一般食用菌 30 ℃，凤尾菇 35 ℃，草菇等高温型食用菌除外）培养，菌丝仍能健壮生长者为优良品种，菌丝萎缩者是较差的品种。

4. 转接原种培养料培养观察

将母种接种到原种培养料中，很快定植、萌动、吃料的菌种是优良品种；在湿度适宜和偏干、偏湿的培养料中都能正常吃料的菌种为优良品种，否则说明适应力差，为较差的品种。

5. 出菇（耳）检查

出菇（耳）检查是菌种投入生产前必须做的结实性鉴定试验，通常称为出菇试验。将母种转接到原种培养基上培养，在适宜温度下培养至长满菌丝，然后降低温度至子实体形成的适宜温度，调节好出菇所需的空气湿度、光照和氧气条件，观察出菇情况。优良品种出菇（耳）快、多、整齐、朵形好。

二、原种、栽培种质量鉴定

原种和栽培种质量的好坏，直接影响食用菌生产的产量高低、子实体商品价值高低，甚至食用菌生产的成败。对生产出的或购进的原种、栽培种进行质量鉴定至关重要，其具体项目如下。

1. 外观要求

（1）菌丝已长满培养基；菌丝粗壮、密集、洁白或呈现该菌种应有的颜色（银耳菌种还应有香灰色的香灰菌丝），有爬壁能力；菌丝分布均匀一致；绒状菌丝多；有特殊的菇香味。此外，银耳的菌种培养基表面要有子实体或子实体原基出现。

（2）无污染，菌丝无绿、红、黑等杂色，培养料形成的菌丝柱状体无收缩，无黄色积液，菌丝长满后放置 7 ~ 20 d 无菇蕾形成。

若上部菌丝生长不均匀，菌丝稀疏或成束生长，底部不长菌丝或长透培养料的时间很长，说明培养基过湿。如果没有酸味产生，还可作为菌种使用，但要加大接种量；若有酸味产生，说明已形成污染，不能使用。若菌丝生长缓慢，或底部不长菌丝、培养料色淡，则是培养料过干，长满后也可使用，但要加大接种量；如果菌丝柱已收缩，底部有黄色积液，说明培养时间过长（已超过 60 d），这样的菌种生活力很弱，一般只能直接出菇，不能作菌种使用。

培养基（料）或菌丝柱内有杂色出现，是感染了霉菌造成的，污染严重，不能作菌种使用。

2. 菌龄要求

（1）要用正处在生长旺盛期的母种（原种）接种，进行原种（或栽培种）的生产。

（2）原种和栽培种在常温下可放置 1 个月，超过此标准，即使直观健壮，其生活力也大大下降，不能用于生产。

 任务实施

一、常见食用菌母种质量鉴定

1. 双孢蘑菇

菌丝灰白带微蓝，纤细、稀疏；生长速度慢，接种后一般 15 d 以上才能长满斜面。双孢蘑菇菌种有三种类型，即气生型、匍匐型和半匍匐半气生型。气生型菌种菌丝发达，菌丝尖端挺拔有力，基内菌丝较发达；匍匐型菌种菌丝贴生在培养基表面，横向伸展生长，前端呈线状放射状；半匍匐半气生型介于二者之间。菌种菌丝分布均匀、生长整齐、挺拔有力，没有形成扇形变异，基内菌丝发达，斜面上无子实体分化者为优良菌种。

2. 草菇

菌丝淡白至淡黄色，细长、稀疏、透明，有金属光泽；数天后产生厚垣孢子，呈链状，初期为淡黄色，成熟后呈深红褐色；生长快，28 ~ 30 ℃接种后 6 ~ 7 d 长满斜面；爬壁能力强，可长满试管空间。不产生厚垣孢子的菌丝结菇能力差。若菌丝密集，颜色

洁白，应怀疑有杂菌污染。

3. 平菇

菌丝洁白、浓密、粗壮、生长整齐、爬壁力强，不产生色素。一般气生菌丝少，有的菌种（如紫孢侧耳）气生菌丝发达，可布满试管空间。有的菌株培养时间过长或在28 ℃培养时气生菌丝顶端会变成橘红色，这种斜面菌种可用于扩大为原种但不能转管培养。菌丝生长快，适宜温度下 6 ～ 8 d 可长满斜面。菌丝粗壮、生长整齐、气生菌丝较少、有菇香味的菌种为优良菌种。

4. 木耳

初生菌丝纤细、透明、洁白；次生菌丝粗壮、密集、洁白、呈棉絮状，后期颜色加深，能分泌褐色色素，培养基会因此而变色，能在斜面上形成耳芽。木耳菌丝生长较快，适宜温度下 10 d 可长满斜面。

5. 金针菇

菌丝白色至灰白色，长绒毛状，初期较蓬松，后期气生菌丝紧贴培养基，菌丝爬壁慢。菌丝细胞能产生色素，使培养基逐渐变为淡黄色；生长速度较快，适宜温度下 10 d 长满斜面；易断裂，形成节孢子，节孢子成串排列。后期，菌丝在斜面培养基上易形成子实体，菌丝扭结之前会分泌黄色至琥珀色液滴，有的品系不分泌。已分化的子实体上出现次生菌丝或子实体萎缩，是其开始老化的表现。较老的菌种，壁管上会出现菌丝断裂形成的粉状粉孢子。形成粉孢子多的菌种，品质一般不理想。

二、常见食用菌原种、栽培种质量鉴定

1. 平菇、金针菇、白灵菇、杏鲍菇

菌瓶洁白，上下基本一致，瓶口处气生菌丝旺盛，瓶底部菌丝浓白，普通旧罐头瓶每个重 550 ～ 600 g，无任何斑点、条纹或异色。

2. 鸡腿菇

菌瓶色泽一致，瓶口处有气生菌丝，较平菇稀疏、纤细，其他与平菇相同。

3. 草菇

透过菌瓶可见明显菌丝，一般品种菌丝成熟后即发生厚垣孢子。

 知识拓展

一、菌种萌发不正常及发菌不良的原因

1. 菌种萌发不正常

菌种萌发不正常主要表现为两种情况：一是不萌发或萌发缓慢；二是萌发出的菌丝

纤细无力，扩展缓慢。造成菌种萌发不正常的原因主要有以下几点。

（1）培养温度过高。

（2）含水量过低。例如，尽管拌料时加水量充足，但由于拌料不均匀，造成培养基的含水量有差异，含水量过低的菌种常干枯而死。发生这种情况，及早补水尚可挽救。

（3）培养料原料霉变。正处于霉变期的原料中有大量的有害物质，这些物质耐热性极强，在高温下不易分解变性，甚至在高温高压下仍保持其毒性，接种后菌种不萌发。

（4）灭菌不彻底。培养基内留有大量细菌，而不是真菌。培养基中残留和继续繁殖增加的细菌，多数情况下无肉眼可见的菌落，有时在含水量过大的袋壁上或在培养基的颗粒间可见到灰白色的菌膜。

（5）菌种菌龄过大。菌种生产者应使用菌龄适当的母种，多种食用菌母种使用的最佳菌龄都在长满斜面后 1 ～ 5 d。在计划周密的情况下，母种和原种生产的紧密衔接是可以实现的。如母种长满斜面后一周内不能使用，要及早置于 4 ～ 6 ℃下保存。

2. 发菌不良

发菌不良的表现多种多样，常见的有生长缓慢、生长过快但菌丝纤细稀疏、生长不均匀、菌丝不饱满、色泽灰暗等。造成发菌不良的原因主要有以下几点。

（1）培养基 pH 不适宜。可将发菌不良的菌袋的培养基挖出，用 pH 试纸测试。

（2）原料中混有毒害物质。如松、杉、柏、樟、桉等树种的木屑，原料可能有过霉变，有霉菌毒素。

（3）灭菌不彻底。培养基中可能生长有肉眼看不见的细菌等。

（4）装料松紧不妥当。装料过紧，可导致水分过少、透气性过差。

（5）温度和湿度过高。培养室温度和湿度过高可导致空气流通交换不够。

（6）培养基含水量过大。这种情况下，往往菌丝长至菌袋中下部后，菌丝生长开始变缓，甚至不再生长。

二、杂菌污染的原因及其综合防治

在正常情况下，原种、栽培种或栽培袋的污染率在 10% 以下，各个环节和操作规范者，其污染率只有 1% ～ 5%。如果超出这个范围，则应该认真查找原因并施以控制措施。

1. 灭菌不彻底

灭菌不彻底导致污染发生的特点是污染率高、发生早，污染出现的部位不规则，培养料的上、中、下各部均出现杂菌。这种污染常在培养 3 ～ 5 d 后即可出现。影响灭菌效果的主要因素有以下几点。

（1）培养料的原料性质。不同材料导热性不同，微生物基数不同，灭菌所需时间也不同。因此，灭菌时要根据培养料的不同来掌握灭菌的时间。

从培养料原料的营养成分来讲，糖、脂肪和蛋白质含量越高，导热性越差，对微生物有一定的保护作用，灭菌时间就要相对长一些。

从培养料的自然微生物基数上看，微生物基数越高，灭菌需要的时间越长。

（2）培养料的含水量和均匀度。水的导热性较木屑、粪草、谷粒等固体培养基要强得多，如果培养料配制时预湿均匀，吸透水分，含水量适宜，灭菌过程中达到灭菌温度需要时间短，灭菌就容易彻底。

（3）容器。玻璃瓶较塑料袋导热性要差一些，在使用相同的培养料、相同的灭菌方法时，瓶装菌种要比袋装菌种灭菌时间长一些。

（4）灭菌方法。相比较而言，高压灭菌可用于各种培养料的灭菌；而常压灭菌对于灭菌难度较大的粪草种、谷粒种和麦粒种而言，要达到完全灭菌效果就很不容易。高压灭菌的关键是要排放干净冷空气；而常压灭菌时，如锅小、锅口小、水少、蒸汽不足、火力不足等往往是常压灭菌不彻底的重要原因。目前国外的专业菌种厂已采用超高温瞬时灭菌技术。

（5）灭菌容量和堆放方式。以蒸汽锅炉送入蒸汽的高压灭菌锅，要注意锅炉汽化量与锅体容积相匹配。自带蒸汽发生器的高压灭菌锅，以每次灭菌容量 200 ～ 500 瓶（每瓶 750 mL）为宜。这样可使培养料升温快而均匀，培养料中自带微生物繁殖时间短，灭菌效果更好。灭菌时应随容量的增大而延长灭菌时间。

灭菌锅内菌袋的堆放方式对灭菌效果影响显著。例如，代料菌种受热后会变软，如装料不紧，叠压堆放，极易把升温前留有的间隙充满，不利于蒸汽的流通和升温，就会影响灭菌效果。代料菌种摆放时，应以叠放 3 ～ 4 层为宜，不可无限叠压，锅大时要使用铁筐。

2. 封盖不严

封盖不严主要出现在用罐头瓶作容器的菌种中，在用塑料袋作容器的菌种折角处也时有发生。聚丙烯菌袋经过高温灭菌后比较脆，在搬运过程中遇到摩擦，紧贴袋口处、折角处极易磨破，形成肉眼不易看见的沙眼。

3. 接种物带有杂菌

如果接种物本身就已被污染，再扩大到新的培养料上必然会出现成批的污染。这种污染的特点是杂菌从菌种块上长出，污染的杂菌种类比较一致，且出现早，接种后 3 ～ 5 d 就可以用肉眼鉴别。

4. 菌种厂设备设施过于简陋引起灭菌后无菌状态的改变

本来经过灭菌后的菌袋已经达到了无菌状态，但由于灭菌后的冷却和接种环境达不到洁净无菌，特别是那些简易菌种厂和在家里自制菌种的菇农，其生产设备和生产环节分散，又往往忽略场地的环境卫生、忽视冷却场地的洁净度，易使本已无菌的菌袋在冷却过程中被污染。在冷却过程中，随着温度的降低，袋内气压降低，冷却室如果灰尘过多、杂菌孢子基数过大，杂菌孢子就很自然地落到了菌袋的表面，而且随内外气压的动态平衡向袋内移动，当棉塞受潮后就更容易先在棉塞上定植，或在接种操作时随手的碰触而落进袋内。当菌袋外附有较多的灰尘和杂菌孢子时，其就会成为接种操作的污染源。

5. 接种操作的污染

接种操作的污染的发生特点是分散出现在接种口处，比菌种带菌和灭菌不彻底造成的污染发生稍晚，一般接种后 7 d 左右出现症状。接种操作的污染源主要是接种室空气和菌袋冷却中附在表面的杂菌。有的接种操作人员自身洁净度不良，是很重要的污染原因；违反接种无菌操作规程等也是接种操作的污染原因。要避免或减少接种操作的污染，需注意以下环节。

（1）不打湿棉塞。灭菌摆放时，切勿让袋口棉塞贴近锅壁。当棉塞向上摆放时，要用牛皮纸包扎。菌袋灭菌结束时，要自然冷却，不可强制冷却。当冷却至一定程度后再掀开锅盖，让锅内的余热把棉塞的水汽蒸发。

（2）洁净冷却。规范化的菌种厂，其冷却室是高度无菌的，空气中没有可见的尘土。灭菌后的菌袋不能直接放在有尘土的地面上冷却。冷却室使用前可用烟雾消毒剂或金星消毒液进行空间消毒。

（3）接种室和接种箱使用前必须严格消毒。接种室墙壁要光滑、地面要洁净、封闭要严密。

（4）接种过程要严格按照无菌操作要求进行操作。尽量少走动、少搬动、不说话；尽量小动作、快动作，以减少空气振动和流动，减少污染。

（5）在火焰上方接种。实际上，无菌室内相对无菌的空间只有酒精灯火焰周围很小的范围。因此，接种操作，包括开盖、取种、接种、盖盖，都应在这个无菌的小区域内完成，不可偏离，接种人员要密切配合。

（6）拔出棉塞要缓劲。拔棉塞时，不可用力直线上拔，而应旋转式缓劲拔出，以免造成袋内负压，外界空气突然进入而带入杂菌。

（7）湿塞换干塞。灭菌前，可将一些备用棉塞用塑料袋包好，放入灭菌锅与菌袋一同灭菌。当发现菌袋棉塞被蒸汽打湿时，要换上新棉塞。

（8）接种前要做好一切准备工作，力争一次接种，不间断、一气呵成。

任务 2-5　菌种的保藏及复壮

任务描述

食用菌菌种是一类重要的自然资源。优良的菌种被分离选育出来后，必须采用适当的保藏方法尽可能地保持其原来的性状，防止菌种退化，以便随时为生产提供菌种服务。通过任务学习，学生能够按要求做好菌种的保藏工作，学会判断菌种是否退化，能够对退化的菌种按要求开展复壮操作。

所需设备与材料：高压灭菌锅、鼓风干燥箱、冰箱、超净工作台、液体石蜡、斜面刚长满的平菇试管种。

知识准备

一、菌种的保藏

1. 菌种保藏的目的及原理

无论是母种、原种或栽培种，如果未及时使用，其菌丝就会很快衰老，降低生产力，影响产量和质量。因此，菌种必须进行适当的保藏，其目的是防止退化，确保菌种纯一，防止杂菌感染。

菌种保藏的基本原理为：通过保持低温、干燥与缺氧的条件，中止菌种的繁殖，降低其新陈代谢，使之处于休眠状态。

2. 菌种保藏的方法

（1）琼脂斜面低温保藏法。琼脂斜面低温保藏法是最简便、最普通的保藏菌种的方法，适用于大多数食用菌菌种的保藏。具体操作是：将要保藏的菌种接种在 PDA 斜面培养基上，在 28～32 ℃下培养，待菌丝体长满斜面后，将试管置于 2～4 ℃的冰箱中保藏（草菇除外，其菌种保藏温度为 10～12 ℃）。保藏过程中，每 3～6 个月转管 1 次。为了保证保藏的菌种不退化，一般选用营养丰富的培养基，如马铃薯琼脂培养基和麦芽汁培养基。最好在培养基中加入 0.2% 的磷酸氢二钾、磷酸二氢钾或碳酸钙作为缓冲剂，以中和菌种在保藏过程中产生的有机酸。该保藏方法菌丝代谢仍较旺盛，试管内的培养基易失水变干。因此，该方法保藏时间短、转管次数多，只适合短期保藏。

（2）液体石蜡保藏法。液体石蜡保藏法又称矿物油保藏法。具体操作是：选用化学纯的液体石蜡，装入三角烧瓶（三分之一高度），加上棉塞，用牛皮纸包扎好，置于高压灭菌器内，121 ℃灭菌 30 min。起锅后将三角烧瓶放入 40 ℃恒温箱中数天，以蒸发灭菌时渗入液体石蜡中的水分，使液体石蜡恢复透明。

将要保藏的菌株按照常规方法培养好，然后以无菌操作的方式将无菌石蜡倒入母种试管中，用量以高出斜面 1 cm 为宜，用量过多，以后移接不方便；用量过少，培养基外露易失水干燥。最后加上棉塞，外包塑料纸，竖立置于冰箱或室内阴凉干燥处保藏。

使用液体石蜡菌种时，只要用接种针从斜面上挑取少许菌体，放在新鲜的培养基上，经过培养，即可应用；原种则重新蜡封，继续保存。

（3）液氮保藏法。液氮保藏法是近几年才发展起来的，国外一些专业菌种厂已采用，是适用范围最广的保藏法。尤其是一些不产孢子的菌丝体，用其他保藏方法不理想，可用液氮保藏法，其保存期最长。

用液氮保藏法能长期保存菌种。因为液氮的温度可达 –196 ℃，远远低于菌种新陈代谢作用停止的温度（–130 ℃），所以此时菌种的新陈代谢活动已停止，化学作用也随之消失。液氮保藏法有 3 个关键因素影响真菌保藏效果：一是降温速率的控制，理论上保藏前的降温速率控制得越慢越好，1 ℃ /min 的降温速率适合大多数真菌的保藏；二是复苏过程中保藏物是否能快速升温到最适温度，目前处理的方法是将保藏的冻存管快速置于 37 ～ 45 ℃的水浴锅中 1 ～ 2 min ；三是保护剂的种类的选择，常用的保护剂有甘油、二甲基亚砜等。

根据液氮罐的构造类型，液氮保藏法可分为隔氮式保藏法和浸氮式保藏法。隔氮式保藏法是指将保藏物保藏于气相中，保藏温度一般在 –135 ℃左右；浸氮式保藏法是指将保藏物保藏在液氮的液面下，保藏温度为 –196 ℃。

（4）滤纸片保藏法。滤纸片保藏法是以滤纸为载体，将食用菌的孢子吸附在滤纸上，干燥后再进行低温保藏的方法，操作简便，效果也很理想，其具体操作如下。

① 准备滤纸片。将滤纸剪成 4 cm×0.8 cm 的小条，整齐平铺在直径为 9 cm 的培养皿中，用纸包好，0.15 MPa 高压灭菌 30 min，于恒温箱中干燥备用。

② 收集孢子。在无菌箱中，把种菇插在无菌支架上，支架放在铺有滤纸条并经灭菌的培养皿内，罩上无菌玻璃钟罩，在 20 ～ 25 ℃下经 1 ～ 2 d，在滤纸条上即可见到孢子印。

③ 制备。无菌操作移去种菇，镊取有孢子的滤纸条，分别装入无菌试管中，置于干燥器中 1 ～ 2 d，以吸除滤纸条上的水分，最后用火焰直接熔封试管口，即制成滤纸条保藏管，于低温下保存。

④ 复苏和培养。需使用时，先用砂轮在管壁外划痕，再在划痕外稍加热，然后用浸有来苏水的纱布敷上，管壁即自动破裂，此时便可按无菌操作规程镊取滤纸条，将有孢子的一面贴在培养基上，于适温下培养 1 周后，即可观察到孢子萌发和菌丝生长的情况。

用此方法保藏食用菌孢子，务必保证纸条和环境高度干燥，否则孢子会不萌发而死亡。

二、菌种的退化与复壮

菌种的退化是指菌种在培养或保藏过程中，由于自发突变的存在，出现某些原有优良生产性状的劣化、遗传标记的丢失等现象。

（一）菌种的退化

1.菌种退化的原因

菌种的退化与其自身的遗传特性和所处的环境条件密切相关，转管次数、创伤、病毒感染对菌种的生活力也有影响，所以培养、繁殖菌种一定要有较好的设备、较高的技术。菌种退化的主要原因是菌种不纯、自体杂交和基因突变。此外，菌种退化也与培养条件有关。例如，基因突变随温度降低而减少。培养条件会对细胞数量产生影响，杂菌污染可导致菌种退化，不同菌株混合也会造成菌种退化。

2.常见的退化现象

菌种常见的退化现象包括菌落和细胞形态的改变；生长速度缓慢，产孢子越来越少；代谢产物生产能力下降；抵抗力、抗不良环境能力减弱等。

（二）菌种的复壮

1.复壮的概念

狭义的复壮是指在菌种已发生退化的情况下，通过纯种分离和生产性能测定等方法，从退化的群体中找出未退化的个体，以达到恢复该菌原有典型性状的措施。

广义的复壮是指在菌种的生产性能未退化前，就有意识地经常进行纯种的分离和生产性能测定工作，以使菌种的生产性能逐步提高，实际上是利用自发突变不断地从生产中选种。

2.复壮的方法

（1）挑选健壮菌丝进行接种。每次转接菌种时，只挑选生长健壮的菌丝进行接种，使复壮这一行为落实在每一次的转接工作中，这是防止菌种老化的简便有效的措施。

（2）挑尖丝转管。每次接种时，都要取接年幼的尖端菌丝，以不断淘汰老化菌丝。

（3）定期分离菌种。生产上使用的菌种一般 1～2 年要重新分离一次，以起到复壮的作用。最常用的是组织分离法，即挑选形状及其他性状与原菌种相同、朵形大、生长健壮的子实体，从菌肉中直接获得双核菌丝进行培养。这样的方法简便易行、周期短，较为实用，也可以用孢子分离法和菇木分离法。但无论用什么样的分离方法，得到的菌种都要进行出菇试验，符合要求后才能用于生产或保存。另外，在菌种转接保存时，经常改变一下培养基的配方、成分或添加酵母膏、氨基酸、维生素等，也能防止菌种退化。

任务实施

一、食用菌母种的保藏方法

自然基质保藏法是以不含毒性、刺激性和抑菌性成分且富含营养物质的自然生长的基质作培养基来保藏菌种的方法。自然基质很多，食用菌母种保藏常用的自然基质有发酵的粪草、木屑及枝条等，取材方便，制作方法简便，保藏的时间也较长。使用时只需取 1 块培养物放在新鲜的培养基上，并在适温下培养即可。

1. 木屑保藏法

木屑保藏法适用于木腐菌。多数木腐型的食用菌、药用菌可用此方法保藏。

（1）培养基制备与装管灭菌。配方为阔叶树木屑 78%、米糠 20%、石膏 1%、糖 1%，并加入 120% 的水，装入大试管中，0.15 MPa 高压灭菌 1 h。

（2）接种保藏。培养基冷却后接种，于 25 ℃培养，待菌丝长好后，用石蜡封棉塞或更换无菌橡皮塞，置低温下保藏。

2. 麦粒保藏法

麦粒保藏法是用麦粒作培养基来保藏菌种的方法。

（1）麦粒准备。选饱满的麦粒，洗净，置于清水中浸泡 4 ～ 5 h，捞起晾干表面水即装入试管。

（2）装管灭菌。用小试管装料，装量为试管高度的三分之一。装好后加上棉塞，于 0.1 MPa 压力下灭菌 30 min，以麦粒不破裂为宜。

（3）接种保藏。待培养基冷却后，接入孢子液或菌丝悬液，摇匀后置适温下培养，至菌丝长满试管后，即可放入干燥器中抽气进行干燥保藏，或直接置冰箱及其他低温条件下保藏。

二、食用菌母种保藏的注意事项

（1）用保种培养基增加有机氮含量；降低培养基中糖的含量，以防产生能量及酸；加入 2% ～ 2.5% 的琼脂，以增加持水性。

（2）菌种即将长满三分之二时及时保藏。

（3）最好换胶塞。

（4）菌种在使用前需活化（重新移至新斜面上），活化前应适温放置 12 ～ 24 h。

（5）防止棉塞受潮、琼脂培养基干缩、杂菌污染等现象。

 知识拓展

食用菌菌种生产、销售溯源系统

食用菌菌种生产、销售溯源系统可以使食用菌菌种在生产及销售的各个环节中，质量安全及其相关信息能够被追踪或者回溯，从而使食用菌的整个生产和经营活动始终处于有效监控之中，能有效处置不符合安全标准的食用菌菌种，从而保证食用菌菌种的质量安全。

1. 食用菌菌种生产、销售溯源系统概述

食用菌菌种生产、销售溯源系统是一个能够连接菌种生产者、检验者、监管者和食用菌生产者的各个环节，让食用菌生产者能了解菌种的安全质量，提高其放心程度的信息管理系统。该系统要求建立从"菌种生产者到菌种使用者"的追溯模式，提取菌种生产流通、菌种销售等供应链环节中食用菌生产者关心的公共追溯要素，建立菌种生产、销售的安全信息数据库，从源头上保障菌种消费者的合法权益。

2. 食用菌菌种生产、销售溯源系统的架构

食用菌菌种生产、销售溯源系统的架构主要包括上层数据中心和下层运营管理。

（1）上层数据中心。上层数据中心主要是相关监督管理部门通过构建追溯信息查询系统，对每一个过程做到"来源可溯、去向可查、责任可究"。其能够满足食用菌菌种监管部门对菌种流通各个环节的监管，并在监管的基础上实现食用菌流通环节重要数据的统计和键数据的分析等功能，供相关部门决策。

（2）下层运营管理。下层运营管理主要包括生产环节、流通环节和销售环节，以及中间的物流环节，每一个环节都要做到提供信息的共享与数据查询服务，使相关菌种流通中的档案资料可以随时调用，做到每一个环节都不落下，每一个环节之间都紧密相连。

项目三　常见食用菌栽培技术

🍊 学习目标

1. 知识目标

（1）掌握常见食用菌的生物学特性。

（2）了解常见食用菌人工栽培的技术要点。

（3）熟悉常见食用菌的栽培管理技术。

2. 技能目标

（1）掌握常见食用菌的生产工艺流程。

（2）根据本地区气候特点因地制宜，合理地安排常见食用菌的栽培生产，提高食用菌的产量和质量。

任务 3-1　香菇栽培

🍊 任务描述

历史上，香菇只在少数地区用段木或原木进行栽培。香菇栽培由于受到树木、地区、季节的限制，发展速度很慢。本任务通过对香菇的生物学特性、栽培管理技术等的介绍来使学生了解、学习、掌握香菇知识及其栽培技术。

🍊 知识准备

香菇属担子菌纲、伞菌目、口蘑科、香菇属，起源于中国，是世界第二大菇，也是中国久负盛名的珍贵食用菌。世界上的香菇主要分布在太平洋西侧的一个弧形地带,北至日本的北海道,南至巴布亚新几内亚,西到尼泊尔。此外,非洲北部、地中海沿岸也有香菇变种,新西兰分布着类似的香菇,南美的巴塔哥尼亚高原也有栽培。中国的香菇主要分布在安徽、江苏、上海、浙江、江西、湖南、福建、台湾、广东、广西、云南、贵州、四川等地,人工栽培几乎遍及全国。

香菇营养价值极高,是中国著名的食用菌,被人们誉为"菇中皇后",在民间素有"山珍"之称,深受人们的喜爱,是不可多得的理想的保健食品。研究表明,每 100 g 干香菇含蛋白质 18.5 g、脂肪 1.8 g、碳水化合物 54 g、粗纤维 7.8 g、灰分 4.9 g。香菇不饱和脂肪酸含量丰富,其中亚油酸、油酸含量高达 90%。香菇中含有 18 种氨基酸,其中 7 种是人体必需的氨基酸。

香菇干品中矿物质含量较多,其中钙 124 mg、磷 415 mg、铁 26 mg,可作为钙、铁、磷的良好来源。此外,香菇还含有锰、锌、铜、镁、硒等元素,可维持肌体正常代谢,从而延长人类寿命,并对某些矿物质缺乏地区儿童的发育不良具有良好的预防和治疗作用。香菇干品中碳水化合物含量高达 54%,不同地区和品系之间含量稍有差异。它所含的碳水化合物中半纤维素最多,此外还有多糖、海藻糖、葡萄糖、糖原、戊聚糖和甘露醇等。香菇干品中维生素含量较多,其中维生素 B_1 0.07 mg、维生素 B_2 1.13 mg、烟酸 18.9 mg,维生素 C 含量较少。据研究,香菇还含有麦角固醇和菌固醇,前者在阳光下可转变为维生素 D,所以香菇是抗佝偻病的重要食物之一。

香菇不仅是人们理想的美味佳肴,而且它的保健药用功能越来越受到人们的重视。古代医药学家对香菇的药性及功用曾有著述,《本草纲目》记载香菇"甘、平、无毒",《医林纂要》记载香菇"甘、寒""可托痘毒"。现代医药学研究成果表明,香菇具有许多重要的医疗、保健功能。例如,香菇中富含香菇多糖,可有效抑制复发性癌症的恶化,具有抗病毒、抗肿瘤的作用,且毒副作用较小,被誉为"肿瘤患者的免疫增强剂";香菇含有丰富的腺嘌呤和维生素,可促进胆固醇代谢,增加冠状动脉血流量,预防高血压及心脑血管疾病;香菇中的多糖、其培养液均可降低血清中的转氨酶水平,有护肝排毒作用。但需注意的是,香菇和螃蟹同食时,由于螃蟹和香菇都含有大量的维生素 D,易使体内钙含量迅速增多,增加肾结石风险。

我国是世界上最早开展香菇人工栽培的国家,距今已有 800 多年的历史,共经历了古代砍花栽培、近代段木接种栽培和现代代料栽培 3 个阶段。1958 年,上海科学院陈梅朋研究出纯菌种木屑栽培,进而有了孢子分离培育纯菌丝制成的纯菌种,成功用于段木栽培,锯木屑瓶栽香菇技术也应运而生。20 世纪 80 年代,香菇段木栽培技术在全国各地普遍推广,与此同时,福建省古田县大田荫棚露地木屑袋栽香菇获得成功。1989 年,中国香菇总产量首次超过日本,成为香菇生产、消费、出口第一大国。随着"南菇北移"，北方香菇产量逐年增加，以其优良的品质被全世界广大消费者所认可。总之，随着科技日新月异的发展、人们生活水平的不断提高、饮食结构的调整和改善及对香菇本身价值的认识和理解，香菇的国内外消费市场会越来越大，发展空间将更为广阔，消费前景不可限量。

香菇的生物学特性如下。

一、形态特征

香菇（如图 3-1-1 所示）由菌丝体和子实体两部分组成，是一种低温型变温结实性食用菌。人们食用的是香菇的子实体，其子实体有单生、丛生或群生，由菌盖、菌褶和菌柄三部分组成。

图 3-1-1　香菇

1.菌丝体

菌丝体是菌丝的集合体，纵横交错、形态各异，具有多样性。菌丝细胞的分裂多在每条菌丝的顶端进行，即前端分枝。菌丝在基质中或培养基上蔓延伸展，反复分枝成网状菌丝群，称为菌丝体。香菇孢子萌发而成的单核菌丝较纤细，有横隔和分枝。两条可亲和的单核菌丝结合后，进行质配，成为具有两个细胞核的双核菌丝。香菇的双核菌丝具有锁状联合，分枝角度大，生活力旺盛，抵抗不良环境能力强，在适宜条件下能大量繁殖并产生子实体。

2.子实体

（1）菌盖。菌盖位于子实体的顶部，其颜色和形状随着菇龄的大小、受光的强弱而异。在寒冷和干燥的条件下，香菇菌盖表面开裂形成龟甲状或菊花状且露出白色的菌肉，称为花菇（如图 3-1-2 所示）。菌盖幼时由菌膜包着，呈半球形，通常成熟后为伞状，边缘向下内卷。

（2）菌褶。菌褶又称菇叶或菇鳃，位于菌盖下。香菇菌褶呈辐射状排列，白色、柔软，呈刀片状结构。褶片表面的子实层上排列着多个棒状的担子，每个担子上生出四个担孢子。担孢子白色透明，其形状为卵圆形，成熟后从担子中弹射到气流中，孢子多时呈白雾状。

（3）菌柄。菌柄又称菇柄、菇脚，生于菌盖下，其中生或偏生，是支撑菌盖、菌褶和输送养料的器官。香菇幼时菌柄上有纤毛。子实体开伞后，菌柄残留环形白色膜状物，称为菌环，不久后自行消失。

图 3-1-2　花菇

二、生活史

香菇的生活史概括起来为：异宗结合、双因子控制、四极性。担孢子的性别受两对遗传因子控制。单核菌丝或双核菌丝都能产生厚垣孢子，因此，在香菇生活史中，除了从担孢子到担孢子的大循环，还有单核菌丝→单核厚垣孢子→单核菌丝和双核菌丝→双核厚垣孢子→双核菌丝的两个小循环。香菇生活史如图 3-1-3 所示。香菇整个世代所需要的时间，因营养和环境条件不同而异，在自然条件下完成一个世代通常需 1～2 年，而在人工室内培育的条件下只需 4 个月至 1 年，甚至更短的时间。

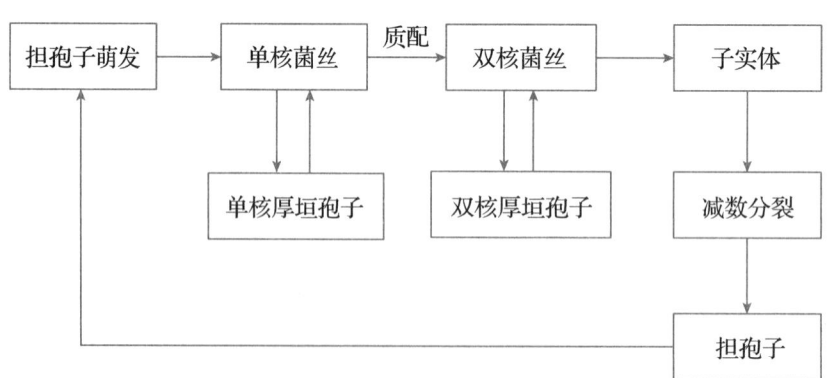

图 3-1-3　香菇生活史

三、生长发育条件

香菇生长发育的条件包括营养条件、环境条件。

1. 营养条件

香菇是一种木腐菌。许多木材中含有香菇生长发育所需要的全部营养物质，壳斗科树种所含的养分最适合香菇的生长。早先人们用段木栽培香菇，其品质好、产量低、周期长、原料局限性大。代料栽培时，常以木屑为碳源，以麦麸、米糠、玉米粉等为氮源，并提供维生素等营养。使用木屑是为了确保香菇风味和商品质量。栽培中尽可能不添加化学合成物质。

（1）碳源。香菇能利用各种单糖类、双糖类和多糖类物质，其中葡萄糖、果糖等单糖最容易被香菇菌丝吸收利用，蔗糖、麦芽糖等二糖次之，淀粉再次。木糖、核糖、甘露糖等几乎不能利用。香菇可以依靠菌丝分泌各种胞外酶，将培养料中木质素、纤维素、半纤维素、淀粉等大分子物质分解成小分子物质后，再加以利用。大多数有机酸中的碳源不仅不能被利用，反而对香菇菌丝生长发育有害。

（2）氮源。香菇菌丝能吸收利用某些有机氮，如蛋白胨、氨基酸、尿素等，也能利用铵态氮，但不能利用硝态氮和亚硝态氮。在有机氮中，其能利用天门冬氨酸、天门冬酰胺、谷氨酸、谷氨酰胺等，但不能利用组氨酸、赖氨酸等。香菇菌丝能直接吸收氨基酸、尿素等小分子氮源，而对于蛋白质等大分子氮源，必须由菌丝分泌蛋白酶将其分解后才能被吸收利用。

碳氮比（C/N）即碳源与氮源的比例，是评价香菇培养料的一个重要指标。在香菇菌丝营养生长阶段，碳氮比以（25～40）∶1为宜。在子实体生长发育阶段，最适碳氮比是（73～260）∶1，氮含量过高会抑制原基分化。当蔗糖浓度达8%时，子实体原基易形成和发生，此时氮浓度以不超过0.02%为宜。子实体成熟生长时，培养基质中碳含量所占比例偏高为好。

（3）矿质元素。香菇需要的矿质元素主要有磷、硫、钙、钾、镁等，对铁、锌、锰、铜、硼、钴、钼等的需求量很小。

（4）维生素类。香菇菌丝本身不能合成维生素 B_1，必须从培养基中吸收利用。其他维生素因菌丝能自身合成，不需要在培养基质中专门添加。

除上述营养物质外，培养基质中添加腺嘌呤和胞嘧啶可以促进香菇菌丝的生长。在段木栽培中，香菇主要从韧皮部和木质部中吸收营养，因此含有丰富营养物质的边材越发达，对菌丝生长和子实体分化发育越有利。在代料栽培中，培养基组成不仅要满足香菇菌丝生长需要，更需要满足栽培后期子实体发生与生长发育的要求。

2. 环境条件

（1）温度。香菇担孢子萌发的最适温度为 22～26 ℃，担孢子对低温抵抗力较强，对高温抵抗力弱。菌丝生长温度范围为 5～32 ℃；最适温度为 24～27 ℃；10 ℃ 以下及 32 ℃ 以上生长不良；34 ℃ 时停止生长；36 ℃ 时会受到高温伤害，颜色变黄；38 ℃ 以上时易死亡；在 –10～–8 ℃ 条件下仍可存活 30～40 d。

香菇是低温型变温结实性真菌，原基分化温度为 8～21 ℃，以 10～15 ℃ 最为适宜；子实体发育温度为 5～24 ℃，以 15～20 ℃ 最为适宜，温差 8～10 ℃ 最适宜原基发育形成子实体。通常低温品种在偏低温条件下菇质好，而高温品种则在偏高温条件下才能出好菇。同一品种在适宜温度范围内，温度较低时（10～12 ℃），子实体发育较慢，不易开伞，品质好；在较高温度下（20 ℃ 以上），子实体发育快，易开伞，品质较差。

当菌丝达到生理成熟时，突遇外界短时间低温刺激，会形成一定的温差刺激，促使菌丝扭结形成原基，子实体发生多且整齐。在恒温条件下，香菇多数品种难以形成子实体。

（2）水分。香菇生长所需水分条件包括培养基内含水量与空气相对湿度两方面。对于菌丝生长而言，木屑培养基适宜含水量为 58%～65%，段木适宜含水量为 35%～40%。菌丝生长阶段空气相对湿度以 60%～70% 为宜，子实体发育与形成阶段空气相对湿度应不低于 85%。在菇蕾发生后，空气相对湿度为 55%～68% 的条件下，只要其他环境条件适宜，就易形成品质优良的花菇。在菌丝生理成熟的条件下，将干燥的段木或菌棒进行冷水浸泡处理，造成较大的温差及湿度差刺激，可促使菇蕾大量发生和形成，提高产量。

（3）光照。香菇是需光性真菌，适宜的散射光是香菇生长发育所必需的。香菇菌丝在完全黑暗的条件下生长最快，随着光照强度提高，菌丝生长速度变慢。长时间光照会使香菇菌丝表面产生褐色菌膜，致使原基过早发生。香菇原基分化和子实体发育需要光照，没有光照就不能分化形成子实体。原基在暗处有徒长趋势，色泽不佳、盖小、柄长、肉薄、质劣、畸形菇多。最适宜子实体分化的光照强度为 50～100 lx，较强的散射光有利于形成肉质肥厚、柄短、盖色深的子实体。

（4）空气。香菇是好气性真菌，新鲜而充足的空气是香菇正常生长发育的重要条件之一。当空气中氧气不足时，其呼吸过程受到抑制，菌丝生长和子实体发育将受到抑制，甚至导致死亡。缺氧时，菌丝依靠酵解作用暂时维持生命，但需消耗大量营养，菌丝易衰老，甚至死亡。在子实体发育和生长期，子实体呼吸旺盛，需氧量更大，二氧化碳排放量也较多。

一般每个香菇子实体每小时能排出 0.04 g 二氧化碳。栽培场所中二氧化碳含量达到

0.1%以上，对子实体就会产生毒害作用，致使菌柄徒长；若二氧化碳含量超过1%，子实体生长发育将受到抑制，甚至出现畸形；若二氧化碳含量超过5%，则子实体不能正常发生。

（5）pH。香菇是较为典型的喜酸性菌类，偏酸的环境有利于香菇菌丝生长。香菇菌丝在pH为3～7时均可生长，以pH在4.5～5.5为宜。香菇原基形成和子实体发育适宜pH为3.5～4.5。香菇菌丝在生长过程中会产生醋酸、琥珀酸、草酸等有机酸，致使培养基中pH下降，酸化培养基有利于促进子实体发生。香菇的菌丝在段木中生长时，菇木中pH通常为3.7～3.8，这样偏低的pH有利于子实体发生。

各种环境因子综合地对香菇生长发育起作用，不能片面强调某一因子而忽视其他因子。在营养条件满足水平较高的情况下，决定其能否进入子实体发育阶段的主要因子是温度、水分和光照，这些因子决定营养生长能否向生殖生长正常转变。在栽培实践中，应根据不同生长发育阶段的要求，综合调节各种环境因子，以达到优质高产的目的。

 任务实施

将适宜栽培香菇的阔叶树原木伐倒后，截成短的段木，播种纯香菇菌种生产香菇的技术，称为段木栽培。受退耕还林、保护森林资源政策影响，段木栽培香菇生产规模逐渐下降，但与代料栽培香菇相比，其质量更高，在国际市场上备受欢迎。

段木栽培工艺流程为：选择菇场→确定栽培季节→段木准备→人工接种→发菌期管理→出菇期管理→采收→采后的菇木管理。

1. 选择菇场

菇场应选在向阳的斜坡地带，有水源、有树荫；也可选在地势平坦地带，用树枝、草帘或遮阳网等搭建人工遮阳棚，四周开好排水沟，设置围篱。

选择菇场后，要对场地四周做彻底清理，清除杂草、平整场地、铲除杂菌和害虫的滋生环境、修筑浇灌水池或购置喷灌设施。

2. 确定栽培季节

香菇在自然条件下进行人工栽培时，除炎热的酷暑和寒冷的冬天，一般在5～20℃下都可播种，段木栽培多在2—5月完成接种。

3. 段木准备

（1）选择菇树。据不完全统计，可以种香菇的树木有200余种。我国常用的段木栽培树种有麻栎、栓皮栎、蒙古栎、槲栎、杨、柳、枫杨、桦等阔叶树。含有芳香油类物质的松、杉、柏、樟等树木不适宜栽种香菇，因为其对菌丝生长有一定的抑制作用。

在木段选择上，选择树皮厚薄适中、不易脱落、木质坚实、边材多、心材较少的树木。选择树龄在 10 ～ 25 年，胸径 12 ～ 20 cm 的树木作为菇树较为合适。树皮厚度会影响香菇的质量，薄皮树上香菇出菇快，但子实体菌盖较薄；厚皮树上香菇出菇较慢，但子实体菌盖较厚，质量好。树皮较薄的树，如枫香，树龄可以适当大些；树皮较厚的树，如栓皮栎，树龄可以小些。

（2）准备段木。

① 适时砍树。休眠期是砍树的最佳时期，一般为树叶三成变黄之后到立春发芽之前的时间。这段时间的树干贮藏养分最充分，树皮与木质部结合较紧密，为最佳砍树时间。

② 适当干燥。一般把砍伐后的菇树称为原木，把剃枝截段后的原木称为段木。原木适当干燥，就是为了调节段木中的含水量，以利于香菇菌丝在段木中定植生长。段木含水量在 40% ～ 50% 时接种容易成活。含水量过高，杂菌容易侵入；含水量过低，接种后菌种易失水干缩，难以成活。观察原木断面的裂纹，当断面树心裂纹长度为原木半径的 1/3 ～ 1/2 时，表示原木干燥程度适宜；若原木树心无裂纹，表示原木偏湿，应继续干燥；若裂纹接近树皮，则表示原木过于干燥，必须采取措施补充水分。

③ 剃枝截段。原木经适当干燥后，要及时剃枝截段。冬季硬质木材含水量较低，砍伐当天或第二天即可剃枝截段；软质木材含水量较高，砍伐后需放置 7 ～ 10 d 再剃枝截段。段木长度以 1 ～ 1.2 m 为宜。剃除枝杈时，可保留 3 ～ 5 cm 长度，以缩小砍口，减少杂菌侵入段木，但也不宜太长，以免摆放困难。截成段木后，应立即把所有的伤口、断面、砍口用 0.5% 的波尔多液、5% 的石灰水或多菌灵等涂抹，防止杂菌侵入，然后按段木的粗细和质地的软硬分开堆放，以便接种后分别管理。

4. 人工接种

人工接种时应选择适合本地段木栽培的优良香菇品种。目前国内绝大多数采用木屑菌种，也有采用木块菌种或枝条菌种。

通常情况下，接种 1 m³ 的段木，即长 1 m、粗 10 ～ 12 cm 的段木 100 根，需要准备木屑菌种 6 ～ 8 kg。

（1）接种期。香菇段木栽培接种时间应根据气候条件进行安排。一般月均气温在 5 ～ 20 ℃均可接种，以月均气温在 10 ℃左右最为适宜。空气相对湿度在 70% ～ 80% 时，接种成活率最高。

（2）接种工具。香菇段木接种工具主要有电钻和打孔锤。通常采用配备直径 12 ～ 13 mm 钻头的电钻，以减轻劳动强度，提高工作效率。

使用打孔锤时，冲头用螺丝固定在打孔锤的一头，可以装卸更换，冲头内径一般为 1.2 ～ 1.4 cm。用于打树皮盖的冲头内径要比打孔锤上的大一些，通常大 1 ～ 3 mm。

（3）接种方法。接种木屑菌种一般要经过三道工序，即打接种穴、装填菌种、盖上盖子封口。香菇菌丝体沿段木的纵向延伸较快，横向延伸较慢，由表及里的生长速度变慢。因此，接种穴的排列方式及深度必须随之改变。通常接种穴呈梅花形或"品"字形排列，行距 5 ～ 6 cm，穴距 10 ～ 15 cm，穴深 1.5 ～ 1.8 cm。

打好接种穴后，应及时接种，以免杂菌和害虫乘虚而入。装填锯木屑菌种要松紧适度，如果菌种塞得太多太紧，加盖时就会挤出；太松太浅则容易干缩悬空，不利于提高接种质量。接种穴内装填好木屑菌种后，须及时封口，一般用树皮盖、木片或玉米芯碎片封口，也可将石蜡加热熔化后涂刷在接种穴上。封口要严密，加盖时应锤平密封。蜡层要厚薄均匀、适中、黏着牢固。

5. 发菌期管理

接种后的段木称为菇木。从菌丝定植到大量出菇，共需 10 个月左右。发菌期管理主要是根据菇场的地理环境和气候条件，调节菇木的温度、湿度、光照和通风条件，为菌丝的定植和生长创造适宜的生活条件。

（1）堆叠发菌。段木接种后，要及时把段木集中堆叠，促进香菇菌丝在段木中定植和生长蔓延。堆叠场所撒石灰消毒、除虫，然后将菇木按照树种、长短、大小分开堆放。堆叠的方式主要有顺码式、井叠式、覆瓦式、蜈蚣式。

堆温一般控制在 15 ～ 25 ℃。根据不同季节及温度采用不同的堆叠方式，温度低时采用顺码式堆叠，温度高时采用井叠式、覆瓦式和蜈蚣式堆叠。采用顺码式和井叠式堆放菇木时，堆底应垫高 25 cm 左右。覆瓦式堆叠是在堆叠处打两根木杈或垫两块大石头，高度为 30 ～ 40 cm。在两木杈或两石头之间架一根横木，然后按每根菇木间距 10 cm 逐根排列，菇木头朝下，尾朝上。再用一根横木摆于离排头约 30 cm 处，放第二排，如此自下至上一排排地堆叠上去。覆瓦式堆叠较适于斜坡山地或干燥的平地，堆内空气相对湿度保持在 75% 左右，若湿度太低可每隔 3 ～ 5 d 轻喷水一次，保持段木树皮湿润即可。

在堆叠发菌过程中应注意遮阳，自然荫蔽不足的菇场，要搭盖荫棚，保持荫棚内部空气流通，减少杂菌滋生。建堆后，及时采用树枝叶、山茅草及塑料薄膜等物覆盖，以保温保湿、防雨防晒，营造利于菌丝生长的环境，提高成活率。

（2）翻堆。为了使段木发菌均匀一致，在堆叠发菌的同时要经常翻堆，即上下、里外调换位置。翻堆次数和时间要根据气候和菌丝体生长情况而定，并非越多越好。一般来说，接种初期气温偏低，菌丝体处于复苏阶段，不必翻堆，以免影响菇木堆温和菌丝体定植。入夏以后天气渐热、雨水较多时，每隔 15 d 左右翻堆 1 次；若雨水偏少，蒸发量大时，必须浇水保湿，每隔 30 d 左右翻堆 1 次，促进菇木表层菌丝化，诱导菌丝体由表及里地向菇木边材延伸。入秋后，可偏干管理，迫使菌丝体向菇木深处生长。

（3）菇木发菌情况检查。段木接种后的第三周至第四周，检查香菇菌丝体在菇木中的定植成活情况。如果树皮盖或其边缘形成白色的菌丝圈，表明接种成活；如果接种穴周围没有菌丝圈，树皮盖干缩甚至脱落，木屑菌种变成干糠状，表明菌种没有成活；如果菌种被污染，变成黑色，也表示接种失败。如发现段木中菌种成活率低，应抓紧时间重新打孔接种。

段木接种 2～6 个月后，菇木表层逐渐菌丝化，手摸菇木有松软的感觉。接种后半年左右，菇木表层已经菌丝化，菌丝体开始成熟，进入扭结阶段，菇木表面出现瘤状突起。发菌良好的菇木，当年秋天可以收到"报讯菇"。"报讯菇"的有无和多少，是衡量菇木管理工作做得好坏的一个客观标准。

6.出菇期管理

菇木中的菌丝体经过 9 个月左右的培养，菌丝体即达生理成熟，在菇木表层扭结形成菇蕾。把已经培养好菌丝体的菇木适时摆放在适宜出菇的场地，并摆成"人"字形或蜈蚣形，即架木出菇。

（1）菇木鉴别。菌丝生长良好的菇木树皮表面没有杂菌，手感松软。用刀背或手指敲打菇木，会发出浊音或半浊音。揭开小块树皮，可见形成层变成黄白色或黄褐色，且具有鲜香菇的香味。如果发现菇木表面有若干"十"字形裂口，并且在裂口处或者接种穴边缘已有瘤状突起，表示发菌良好，即将出菇。秋天见到"报讯菇"后，由于即将进入寒冷干燥的冬季，一般当年不起架，等到翌年早春即可喷水催蕾、架木出菇。

（2）喷水催蕾。当日平均气温稳定在 5 ℃以上时，给发菌良好的菇木每天间歇喷水 3～5 h，连续 4～6 d。当菇木含水量达到 60% 左右时停止补水，转入催蕾管理。也可采用浸水打木法催蕾，即将菇木在水池中浸泡 6～12 h，然后用木棒敲击，这种方法菇木吸水快、出菇较整齐，但劳动量大，且菇木养分流失严重，产菇年限缩短。喷水催蕾必须一次性补足水分，才能出蕾整齐，保证菇蕾正常生长，达到高产优质的目的。菇木补水后，如遇低温寒冷（低于 5 ℃）的天气，可使用覆盖物进行保温。香菇菌丝体一旦扭结成菌柄、菌盖分化明显的菇蕾，即使遇上气温很低（0 ℃）或气温较高（30 ℃）的天气，只要有适宜的空气相对湿度，就仍能正常生长发育。

（3）架木出菇。为了利于子实体生长、方便采摘香菇，菇木经过喷水催蕾后，必须适时架木出菇。通常采用"人"字形架木，其方法是：在经过清理消毒的出菇场地，按架木设计的位置，根据需要先埋置一排排的木权，木权的高度一般为距地面 60～70 cm，两木权的间距根据横木而定。木权上先架上横木，然后将菇木一根根地交叉排列，斜靠在横木两边，菇木大头朝上，小头着地。第一年出菇的新菇木斜度大些，多年的老菇木斜度小些。排架与排架之间要留有一定距离作人行道，以便喷水、管理和采菇。

7. 采收及采后的菇木管理

当香菇子实体菌膜（内菌膜）破裂、菌盖边缘仍明显内卷时开始采收。采收香菇时，用拇指和食指捏住菌柄基部，轻轻旋转即可；注意不要破坏菌盖和菌褶，不要碰伤未成熟的菇蕾；要把菌柄完整地摘下来，以免残留部分在菇木上腐烂，引起病虫害，影响以后出菇。

当月平均气温超过 18 ℃或低于 5 ℃时，菇木便很少出菇。越夏期间，应注意保护菇木内部菌丝体，使其免受高温高湿伤害；适当给菇木遮阳，防止阳光直射。为防止失水过多，每隔 5～6 d 向菇木喷水 1 次，每个月翻堆 1 次。结合翻堆经常检查，做好防除杂菌害虫的工作。越冬管理主要是将菇木堆放在避风向阳的地方，适当覆盖，保温保湿，培养菌丝体。

产菇时间与树径大小密切相关，树径越大，产菇年限越长，菇木一般可以连续出菇 5 年以上。

 知识拓展

香菇代料栽培

由于代料栽培具有材料来源广泛、生产周期短、便于机械化和自动化生产等优点，因此香菇代料栽培是目前主要采用的栽培方式。

在香菇代料栽培中，栽培袋或栽培瓶在装入培养料到接种菌种之前，称为料袋或料瓶。灭菌的料袋或料瓶中接种菌种之后，就称为菌袋或菌瓶。当栽培袋的培养料中长满菌丝体后，脱去塑料袋，剩下的部分称为菌棒。香菇代料栽培基本工艺流程如下。

栽培前准备→培养料配制→拌料与装袋→灭菌与冷却→接种→菌丝培养→转色→出菇管理→采收→转潮期管理。

1. 栽培前准备

（1）栽培场地。香菇栽培场地要求清洁卫生、地势平坦、排灌方便、水源丰富无污染、通风良好、生态环境良好，周边无化工厂、扬尘工厂、矿厂等，50 m 内无垃圾场、畜禽舍等，避开学校、医院等公共场所。

香菇栽培需要厂房，包括原料储存库、拌料装袋间、灭菌间、接种室（接种棚）、培养室（培养棚）、出菇室（出菇棚）。也可采用遮阴大棚（北方采用保温大棚）进行栽培，称为香菇出菇大棚，如图 3-1-4 所示。出菇场地应根据香菇的生物学特性进行选择，即选择温度、湿度及温差等条件适宜的场地。

常遭冰雹袭击、易被洪水淹没的场地不适合作为菇场。东西走向的畦，可以适当偏南或者偏北。地势较高的地块或坡地应做低畦，地势低洼的地块应做平畦或高畦。

图 3-1-4   香菇出菇大棚

（2）栽培季节。香菇栽培中，在中温条件下培养菌丝，在低温条件下出菇。应根据香菇的生物学特性，特别是温度特性选择适宜的栽培季节。香菇从菌丝培养到出菇的时间（也称菌龄）一般为 90～120 d，可根据不同品种的菌龄和适宜出菇温度选择菌棒生产及出菇季节。香菇根据出菇时间可以分为春菇、夏菇和秋菇。春菇多在 3—5 月出菇，夏菇多在 5—9 月出菇，秋菇多在 9—11 月出菇。

生产季节的安排要根据市场行情、品种特性和栽培方式综合决定。根据目前栽培状况看，我国绝大部分香菇主产区的正常生产季节为秋季和春季两季，秋菇多在 9—11 月出菇，春菇多在翌年 3—5 月出菇。

（3）栽培原料。香菇生产中常以质地坚硬的阔叶树杂木屑为主要原料，以麦麸、米糠、玉米粉等为主要辅料，要求新鲜、洁净、干燥、无虫、无霉、无异味。同时需添加少量糖、石灰、石膏、碳酸钙、过磷酸钙等物质。

（4）菌种选择。应根据不同栽培季节选择适宜的栽培品种，常见栽培品种有 L808、庆科 20、庆科 212、武香 1 号、申香系列等。在引种进行栽培前需先进行品种比较试验。菌种需选择种性明确、表现优良、菌龄合适、无污染的优质菌种。

香菇栽培种通常采用固体菌种。为了提高接种效率，也可用胶囊菌种和液体菌种。

2.培养料配制

香菇代料栽培常用培养料配方如下。

① 杂木屑 80%、麦麸 15%、石膏 2%、普钙（过磷酸钙）1%、白糖 1%、石灰 1%，

含水量 60%。

②杂木屑 78%、麦麸（米糠）20%、石膏 1%、白糖 1%，含水量 60%。

③杂木屑 80%、麦麸 19%、石膏 1%，含水量 60%。

④杂木屑 78%、麦麸 18%、石膏 1%、碳酸钙 1%，含水量 60%。

3. 拌料与装袋

（1）拌料。拌料可采用人工拌料或机械拌料。栽培生产中，通常采用机械拌料。拌料设备与装袋设备通常为成套设备，可根据栽培规模大小选择不同规格的拌料设备。根据培养料配方称取原材料，将培养料混合均匀，使培养料初始含水量为 60% 左右。可用手抓一把培养料，用力一握，培养料能在掌中成团，用力一抖培养料自然散开，表明干湿合适。

（2）装袋。香菇代料栽培菌袋规格为直径 15 ～ 18 cm，长 55 ～ 60 cm，厚度 0.05 cm。培养料拌均匀后，为防止培养料酸败，应抓紧时间进行装袋，一般从原料搅拌到装袋结束最好不超过 6 h。香菇装袋通常采用冲压装袋机，装袋要求在袋不破裂的情况下将料袋尽量装紧。装袋结束后采用封口机进行封口。装袋、封口如图 3-1-5 所示。随后人工检查菌棒并打一直径为 3 ～ 5 mm 的小孔，贴上带有微孔的胶布，使菌袋在灭菌时不易胀破。培养料装好袋后，应及时灭菌，防止基质变酸。

图 3-1-5　装袋、封口

4. 灭菌与冷却

菌袋灭菌可采用常压灭菌或高压灭菌。常压灭菌形式多样、简单方便、投入低，被普遍使用。

（1）常压灭菌。常压灭菌的原则是"攻头、保尾、控中间"，即初期用大火猛攻，使温度迅速升高，4 h内将仓内温度提高到100 ℃后维持20 h以上（海拔高、气压低，水沸点低，灭菌时间应相应增加，如云南地区采用常压灭菌通常保持36 h，灭菌效果较好）。灭菌结束后，待料温降至60 ℃后出锅，进行冷却。

（2）高压灭菌。高压蒸汽灭菌，当温度达到121 ℃时开始计时，稳压时间2～3 h。灭菌时间达到后，切断电源，使压力自然下降。当压力表指针为0，料温降至60 ℃时出锅，进行冷却。

5. 接种

图3-1-6　4穴接种

香菇接种可采用人工接种和机械接种。目前多数企业采用人工接种或采用接种箱接种；设施条件好的企业采用净化流水线接种；规模化生产企业使用香菇固体菌种和自动接种机接种。

香菇的接种需严格按照无菌操作要求进行，接种环境、工具、手等需要严格消毒。接种箱接种方法为：首先将灭菌后的菌袋和接种工具放入接种箱，采用气雾消毒剂熏蒸消毒，接种时使用75%酒精擦拭手、工具、菌袋。其次，用打孔器在菌袋一面打3个接种穴，在对面错开打2个接种穴，也有的在菌袋一面打4个接种穴，即4穴接种（如图3-1-6所示）。再次，将成块菌种放入接种穴，压紧，使菌种与料充分贴合，菌种略高于料面。最后，迅速套上外袋或在接种口用专用胶布封口，防止杂菌污染。净化流水线接种是在净化层流罩下进行接种操作的方法，其操作与接种箱接种基本相同。

6. 菌丝培养

接种后，将菌袋移入培养室或培养棚（也称发菌室或发菌棚）进行菌丝培养，可在大棚内码堆培养，或上架避光培养（如图3-1-7所示）。培养室或培养棚使用前要提前进行消毒杀菌处理。菌丝培养中，室内温度控制在20～25 ℃，空气相对湿度不高于60%。

（1）翻堆。菌袋培养7 d后进行1次翻堆，检查发菌情况和菌袋是否有杂菌感染，及时处理污染袋。以后每隔7～10 d翻堆1次。

（2）脱外袋、刺孔。菌袋培养过程中，当菌丝直径达8～10 cm时，即可脱掉外袋。此时通常会进行刺孔放气，在菌圈外缘内侧2 cm处打4～5个深1～2 cm的小孔，增氧，促进菌丝生长（俗称放小气）。

图 3-1-7　上架避光培养

（3）当菌棒基本满袋，用刺孔设备在菌袋四周进行刺孔放气（俗称放大气）。刺孔放气后菌袋氧气增加，菌丝生长、呼吸代谢增强，使菌袋温度升高。此时要注意加强通风，防止"烧包"情况发生。因此，尽量选择环境温度较低时刺孔，环境温度高于 28 ℃以上时，尽量不要刺孔。

7. 转色

香菇菌袋经过 60 ~ 70 d 的培养，菌丝长满菌袋。此时，菌棒表面出现瘤状物，可进行转色管理。转色是指随着香菇菌丝生长，表面白色菌丝倒伏后，分泌色素使菌棒表皮逐渐形成褐色或茶褐色菌皮的过程，是香菇栽培最为关键的过程。转色是否正常直接影响到香菇的产量与质量，转色太浅、太深或不均都不利于香菇出菇。

（1）菌丝生理成熟的标志。菌丝表面起蕾发泡、接种穴周围出现不规则小泡隆起、接种穴和袋壁部分出现红褐色斑点、用手抓起菌袋有弹性感，就表明菌丝已生理成熟。

（2）转色管理。转色可脱袋转色和不脱袋转色。转色时，温度控制在 20 ~ 24 ℃，空气相对湿度控制在 80% 左右，要有适当散光照射、通风良好。

8. 出菇管理

菌袋经过培养、转色、营养积累，菌丝达到生理成熟后，当外界气温达到 8 ~ 21 ℃时，应进入出菇管理阶段。出菇模式有地摆出菇模式、层架出菇模式和覆土出菇模式。空气比较干燥的地区通常采用大棚地摆出菇模式，菌袋与菌袋间距 5 cm 左右；空气湿润地区可采用大棚层架出菇模式，一般 5 ~ 6 层，层距 30 ~ 40 cm，层架宽 35 ~ 45 cm，层架过道 50 ~ 60 cm。

（1）催蕾。香菇属于变温结实性食用菌，在催蕾阶段，出菇棚内温度控制在 10 ~ 22 ℃，昼夜温差 5 ~ 10 ℃，空气相对湿度 85% ~ 90%。

（2）育菇。子实体生长阶段，棚内温度应控制在 8 ～ 20 ℃，空气相对湿度控制在 85% ～ 90%，加强通风，保持空气新鲜，有一定散光照射。适宜花菇形成的空气相对湿度是 50% ～ 70%，最适空气相对湿度为 50% ～ 55%，最适温度为 12 ～ 16 ℃，最高温度控制在 20 ℃左右。保持 10 ℃以上温差，适宜培育花菇。

9. 采收

香菇从出蕾到采收，所需时间因品种、温度、湿度等条件不同而有一定差异，一般 7 ～ 10 d 菌盖展开 60% ～ 70%。香菇边缘内卷，菌膜未开、仍清晰可见，即可采收（如图 3-1-8 所示）。采收应坚持先熟先采的原则。香菇的干燥方法有烘干和晒干两种，目前多采用烘干法和烘晒结合法。香菇烘干后，应立即按大小、厚薄分级，随后迅速装箱或装入塑料袋密封，置干燥、阴凉处保藏。

图 3-1-8 香菇采收

10. 转潮期管理

香菇采收后要充分养菌，一般需要 7 ～ 10 d，如果菌棒水分消耗较多，水分不足，应及时进行补充。香菇菌棒补水有注水和浸水两种方式。一般补水至出菇前菌棒重量的 90% 左右即可，补水后可再进行催蕾出菇。

复习思考题

1. 简述香菇段木栽培中人工接种的技术要点。

2. 简述香菇代料栽培技术要点。

任务 3-2 平菇栽培

任务描述

通过本任务的学习，学生能够掌握平菇的不同栽培方式。

知识准备

平菇是侧耳科侧耳属真菌，又称北风菌、冻菌、蚝菇。平菇在狭义上专指糙皮侧耳，但人们常将可栽培的侧耳属菌种均称为平菇，因此平菇已成为侧耳类食用菌的商品名。平菇属喜光菌类，多生于榆、榉、槭、柳、栎、枫、槐等多种阔叶树种的枯木、朽树桩或活树的枯死部位上。平菇在世界各地均有分布，在中国绝大部分地区有生产，尤以河南、河北、山东、黑龙江等地最多。野生平菇在世界范围内广泛分布。

平菇是一种食用菌，含有丰富的营养物质，每 100 g 干品平菇含有蛋白质 7.8 g、脂肪 2.3 g、水分 10.2 g、多糖类物质 69 g、粗纤维 5.6 g、钙 21 mg、磷 220 mg、铁 3.2 mg、维生素 B_1 0.12 mg、维生素 B_2 7.09 mg、烟酸 6.7 mg，还含有 8 种人体必需氨基酸，且氨基酸成分齐全、种类齐全。平菇具有追风散寒、舒筋活络的功效，可用于治疗腰腿疼痛、手足麻木、筋络不通等病症。另外，其对预防癌症、调节女性更年期综合征、改善人体新陈代谢、增强体质都有一定的好处。

平菇的生物学特性如下。

一、形态特征

平菇（如图 3-2-1 所示）由菌丝体和子实体两部分组成，菌丝体是其营养结构；子实体是繁殖结构，既是产生孢子的结构，也是人们食用的部位。

图 3-2-1 平菇

1. 菌丝体

平菇的孢子经萌发、伸长、分枝，形成较纤细的初生菌丝。初生菌丝无锁状联合，很快经质配形成次生菌丝。平菇次生菌丝具有锁状联合，分枝性强。平菇菌丝体密集、粗壮有力，气生菌丝发达、爬壁性强、抗逆性强、生长速度快，25 ℃条件下 6 ～ 7 d 可长满试管斜面。平菇菌丝体一般不产生色素，但培养时间过长、温度过高或老化会出现黄色斑块。

2. 子实体

（1）子实体形态。平菇子实体丛生或叠生，菌盖呈覆瓦状丛生，为扇状、贝壳状、不规则的漏斗状。菌盖肉质肥厚柔软；表面颜色受光线的影响而变化，光强色深，光弱色浅。菌褶白色，长短不一，长的由菌盖边缘一直延伸到菌柄，短的仅在菌盖边缘有一小段，形如扇骨。菌柄侧生或偏生、白色、中实。菌丝体白色、粗壮有力。菌肉白色、稍厚、柔软。

（2）子实体的发育过程。

① 原基分化期。菌丝体达到生理成熟后，在适宜的温度、温差、空气和光照刺激下扭结成团，当有黄色水珠出现时，分化出子实体原基，呈瘤状突起。

② 桑葚期。子实体原基进一步分化发育，成为小米粒状的菇蕾，形似桑葚表面，称为桑葚期。一些散生的平菇如凤尾菇等没有桑葚期，形成原基后进入珊瑚期。

③ 珊瑚期。米粒状菇蕾继续伸长，呈短杆状，形似珊瑚。在珊瑚状子实体形成过程中，有的小颗粒发育成子实体，有的小颗粒会被自然淘汰，这一时期为菌柄的主要生长时期。

④ 成形期。原始菌柄逐渐加粗并在顶端形成青灰色的小扁球，即原始菌盖。菌盖生长很快，而菌柄生长逐渐减慢。

⑤ 成熟期。菌盖迅速生长而展开并发育成熟。

二、生活史

平菇为四极性异宗结合的食用菌，其整个生活史可划分为以下 7 个阶段：担孢子萌发→初生菌丝形成→质配→次生菌丝形成→子实体形成→减数分裂→担孢子产生。

三、生长发育条件

1. 营养条件

平菇所需的营养包括碳源、氮源、无机盐、水分和生长因子。平菇是木腐型食用菌，具有较强的木质素和纤维素降解能力，栽培平菇常用的碳源有木屑、棉籽壳等；在培养平菇母种时，也用葡萄糖、蔗糖等作为其碳源。氮源主要使用有机氮源，常用的包括麦麸、米糠、豆饼、豆粕等。碳氮比对平菇的生长发育具有重要影响，平菇栽培料碳氮比一般约为23：1。在配制平菇栽培料时，通常加入石灰、石膏、磷酸二氢镁等来满足其无机盐的需要。栽培料的含水量应控制在65%左右。由于其生长因子需求量很小，且木屑、棉籽壳、麦麸等天然基质中通常含有能满足平菇生长需要的生长因子，因此无须额外添加。

2. 温度

平菇菌丝生长温度范围为3～35℃，最适生长温度一般为28℃。平菇是变温型结实性食用菌，其子实体的形成需要一定的温差刺激。不同平菇品种的子实体生长温度差异较大，但是它们的最适生长温度一般在8～17℃。根据子实体分化时对温度的要求不同，可将平菇分为3个温型。

（1）低温型。低温型平菇子实体分化温度一般不超过15℃，最适温度一般为8～13℃。例如，糙皮侧耳的各品种，当温度达到23℃时子实体不能形成，即使形成子实体也只能长成菌盖弱小、菌柄粗大或菌盖皱缩的畸形菇。

（2）中温型。中温型平菇子实体分化的最适温度为20～24℃，如凤尾菇、金顶侧耳、佛罗里达平菇等。其中，凤尾菇子实体分化最适温度为22℃，高于25℃或低于15℃条件下子实体较小，30℃条件下生长缓慢。

（3）高温型。高温型平菇子实体分化的最适温度在24℃以上，最高温度在30℃左右，如桃红平菇。

3. 水分

平菇属喜湿型菌类，耐湿能力较强。野生平菇常在多雨或潮湿的环境中发生。人工栽培平菇，在菌丝生长阶段要求培养基含水量在65%左右。含水量过高会造成培养基透气不良，菌丝呼吸、代谢作用受影响，影响平菇长势；含水量过低，影响子实体发育，导致其发育缓慢、长势较差。菌丝生长期，其对空气相对湿度要求不高，通常70%以下都可以；但是在子实体分化阶段则需要较高的空气相对湿度，一般为85%～95%。如果空气相对湿度过低，平菇的原基难以形成，已经形成的幼菇也会干枯死亡；反之，如果空气相对湿度过高，也不利于子实体的生长发育，而且容易导致病害。

4. 空气

平菇是好气性真菌，平菇的菌丝和子实体的生长发育都需要氧气，高浓度的二氧化碳会影响平菇的生长发育。因此，栽培平菇时应尽量加强通风换气。如果通风不足，二氧化碳浓度过高，则可能导致原基难以形成或形成菌柄细长、菌盖小、菌肉薄的畸形菇，严重时甚至形成只有菌柄无菌盖的珊瑚状畸形菇，完全丧失其商品价值。

5. 光照

平菇菌丝生长阶段不需要光线，平菇的菌丝体在黑暗中能正常生长，光照对平菇菌丝生长有抑制作用。平菇子实体生长发育则需要一定的散射光，光照强度一般在200 ～ 1 000 lx，无光照会影响平菇质量；光照过强则会抑制平菇生长，导致减产。

6. pH

平菇对 pH 的适应范围较广，pH 在 3 ～ 10 均能生长，但喜欢偏酸环境，菌丝生长的最适 pH 为 6.5。平菇生长发育过程中，由于代谢作用会使培养料的 pH 逐渐下降，所以在配制平菇栽培料时应调节 pH 至 7 ～ 8，这样偏碱的环境还可以防止杂菌的发生。

 任务实施

当前平菇栽培主要采用代料栽培，代料栽培主要用棉籽壳、木屑、甘蔗渣、玉米芯等农业下脚料代替传统的段木或原木栽培。平菇代料栽培根据培养料的处理情况，可分为熟料栽培、发酵料栽培和生料栽培 3 种；根据栽培容器可分为瓶栽、袋栽、压块栽培、箱栽和大床栽培；根据栽培场地，可分为室外栽培和室内栽培。虽然平菇栽培方法多样，但它们之间有一定联系，只要掌握一种方法，就可触类旁通。这里重点介绍平菇熟料袋栽，在"知识拓展"中还会介绍生料袋栽和发酵料袋栽。

熟料袋栽是栽培平菇的基本方法，也是栽培木腐菌的主要方法，其优点是菌种用量小，培养料中的养分易于吸收，发菌受外界环境影响较小、产量高、病虫害较易控制；缺点是接种、灭菌的工作量大，生产成本高，消耗燃料多。

平菇熟料袋栽工艺流程为：确定栽培季节→培养料配制→拌料→装袋→灭菌→接种→发菌期管理→出菇期管理→采收→转潮期管理。

1. 确定栽培季节

平菇虽然有各种温型的品种，适宜一年四季栽培，但是绝大部分平菇品种属中温型、低温型，只有人为选育的少数高温型品种能满足夏季生产需要，因此春、秋两季是平菇生产的旺季。根据不同的品种特性安排适宜的生产季节，辅之以防暑、保温措施和适当的栽培方式，可以使栽培获得成功。根据平菇的生长特点，一般把出菇初始期往前倒推30 ～ 40 d 作为接种时期，然后再根据市场和生产的具体情况做出相应调整。

2. 培养料配制

适宜平菇熟料栽培的原料种类较多，主料有棉籽壳、甘蔗渣、玉米芯、木屑、废棉、果木等，辅料有麦麸、玉米粉、豆粕、棉籽粕等。其中棉籽壳一般用中壳中绒；为防刺破袋，甘蔗渣一般用发酵的；玉米芯用颗粒直径为 0.8 ～ 1 cm 的。栽培用的原料均新鲜、无霉变。

栽培平菇常用的培养料配方如下。

（1）棉籽壳 80%、麦麸 13%、豆粕 2%、玉米粉 3%、石膏粉 1%、石灰 1%。

（2）棉籽壳 50%、废棉 30%、麦麸 13%、豆粕 2%、玉米粉 3%、石膏粉 1%、石

灰 1%。

（3）木屑 30%、棉籽壳 25%、玉米芯 30%、麦麸 10%、玉米粉 3%、石膏粉 1%、石灰 1%。

（4）玉米芯 80%、麦麸 13%、豆粕 2%、玉米粉 3%、石膏粉 1%、石灰 1%。

3. 拌料

将培养料按照配方进行配制，然后进行拌料。拌料的标准是做到"三均匀"，即干湿均匀、酸碱均匀、主辅均匀。熟料栽培时，培养料的含水量为 63%～65%，含水量适宜的标准是用手抓一把培养料握紧，指缝中有水渗出，滴而不成线。因拌料装袋及灭菌过程中有大量微生物繁殖，会产生柠檬酸、琥珀酸、草酸等酸性物质，pH 下降较快，因此拌料装袋前可将 pH 调到 8.5～9，灭菌结束后培养料的 pH 一般会在 6.0 左右。

4. 装袋

熟料栽培平菇一般选用高密度聚乙烯袋而不选用聚丙烯袋，因为聚丙烯袋收缩性差，第二潮菇后容易侧壁出菇。袋子规格为（17～24）cm×（33～50）cm、厚 0.03 mm，袋子小的一头出菇，袋子大的两头出菇。

装袋方式有机械装袋和人工装袋两种，不管采用哪种装袋方式，均要求松紧适宜。一般 17 cm×35 cm 的袋子装湿料量为 1 200～1 250 g，高度为 18～19 cm。装袋时不宜太紧，太紧则培养料透气性差，菌丝生长过程中容易缺氧；装料太松，培养料与袋壁间有许多空隙，容易发生菌袋周身出菇，即菌棒在袋内形成原基，造成营养浪费。

5. 灭菌

灭菌方式有常压灭菌和高压灭菌。常压灭菌温度为 100 ℃，灭菌时间为 10～14 h，灭菌结束后需再闷一晚。因栽培平菇多选择高密度聚乙烯袋，高压灭菌时温度一般为 113～115 ℃，压力为 0.06～0.07 MPa，时间为 150～180 min。若料袋大、装量多，灭菌时间可以更长。不论采用哪种方式灭菌，菌袋摆放都不要过于密集，要留有蒸汽通道，让蒸汽在蒸仓内有回旋的余地，避免出现灭菌死角。

6. 接种

将灭菌完毕的料袋放入提前消毒的冷却室中，待料温下降到 30 ℃以下，在消毒好的接种室中接种。灭菌的菌袋要在 2 d 内及时接种，菌袋久放会增加杂菌感染率。

接种时，将菌种瓶表面的老化菌种剔除，用镊子把菌种取出，接入料袋内。平菇熟料接种一般用枝条菌种，其发菌速度较快；有的用液体菌种，其发菌速度比枝条菌种快 10 d 左右，但液体接种的菌袋发满菌后要后熟 7～10 d。接种过程要严格无菌操作，动作要快，尽量缩短接种时间，防止杂菌感染。

7. 发菌期管理

接种好的菌袋要立即搬入培养室内进行发菌。发菌期主要调节温度、湿度、通风，防止杂菌污染。采用传统栽培方法时，应适时接种，充分利用自然温度发菌；工厂化生产中，菌袋不受外界温度的影响。

采用传统栽培方法发菌时，菌袋的堆放要视天气情况而定。气温高时，应码放稀疏一些，码放层数不可过多，以便散热，否则会出现烧菌现象；气温低时，码放层数可以多些，有利于菌袋利用自身产生的热量提高温度，促进菌丝正常生长。一般来说，菌袋内的温度比培养室内的温度高 2～3 ℃。在管理上，要经常观察堆内的温度变化，尤其是在高温季节。

（1）发菌温度及湿度。发菌温度一般为 20～22 ℃，袋内温度最高不要超过 30 ℃。温度过高容易烧菌，导致菌丝细弱，即使后期温度恢复正常也很难弥补。发菌期空气相对湿度宜控制在 60%～70%，低于 60% 则菌袋易失水，高于 70% 则菌袋易感染杂菌。

（2）通风换气。菌丝生长过程中要消耗大量氧气和排放二氧化碳。因此，应根据室内的温度、湿度，进行通风换气。气温高时在早晚通风；气温低时在中午短时间换气。一般接种后的 1～10 d，菌丝生长量小，通风量要小；10～22 d，菌丝生长量大，通风量要大；后期菌丝生长速度降低，可少量通风。总之，通风量的多少要结合菌丝生长速度、外界温度等情况综合考虑。

（3）光照。平菇发菌期不要见光，光照对菌丝生长不利，而且容易引发菌袋尚未发满就出菇的问题。

（4）发菌情况检查。接种后，在适宜的温度条件下培养 4～6 d，就应逐袋检查接种质量及接种是否成活。菌种未萌发的，应重新补接。还应检查菌袋是否被杂菌污染，当发现污染严重时，就应分析其原因并及时处理。通常在生产中会出现以下情况。

① 栽培种污染。栽培种污染的特征是接种 3～5 d 后菌袋大批污染，而且杂菌分布在菌种块周围和培养基的表面上。解决的办法是尽快把污染袋重新灭菌接种，并严格检查菌种质量。

② 灭菌不彻底造成的污染。灭菌不彻底造成的污染的特征是接种 7 d 后，菌袋逐渐出现大批量污染，霉菌的菌落分布没有规律，随机散落于培养料中。解决措施是把污染袋重新进行灭菌、接种。

③ 接种操作不当造成的污染。接种操作不当造成的污染的特征是菌袋有少部分发生污染，霉菌菌落星星点点地分布在培养料面上。接种操作不当造成的污染主要包括以下原因：一是接种工具、双手未严格消毒；二是接种箱（或接种室）消毒不彻底，造成杂菌孢子密度大而引起污染；三是封口纸未封严，在搬动、培养阶段，外部杂菌从袋口封纸处的空隙入侵培养料。解决的方法是严格遵守无菌操作程序接种。

④ 培养期间污染。培养期间污染是指培养中期平菇菌丝已经生长 5～8 cm 时，菌袋中部被杂菌污染。一般原因是培养料温度或水分偏高，或灭菌、接种和培养过程中刺

破塑料袋。在培养室要注意消灭老鼠和蟑螂，在搬动料袋中要防止刺破袋。

（5）消毒及防虫措施。发菌期每隔5～10 d用主剂为二氯异氰尿酸钠的烟熏剂、二氧化氯雾化剂（如必洁仕）或地面撒石灰等杀菌消毒，外界温度高时可缩短间隔时间，温度低时可延长间隔时间。此外，每隔5～10 d还要用阿维菌素或高效氯氰菊酯等杀虫。

8. 出菇期管理

出菇场地要求清洁、通风良好，有保温设施，取水、排水方便，使用前进行消毒杀虫处理，并在通风口处安装防虫网，地面撒石灰。

在适宜温度下，通常25～35 d菌丝即长满菌袋。几天后，菌袋表面菌丝开始分泌黄色液体，即可转入出菇房或菇棚，进入出菇期管理。进入出菇棚或菇房，要根据外界气温码放出菇期菌袋。温度低，菌袋码放层数多；温度高，菌袋码放层数少。每排间隔1 m左右，留作采菇和管理通道。

（1）温度控制。一般情况下，菌丝长满后温度应低于20 ℃，并有3～12 ℃的温差，这样有利于刺激原基形成。平菇子实体发育期间的温度会影响菇蕾生长的速度，并影响菌盖的颜色。例如，佛罗里达平菇为白色中温型品种，在20 ℃以上出菇，菌盖为白色；在15 ℃以下的低温，菌盖变为黄褐色。通常情况下，温度越低，子实体生长越慢，但菌盖越肥厚、色泽越深，品质也越优；温度高时子实体生长快，色泽浅，菌肉薄、疏松、易破碎，品质差。

（2）湿度控制。原基分化期、桑葚期、珊瑚期空气相对湿度应控制在85%～90%，不要用水喷珊瑚期前的平菇，以免引起菇蕾死亡或感染病菌。幼菇期及快速生长期，可根据平菇的生长状态用微喷管喷水，棚内空气相对湿度为85%～90%。

（3）通风换气。平菇子实体生长发育时耗氧量大，对二氧化碳浓度敏感，当室内通风不良时，易形成菌盖小、柄长的畸形菇。在菇房通风换气时，不要过于剧烈，以免吹干菇蕾。总之，通风要"看天看菇"，温度高时早晚通风，温度低时午间通风；菇生长量小时可少量通风，菇生长量大时可多次通风。

（4）光照控制。在子实体生长期间，同样要注意光照。栽培室太暗，形成的菇蕾易发育成树枝状的畸形菇，影响菌盖的色泽，所以栽培场所要有适当的散射光，比较适宜的光照度为500～1 000 lx。

9. 采收

平菇子实体从原基形成到采收一般为7～10 d，当菌盖展开80%，菌盖边缘没有完全平展时，就要及时采收。采收的方法是用左手按住培养料，右手握住菌柄，轻轻旋转扭下。采前3～5 h不要喷水，使菌盖保持新鲜干净。

10. 转潮期管理

转潮期是指从一潮菇采摘结束到下一潮菇子实体原基出现之间的时间。平菇出菇潮次分明，每潮菇采收后，首先要将菌袋口残留的死菇、菌柄清理干净，以防引发病虫害。其次，要整理菇场，停止喷水，降低菇场的湿度，以利于平菇菌丝恢复生长、积累养分。最后，7～10 d后再开始喷水，并按第一潮出菇的办法进行管理。

在出过1～2潮菇后，培养料的水分和营养含量会严重下降，可采用浸（注）水、喷（注）营养液等方式使食用菌菌丝保持旺盛的生命力。补充水分或营养液的方法很多，如用竹签或粗铁丝插3～4个小孔，放入水或营养液浸泡12 h，或者用补水针补水。补水或补充营养液的方式一般适用于料温在20 ℃以下的情况；若料温高于20 ℃时补水，菌丝易缺氧、易感染杂菌或易得黄菇病。

 知识拓展

一、平菇生料栽培

生料栽培是用没有经过任何热力杀菌，而采用拌药消毒的培养料栽培食用菌的方法。生料栽培的优点是操作简单易行、省工省时，培养料中养分分解损失少、产量较高；缺点是不适合在高温地区和高温季节使用。培养料中虫卵孵化出的幼虫啃食菌丝体，影响产量，因此生料栽培对培养料的新鲜程度和种类要求严格，拌料时对料中的水分含量要求严格。接种量大时，料中必须拌有多菌灵或二氯异氰尿酸钠等药剂。

平菇生料袋栽工艺流程为：确定栽培季节→培养料配制→拌料→装袋→接种→发菌期管理→出菇期管理→采收→转潮期管理。

1. 确定栽培季节

平菇生料栽培应选择气温较低，空气相对湿度较低时进行。因为这时环境中病原菌和害虫数量较少，栽培成功率较高。南方地区一般在11月末至翌年3月初栽培，北方地区一般在10月上旬至翌年4月栽培。

2. 培养料配制

适宜平菇生料栽培的原料种类不多，主料有棉籽壳、废棉，辅料有麦麸、豆粕等，其中棉籽壳一般用中壳中绒。栽培用的原料均新鲜、无霉变。

栽培平菇常用的培养料配方如下。

（1）棉籽壳60%、废棉25%、麦麸8%、豆粕2%、石膏粉2%、石灰3%。

（2）棉籽壳85%、麦麸8%、豆粕2%、石膏粉2%、石灰3%。

3. 拌料

将培养料按照配方进行配制，然后进行拌料，边拌料边喷水。生料栽培拌料如

图 3-2-2 所示。生料栽培拌料时要严格控制水分，一般含水量不要超过 62%，pH 为 9 ～ 10，将料堆闷一夜后加入干料重的 0.03% 的防虫灵和 0.1% 的二氯异氰尿酸钠（加适量水溶解后以喷雾的方式加入），边加边翻拌。

图 3-2-2 生料栽培拌料

4. 装袋与接种

生料栽培菌袋一般选用规格为（22 ～ 26）cm×（45 ～ 55）cm、厚 0.002 5 cm 的聚乙烯袋，接种多采用层播，如 3 层菌种 2 层料或 4 层菌种 3 层料。首先，放 1 层掰好的菌种于袋底，厚度约 1.5 cm。其次，装培养料，边装边压，装至袋长一半时，播 1 层菌种，厚度约 1 cm。再次，装培养料至袋口处，接 1 层菌种，厚度约 1.5 cm。最后整平压实，封口即可。23 cm×50 cm 的袋子装干料量为 1.5 kg，湿料量为 3.2 ～ 3.5 kg，接种量一般为培养料干重的 15%。

5. 发菌期管理

生料栽培时，装好袋、接好种后要打孔增氧透气。平菇栽培最关键的环节就是发菌，而影响发菌的最主要因素是温度，其次是通风换气。装袋接种以后，把袋子搬运到消过毒的培养室或场所中，有时也可在有遮阳条件的室外直接发菌，如将袋子平放于地面上或架子上发菌。为了充分利用空间，常常要把袋子在地表堆放数层，垒起菌墙。堆放的层数应根据培养环境的气温来定。在气温为 0 ～ 5 ℃时可堆放菌袋 4 ～ 6 层；5 ～ 10 ℃时可堆放 3 ～ 4 层；10 ～ 15 ℃时可堆放 2 层；15 ℃以上时一般不堆放。此外，发菌初期还应及时翻堆，以防料温升高过快、过高，烧死菌种或引起杂菌污染。

生料栽培时，一定要低温发菌，而不要在气温 20 ℃以上时发菌，这样做有利于防止杂菌污染。一般等到料温比较稳定时，才可堆放较高的菌墙。翻堆的次数应根据菌袋堆放的层数和环境的温度确定。一般情况下，发菌初期翻堆较频繁，每 2 d 翻一次；十几天后，则每隔 5 ～ 6 d 翻一次。一般 22 ～ 30 d 菌丝即可长满菌袋。温度过低时，发菌时间也稍延长。

生料发菌时还要注意通风换气问题。随着菌丝的快速生长,应不断加强通风换气,并在避光条件下培养。

在同样的环境下发菌,一般生料栽培菌袋比熟料栽培菌袋发菌速度快一些,特别是在低温下要快得多。这是因为生料栽培时播种量大,并且培养料能发酵升温。因此,在大规模生产时,温度低的季节采用生料栽培,温度高的季节采用熟料栽培。

6.出菇期管理、采收与转潮期管理

生料栽培的出菇期管理、采收与转潮期管理方法与熟料栽培相同,平菇生料栽培出菇期如图 3-2-3 所示。

图 3-2-3　平菇生料栽培出菇期

二、发酵料栽培

发酵料栽培是指将培养料堆制发酵一段时间,再接种菌种,进行菌丝培养和出菇期管理。在保证料堆通风良好的条件下,堆制发酵使料内嗜热微生物大量繁殖,将料温升至 60～70 ℃,运用巴氏消毒原理杀死害虫和杂菌,同时将部分大分子营养物质降解为小分子营养物质,以利于平菇菌丝生长。

发酵料袋栽适合大规模平菇生产,不需要专门的灭菌设施和接种设备,适合北方地区在中低温条件下规模化制作菌袋。

发酵料袋栽工艺流程为:确定栽培期→培养料选择→培养料配制→建堆发酵→翻堆→装袋与接种→发菌期管理→出菇期管理→采收→转潮期管理。

1.确定栽培期

发酵料栽培要避开高温,宜在早春和秋末进行栽培,以秋末栽培最好。一般在早春 2 月开始栽培或在秋季 9 月开始栽培。

2. 培养料选择

适宜平菇发酵料栽培的原料种类较多，主料有棉籽壳、甘蔗渣、玉米芯、木屑、废棉、果木等，辅料有麦麸、玉米粉、豆粕、棉籽粕等。发酵料栽培可有效预防以玉米芯为主料的培养料产生链孢霉。以玉米芯为主料时，需提前 12～24 h 进行浸泡，以防干芯。

发酵料栽培平菇常用的培养料配方如下。

（1）棉籽壳 85%、麦麸 10%、豆粕 2%、石膏粉 1%、石灰 2%。

（2）棉籽壳 50%、废棉 35%、麦麸 10%、玉米粉 2%、石膏粉 1%、石灰 2%。

（3）玉米芯 85%、麦麸 7%、豆粕 2%、玉米粉 2%、石膏粉 1%、石灰 3%。

3. 培养料配制、建堆发酵与翻堆

（1）培养料配制和建堆发酵。将培养料按照配方配制，使其含水量达 65%～70%，调节 pH 为 8.5～9.5。建堆发酵时，堆宽 1.8～2 m、高 1～1.2 m，长度不限，每次发酵的用料量不低于 500 kg。培养料发酵是好氧发酵，可用直径 5～10 cm 的木棍每隔 30 cm 打 1 个孔洞至底部，再在料堆两侧的中部和下部各横向斜打 1 行透气孔，以利于通气，防止烧料、腐败。发酵堆建好后覆盖草苫、麻包、编织袋等能透气的覆盖物，盖好料堆，以防失水过多；如遇雨天，可用薄膜覆盖，以防雨淋，但雨后应及时去掉薄膜。

（2）培养料翻堆。由于料堆中高温型好气性微生物活动产生代谢热，堆温会逐渐升高。经 24～48 h，距料表约 25 cm 深处的温度升至 60～65 ℃后，再经 12～24 h 翻堆 1 次。翻堆时将上下、里外的培养料互换位置，重新建堆、打孔、覆盖。当温度再次升至 60～65 ℃后，再经 12～24 h 进行第二次翻堆。一般堆积发酵需翻堆 3～4 次。堆期因气温及培养料不同而异，棉籽壳为主料时堆期一般为 5～7 d，玉米芯为主料一般为 7～11 d。当培养料色泽均匀转深、质地柔软，料内出现较多白色放线菌，闻不到氨味、臭味、酸味时，扒堆终止发酵。

最后一次翻堆时在料堆表面喷洒 0.1% 二氯异氰尿酸钠和 4.5% 高效氯氰菊酯 1 000 倍液，目的是杀灭料表面的杂菌和害虫。

（3）发酵料质量检查。在预定时间内（建堆 48 h 左右），若料堆能正常升温至 60 ℃以上，开堆时可见适量白色菌丝（嗜热放线菌），表示堆料含水适中，发酵正常。如果建堆后迟迟达不到 60 ℃，可能是因培养料加水过多，堆料过紧、过实，或未插孔造成通气不良，不利于放线菌繁殖，料堆不能发酵升温，遇此情况应及时翻堆，将料摊开晾晒。如果料堆升温正常，但开堆时培养料有大量白色放线菌出现，表明培养料含水太少，可在第一次翻堆时适当添加水分。

4. 装袋与接种

发酵料栽培的装袋与接种的方法与生料栽培一致。

5. 发菌期管理、出菇期管理、采收与转潮期管理

发酵料栽培的发菌期管理、出菇期管理、采收与转潮期管理的方法与熟料栽培一致。

三、平菇栽培过程中可能出现的病虫害

平菇在栽培过程中可能会出现多种病虫害，包括真菌病害、生理性病害和虫害。

（1）真菌病害。真菌病害包括白腐病、褐腐病、疣孢霉病、链孢霉病、石膏霉病和绿霉病等，可能导致平菇菌丝、子实体受损或死亡，可以通过控制环境条件如温度、湿度和通风来预防。此外，使用克霉霸等药剂并保持培养料 pH 在 7.5～8.5 可有效抑制绿霉的生长。

（2）生理性病害。生理性病害如小菇死亡、大脚菇和幼菇枯萎等，通常由营养不足、湿度不当或通风不良引起，可以通过改善栽培条件来预防。

（3）虫害。常见的平菇虫害包括菇蝇、菇蚊、跳虫、螨类（如粉螨、蒲螨）、线虫等，跳虫和螨类会损害平菇菌丝体和子实体，而线虫则取食平菇菌丝体及子实体的营养和水分。可以通过安装防虫网、使用农药、控制水源和喷雾保湿等方法进行防治。

总的来说，平菇的病虫害防治需要综合运用农业防治、物理防治和化学防治等多种手段。

复习思考题

1. 简述平菇熟料袋栽技术要点。

2. 简述平菇生料袋栽技术要点。

3. 简述平菇发酵料袋栽技术要点。

任务 3-3 黑木耳栽培

 任务描述

本任务主要介绍了黑木耳栽培的相关理论知识及栽培管理技术要点，包括黑木耳的生物学特性、栽培技术、出耳期管理技术等。通过学习本任务，学生可以了解黑木耳，掌握其栽培技术。

 知识准备

黑木耳，又名黑菜、木耳、云耳，属木耳科木耳属，是我国珍贵的药食兼用胶质真

菌，也是世界上公认的保健食品。我国是黑木耳的故乡，中华民族早在4 000多年前便认识、开发了黑木耳，并开始栽培、食用。一些古籍中也有关于帝王宴会上食用黑木耳的记载。黑木耳在我国的东北、华北、中南、西南及沿海各省份均有种植。

黑木耳有"菌中瑰宝"之誉，被称为"素中之荤"。黑木耳营养丰富，含有蛋白质、木耳多糖、杂多糖、矿物质、维生素等营养物质。据测定，每100 g木耳干品中含蛋白质10.6 g、脂肪0.2 g、糖类65.5 g、粗纤维7.0 g、钙375 mg、磷201 mg、铁185 mg，还含有维生素B_1 0.15 mg、维生素B_2 0.55 mg、烟酸2.7 mg，且含有人体必需的8种氨基酸。黑木耳中钙、铁、维生素B_2含量很高，其钙含量为肉类的30～70倍，维生素B_2的含量约为大米、面粉、大白菜的10倍。

黑木耳不仅有很高的营养价值，还具有较高的药用价值。黑木耳中的腺嘌呤核苷对抑制血栓形成有显著的作用；黑木耳中的多糖能提高免疫力，具有抗肿瘤、抗氧化、清除血液中胆固醇的作用，还可以降血压、降血脂。据《神农本草经》记载，黑木耳味甘、性平，具有补气益肺、活血补血的作用。

一般鲜木耳不宜直接食用，因为鲜木耳中含有一种卟啉类光感物质，会引起日光性皮炎，严重的可致皮肤坏死。鲜木耳在暴晒过程中会分解大部分卟啉，干木耳在食用前又经水浸泡，其中含有的剩余卟啉会溶于水，因此，经过水发的干木耳可安全食用。

黑木耳的生物学特征如下。

一、形态特征

黑木耳（如图3-3-1所示）由菌丝体和子实体组成。

1. 菌丝体

黑木耳菌丝体无色透明，由许多具有横隔和分枝的绒毛状菌丝组成，菌丝充满胶状物质，使它具有对干湿气候剧烈变化的适应能力。黑木耳的单核菌丝只能在显微镜下观察到。菌丝是黑木耳分解和摄取养分的营养器官，生长在木棒、代料或培养皿上，如生长在木棒上，则木材变得疏松、呈白色；生长在斜面上，菌丝呈灰白色、茸毛状，贴生于表面；用培养皿进行平板培养，则菌丝体以接种块为中心向四周生长，形成圆形菌落，菌落边缘整齐。菌丝体在强光下生长，分泌褐色素使培养基呈褐色，在菌丝的表面出现黄色或浅褐色。另外，培养时间过长，菌丝体逐渐衰老，也会出现与强光培养相同的特征。

2. 子实体

黑木耳的子实体通常单生为耳状，或群生为花瓣状，胶质、半透明、中凹，耳状、杯状、片状或不规则状。子实体成熟后产生大量担孢子，担孢子还能产生分生孢子。担孢子通常是一个核的单位体结构，肾形，长9～14 μm，宽5～6 μm。大量担孢子聚集在一起时形成一层白色粉末。

图 3-3-1　黑木耳

二、生活史

黑木耳是典型的异宗结合真菌。不同担孢子萌发的单核菌丝之间可以质配融合发育形成异核的双核菌丝。双核菌丝生长发育形成子实体，在子实体上再产生单核的担孢子。研究表明，担孢子顶端可以产生分生孢子，单核菌丝也可以产生分生孢子，这些分生孢子与单核菌丝具有相同的生物学功能。黑木耳生活史如图 3-3-2 所示。

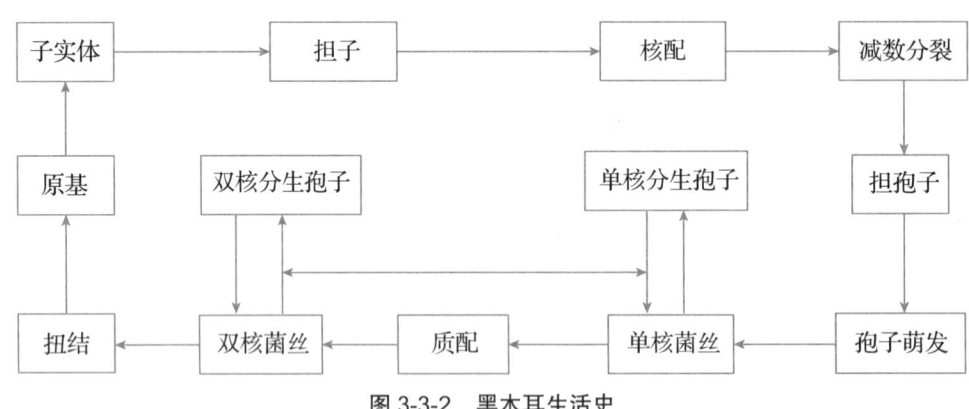

图 3-3-2　黑木耳生活史

三、生长发育条件

1. 营养条件

（1）碳源。菌丝分泌纤维素酶、半纤维素酶和木质素酶等胞外酶，将纤维素、半纤维素、木质素、淀粉、果胶等大分子碳源降解为小分子糖类，才能将其吸收利用。黑木耳栽培依靠木屑、玉米芯、豆秸粉、棉籽壳等有机物提供碳源。

（2）氮源。黑木耳生长所需氮源包括蛋白质、氨基酸、尿素、铵盐、硝酸盐等，栽培中用麦麸、米糠、豆粕、黄豆粉、酵母汁、蛋白胨等提供氮源。不同种类氮源对黑木耳菌丝生长的影响较大，酒石酸铵和尿素是黑木耳菌丝生长的良好氮源，有机氮源明显优于无机氮源；酰胺类氨基酸（天门冬酰胺和谷氨酰胺）和短链氨基酸（甘氨酸、丝氨酸、丙氨酸）作为氮源，优于芳香族氨基酸（苯丙氨酸、色氨酸）；铵态氮优于硝态氮。黑木耳菌丝生长的最适碳氮比为（30 ～ 40）：1。

（3）维生素。黑木耳生长和发育都需要维生素。不同种类维生素对黑木耳生长有不同的影响。维生素 B_1 对菌丝生长具有显著的促进作用。维生素 B_6、肌醇、叶酸对菌丝生长影响不大，核黄素、维生素 C 及烟酸在浓度为 200 μg/L 时对菌丝生长有抑制作用。

（4）矿质元素。黑木耳所需的大量元素主要是镁、磷、钾和钙，所需微量元素主要是铁。镁元素的适宜浓度为 10 ～ 30 mg/L，此范围内随着浓度增加，黑木耳菌丝量也有所增加；磷元素的最适浓度为 100 mg/L；钾元素的最适浓度为 200 mg/L；钙元素最适浓度为 0.5 ～ 1 mg/L。

2. 环境条件

（1）温度。黑木耳属中温型食用菌，孢子萌发温度为 22 ～ 32 ℃，以 30 ℃最适宜；6 ～ 36 ℃菌丝均能生长，但以 22 ～ 32 ℃最为适宜。黑木耳菌丝能耐低温，但不耐高温。–30 ℃的低温下，黑木耳菌丝短期内不会死亡，但长期处于 32 ℃以上菌丝易衰老，40 ℃以上易死亡。

黑木耳属于恒温型结实性食用菌，菌丝体在 15 ～ 32 ℃范围内均能分化形成子实体，以 20 ～ 28 ℃最为适宜。在适宜的温度范围内，温度稍低，生长发育慢、周期长、子实体色深、肉厚、优质、高产；温度越高，生长发育速度越快，但菌丝易衰老，子实体色淡、肉薄、质差。在高温高湿条件下，容易发生流耳。

（2）培养料含水量和空气相对湿度。黑木耳生长发育所需水分绝大部分来自培养料。在黑木耳菌丝体的定植和生长时期，培养料含水量应为 60% ～ 65%。子实体形成时期，要求空气相对湿度保持在 85% ～ 95%。当空气相对湿度低于 80%，子实体发育、形成迟缓，甚至不易形成子实体。

在黑木耳生长过程中，水分管理要求"干干湿湿""干湿更替"，即在菌丝生长发育阶段，调节培养料内水分及空气湿度，使料内及环境均偏干，促进菌丝向基质内部纵深生长、蔓延，抑制杂菌滋生；当菌丝生长发育到一定的阶段，浇水加湿，并保证较高的空气湿度，促进耳芽分化和子实体生长发育。

（3）光照。在黑暗或有散射光的环境中，黑木耳菌丝都能正常生长。光照对黑木耳从营养生长期转入生殖生长期具有十分重要的作用，如果在黑木耳菌丝生长过程中给予其较强的光照刺激，会使菌丝集聚而形成褐色的胶状物；或过早形成原基并分泌色素，导致无法正常出耳或严重减产。因此，黑木耳菌丝培养应在黑暗环境中进行。

当菌丝充分成熟之后，必须给予大量散射光及一定的直射光刺激，才能诱导原基和耳芽在刺孔处大量形成。光照对黑木耳子实体的色泽和品质有重要影响，其只有在光照强度 250～1 000 lx 条件下才能形成正常的深黄褐色。在微弱的光照条件下，耳片呈淡黄色，甚至白色，又小又薄，产量低。据试验结果，在光照强度 400 lx 条件下，黑木耳呈浅黄色；1 000 lx 以上呈黑色。

（4）空气。黑木耳是好气性真菌。空气中二氧化碳浓度超过 1%，会阻碍其菌丝体生长，导致子实体畸形，呈珊瑚状，往往不开片；二氧化碳浓度超过 5%，就会导致子实体死亡。在黑木耳生长发育过程中，栽培场地应保持空气流通、新鲜。培养料的水分不可太多，装料不宜太满，以保证菌丝体有必要的氧气。

（5）pH。黑木耳适宜在微酸性的环境中生活，菌丝体在 pH 为 4～7 时能正常生长，以 pH 为 5～6.5 最适宜。在制作培养料时，需要采用碳酸钙等缓冲剂将 pH 调到 6 以上，防止 pH 过度下降。

任务实施

我国黑木耳栽培有两种方式，一种是段木栽培，另一种是代料栽培。随着生态环境保护的力度加大，代料栽培得到大面积推广。代料栽培黑木耳主要有吊袋栽培和露地栽培。大棚吊袋栽培的黑木耳耳芽整齐，出耳同步性好，且省地、省水、省工，并能抵御自然灾害，同时黑木耳无泥沙、灰尘污染，既干净又安全。露地栽培受自然气候条件影响较大，昼夜温差大、湿度差大、光强差大，能给黑木耳生长提供良好的条件，有利于黑木耳生长，且露地栽培黑木耳泡发率高，硬度大、韧性强。

吊袋栽培工艺流程为：确定栽培季节→培养料配制→拌料→装袋→灭菌→冷却→接种→发菌期管理→出耳期管理→采收→转潮期管理。

1. 确定栽培季节

代料栽培黑木耳一般根据出耳期的当地自然温度来决定栽培季节。黑木耳栽培可以选择春栽和秋栽两种。吉林、黑龙江等东北地区春栽 1—3 月生产栽培菌袋，4—6 月出耳；秋栽 5—6 月生产栽培菌袋，8—10 月出耳。河南等地春栽 3—4 月生产栽培菌袋，5—6 月出耳；秋栽 8—9 月生产栽培菌袋，10—11 月出耳。

2. 培养料配制

用不同培养料生产黑木耳，其长势、产量和质量会有一定差别。用棉籽壳培养料生产的黑木耳长势好，产量也高，但胶质较粗硬。用稻草和麦秸培养料生产的黑木耳胶质比较柔软。黑木耳是典型的木腐菌，用木屑培养料生产的黑木耳耳片舒展、胶质柔和、产量较高。但硬木屑和软木屑间也有差别，如用杨、柳等树种的软木屑栽培黑木耳的产量和品质均不如用栎、千金榆等树种的硬杂木屑。黑木耳代料栽培常用培养料配方如下。

（1）木屑 78%、麦麸 12%、棉籽壳 9%、石膏粉 0.5%、石灰 0.5%。

（2）木屑 80%、麦麸或米糠 15%、豆粕 2%、玉米粉 1.5%、石膏粉 1%、轻质碳酸钙 0.5%。

（3）木屑 78%、麦麸或细稻糠 20%、石膏粉 1%、蔗糖 1%。

（4）木屑 55%、玉米芯 25%、麦麸或米糠 15%、豆粕 2%、玉米粉 1.5%、石膏粉 1%、轻质碳酸钙 0.5%。

（5）稻草 50%、木屑 30%、麦麸或米糠 15%、豆粕 2%、玉米粉 1.5%、石膏粉 1%、轻质碳酸钙 0.5%。

（6）豆秆粉 80%、麦麸或米糠 18%、石膏粉 1%、石灰 1%。

（7）木屑 85%、麦麸 10%、豆粕 2%、玉米粉 1%、石膏粉 1%、石灰 1%。

3. 拌料

人工拌料时，需将木屑过筛，剔除小木片、石块、枝杈等杂物。按照生产配方先称取麦麸、石膏粉、石灰等原料，搅拌混匀，撒在平摊的木屑上，与木屑混合均匀，加水搅拌。

规模化生产中常使用搅拌机进行三级拌料。具体方法为：首先，按照配方，将预湿好的木屑用铲车放入一级拌料机搅拌，同时将称量好的麦麸、豆粕、玉米粉、石膏粉、石灰放入一级拌料机中与木屑一同搅拌并加水，调节水分及 pH。一级搅拌时间约为15 min。其次，培养料通过提升机进入二级搅拌料斗，料斗上面有网筛，可将大颗粒物及石块筛出。二级搅拌大约 10 min。最后，二级搅拌完成，培养料通过提升机进入三级搅拌，搅拌时间 7～8 min。拌料的总时间应为 30～40 min，拌料时间过长则培养料变酸较严重，pH 下降过多；时间过短则拌料不均匀。

4. 装袋

采用装袋机进行装袋。袋子规格为 17 cm×33 cm，厚 0.02～0.04 mm，材质为聚乙烯，装料后高度 22～23 cm，重 1 500 g，干料重约 600 g。装袋时在菌袋中间打孔，将料袋上部的剩余菌袋窝入孔中，插入接种棒封口。

5. 灭菌

灭菌可采用高压灭菌或常压灭菌。若采用高压灭菌，菌袋要选择高密度的耐高压聚乙烯袋，灭菌要求为 121℃、0.1 MPa、90～120 min；若采用常压灭菌，灭菌时间为10 h 以上。具体灭菌时间受菌袋大小、培养料颗粒大小影响。

6. 冷却

将经过灭菌的料袋搬入冷却室，待温度下降到28 ℃时进行接种。

7. 接种

黑木耳吊袋栽培的接种环境及无菌操作要求与香菇代料栽培相同。应于接种室或者接种箱中无菌接种，接种后用无菌棉塞或海绵塞封口。

8. 发菌期管理

将接种后的菌袋移入培养室发菌，培养室可以是空的房间或有塑料薄膜的日光温室，应卫生、洁净，通风条件良好。菌袋单层立放在层架上或多层横向摆放，菌袋之间留2～3 cm间隙。

（1）温度。温度应遵循"前高后低，宁低勿高"的原则。在室内和菌袋间放温度计，随时观察温度变化，温度不适宜时可通过开关通风口、温控设备来调节温度。

接种后5～7 d，培养室温度控制在28 ℃为宜，可使黑木耳菌丝迅速定植、吃料。接种后8～15 d，培养室温度以24～26 ℃为宜。接种后16～35 d，温度以22～24 ℃为宜，因为此时菌丝迅速生长、代谢活动旺盛，会产生热量，使菌袋内温度升高，袋内温度一般比培养室温度高2～3 ℃。接种后45 d左右，菌丝长满菌袋。然后继续培养5～7 d，将温度降至18～22 ℃，菌丝体在较低温度下生长会更健壮，能充分利用培养料，这个过程称为后熟或"困菌"。

（2）湿度。菌丝培养阶段，培养室内空气相对湿度保持在60%～70%，过高易造成杂菌污染，过低易使培养料水分蒸发。

（3）通风换气。黑木耳是好气性真菌，要注意通风换气，以保证有足够的氧气维持其正常的代谢作用。通风应遵循"先小后大，先少后多"的原则。接种后5～7 d，如果温度不超标可少通风。菌丝长满料面后，每天早晚各通风1次，每次30 min，可促进菌丝生长。温度、湿度过高时，应适当增加通风次数和通风时间。

9. 出耳期管理

（1）大棚处理与菌袋入棚。

① 大棚处理。黑木耳吊袋大棚必须结构坚固，一般为南北走向，宽8～10 m，长度为35～40 m，大棚过长或过宽不利于通风；棚肩2～2.5 m，棚顶高3.5～4 m。菌袋入棚前，应先将大棚处理干净，地面撒一层薄薄的石灰消毒，用0.2%高锰酸钾溶液、300 mg/L的二氧化氯溶液、0.05%二氯异氰尿酸钠溶液或0.05%三氯异氰尿酸钠溶液等进行空间喷雾消毒，或用烟雾消毒剂进行熏蒸消毒。

② 菌袋入棚。吊袋栽培黑木耳入棚时间以气温稳定在 –3 ℃以上为标准。菌袋入棚时，地面要铺无纺布。菌袋入棚如图 3-3-3 所示。

（2）菌袋打孔及菌丝恢复。菌袋菌丝发满后，要及时打孔开穴。袋壁打孔时先用

0.1% 高锰酸钾溶液或 0.1% 甲基硫菌灵溶液消毒菌袋表面，打孔工具和打孔人员的手用 75% 酒精消毒。打孔方式有"V"形、斜"一"字形、"十"字形、"Y"形、三角形及圆钉形等，其中"V"形多用于生产朵形大的大片木耳；"十"字形、"Y"形、三角形、斜"一"字形和圆钉形多用于生产小孔单片木耳。小孔生产的黑木耳朵形好、易成片、生长健壮、品质好，其市场售价比常规的"V"形孔生产的黑木耳每 500 g 高出 5 ～ 10 元。

图 3-3-3 菌袋入棚

"V"形孔的边长为 2 ～ 2.5 cm，角度为 45° ～ 55°，深度为 0.5 cm。对于 17 cm × 33 cm 的短袋，每袋打 12 ～ 15 个孔，分 3 层，呈"品"字形分布。"Y"形孔刀口，三棱钉头的棱长为 0.6 cm，深度为 0.5 ～ 0.8 cm，每袋菌袋打 140 ～ 160 个孔。圆钉形孔直径为 0.4 cm，深度为 0.5 ～ 0.8 cm，每个菌袋打 180 ～ 220 个孔。

菌袋打孔后覆盖薄膜进行保温保湿，必要时加盖草帘进行温度调节。遮阳棚内温度保持在 20 ～ 22 ℃，空气相对湿度在 75% ～ 85%，促使打孔处长满气生菌丝。一般 7 d 左右，菌丝恢复生长，孔眼部位菌丝长满，并封闭孔眼。

（3）吊袋。在东北大部分地区，春耳 4 月吊袋，6 月末采收结束；秋耳 8 月初吊袋，10 月末采收结束。打孔处长满菌丝，耳芽已经隆起时应及时吊袋。如果没及时吊袋，袋内菌丝就会老化，形成胶质化的菌皮，影响黑木耳出耳；如果吊袋过早，菌丝还没封住出耳孔，吊袋后容易引起杂菌感染。

在棚内框架横杆上，每隔 20 ～ 25 cm 按"品"字形系紧 2 根（或 3 根）尼龙绳，底部打结。把打孔处长满菌丝的菌袋袋口朝下夹在尼龙绳上，并在 2 根尼龙绳上扣上两头带钩的细铁钩（长 5 cm），上面放菌袋，菌袋上再放钩子，以此类推，一般每串挂 7 ～ 8 袋。上下袋间距 5 cm，相邻两串间距 20 ～ 25 cm。最底部菌袋应距离地面 40 cm，吊袋密度为 50 ～ 65 袋 /m²。为了防止风大时菌袋相互碰撞，使耳芽脱落，吊绳底部可用绳连接在一起。吊袋如图 3-3-4 所示。

图 3-3-4　吊袋

（4）吊袋木耳催芽、出耳管理。

① 催芽管理。吊袋后就要进行催芽管理。催芽是指在耳孔处长出耳芽的过程。在此期间，充足的光照、较大的温差、足够的水分是催芽的关键。光照有助于耳芽原基的形成；较大的温差能加速耳芽原基的分化；水分除保障菌丝和耳芽原基正常的生理活动之外，能有效地拉大温差。这一阶段的温度保持在 15 ～ 25 ℃，空气相对湿度 85%，光照在 300 ～ 1 000 lx。

吊袋后第二天将地面浇透水，2 ～ 3 d 后可打开微喷，每天早、中、晚浇水，每次 5 ～ 10 min，保持菌袋表面有一层薄而不滴的水，可防止水进入菌袋产生青苔。昼夜温差以 8 ～ 10 ℃为宜，可刺激耳芽形成。前 3 d 为了保湿一般不通风或微通风，3 d 后一般早晚各通风一次，每次 0.5 ～ 1 h，以保证空气新鲜。

② 耳片分化期管理。原基表面开始伸展出小耳片就进入分化期。此时期以保持形成

的原基表面潮湿、不干燥为宜。每日早晚应各浇水 2 ～ 3 次，每次 5 ～ 10 min，空气相对湿度应保持在 85% ～ 90%；加强通风，白天将棚膜卷起 10 ～ 20 cm，打开门窗通风，防止二氧化碳浓度过高导致畸形耳产生；温度保持在 15 ～ 25 ℃，防止高温伤菌。

③ 耳片展片期管理。子实体长至 1 cm 大时，边缘分化出许多耳片，耳片逐渐向外伸展，打孔处被子实体彻底封住，即为子实体耳片展片期。耳片展开 1 cm 后，就可以在耳片上浇大水，控制棚内空气相对湿度为 85% ～ 90%。耳片直径在 1 ～ 2 cm 时，白天将棚膜卷起 20 ～ 40 cm；耳片直径长至 2 ～ 3 cm 时，将棚膜卷至棚肩或棚顶，保持全天通风。

10. 采收

当黑木耳长至 3 ～ 5 cm 时，边缘内卷，耳根由大变小、耳片富有弹性时停止浇水，1 ～ 2 d 后采收。采收时先采成熟的木耳，手指沿着耳的基部插入，旋转摘下，也可用锋利的刀片齐袋壁削下，不要伤害到耳片，以免其腐烂引起杂菌污染。吊袋黑木耳一般采收 3 ～ 5 潮。

（1）晒耳。采用专用晾晒架晒耳。晾晒时耳床厚度 5 ～ 10 cm，间隔一定时间顺同一方向翻动，半干时可以将晾晒厚度提高到 10 cm 以上，逐渐阴干的黑木耳品质较好。晒耳如图 3-3-5 所示。

图 3-3-5　晒耳

（2）采收木耳后进行大棚消毒。清扫地面碎耳渣和落地弃耳等杂物，适当通风降湿，空间用 0.2% 高锰酸钾溶液、0.05% 二氯异氰尿酸钠溶液、0.05% 三氯异氰尿酸钠溶液、5% 漂白粉溶液等消毒液喷雾消毒。喷雾消毒时，每立方米水用量不低于 30 mL；也可用二氯异氰尿酸钠等烟雾型消毒剂进行熏蒸消毒。

11. 转潮期管理

每一潮耳采完后，需要停止喷水，取下遮阳网晒菌袋 2 ～ 3 d，让菌袋"休养生息"，之后再盖上遮阳网喷水，进行正常管理。

 知识拓展

全光照地栽黑木耳

全光照地栽黑木耳不需遮阳棚，露地栽培，管理粗放。

全光照地栽黑木耳工艺流程为：培养料配制→拌料→装袋→灭菌→冷却→接种→发菌期管理→打孔→催芽期管理→出耳期管理→采收→转潮期管理。

其中培养料配制至发菌期管理的方法同吊袋栽培。

1. 打孔

用 0.25% 高锰酸钾溶液将长满菌丝、经过后熟的菌袋表面擦洗一遍。当气温稳定在 10℃ 以上时，在无风、晴天的早晨或晚上进行打孔，不能在雨天进行打孔。

全光照地栽黑木耳打孔方式同吊袋栽培。

2. 催芽期管理

（1）催芽方法。全光照地栽黑木耳的催芽有直接催芽法和集中催芽法。

直接催芽法一般用于自然温度和降水最适于黑木耳生长的季节。直接催芽法即在做好的耳床上铺地膜，将菌袋间隔 10 cm 左右呈"品"字形摆放到耳床上，上面盖上草帘直接催芽。此阶段温度控制在 25 ℃ 以下，空气相对湿度控制在 70% ～ 85%。2 d 后开始喷水，一般早、晚温度低时喷水，每次喷水 5 ～ 10 min。15 ～ 25 d 后就有耳基形成。耳基形成后，将草帘撤掉，进行全光照管理。下雨时需盖上塑料布遮雨，防止雨水滴入。

集中催芽法是在气温低或风大、空气相对湿度低的情况下，为保证打孔处子实体原基迅速形成而采取的办法。集中催芽法又分室外集中催芽法和室内集中催芽法。室外集中催芽法是将菌袋间隔 2 ～ 3 cm 集中摆放在耳床上，摆放一床空一床（以便催芽后分床摆放），盖上草帘。此阶段温度保持在 15 ～ 25 ℃，昼夜温差应大于 10 ℃；湿度要求草帘湿而不滴，帘子上不能有水滴滴入打孔处，草帘的湿度以开口处菌丝不干枯为宜；以"七阴三阳"的散射光诱导原基形成；每天通风一次，每次 30 min。室内集中催芽法是指将菌袋间隔 2 ～ 3 cm 摆放在室内培养架上，温度控制在 22 ～ 24 ℃。5 d 左右菌丝封口后，可将室内温度控制在 20 ℃ 以下，拉大昼夜温差。空气相对湿度控制在 70% ～ 75%，光照和通风同室外集中催芽法。一般经过 10 ～ 15 d 开口处形成耳基，这时就可以将菌袋摆放在出耳床上进行出耳管理。

（2）出耳场地准备。出耳场地选在周围开阔、环境清洁、通风良好、易排水防涝、

交通方便、靠近水源的场地。

根据不同地势、不同降水量做不同的畦床。低洼易涝、排水不好的地块做高畦；坡地及排水良好的地块做平畦或低畦。畦床宽 1.2 ～ 1.5 m，可因地制宜选择长度，作业道宽 40 cm。畦床面喷洒消毒剂进行消毒，消毒剂可用 2% 石灰水溶液、0.2% 高锰酸钾溶液和 70% 甲基硫菌灵可湿性粉剂 500 倍液。根据黑木耳出耳期对水分的需求，应在摆袋前挖好蓄水池，铺设好微喷系统。

（3）排袋。排袋是指把菌袋摆放到耳床上，袋口朝下，袋与袋间隔 8 ～ 10 cm，一般每平方米床面摆放 25 袋。当春季气温保持在 15 ℃以上时，进行露地排袋。

排袋前，耳床上铺打孔的黑色地膜。黑色地膜可减弱光照，抑制杂草生长。打孔处理是为了喷水时排除多余的水分，防止烂耳，还可以增加空气相对湿度。

3. 出耳期管理

（1）耳片分化期管理。耳片分化期的管理主要是加大喷水量，保持床面湿润，使空气相对湿度为 80%。如天气干旱，耳芽表面不湿润，可向其喷雾状水。

（2）耳片展片期管理。耳片展片期为耳片快速生长期。要提高空气相对湿度、加强通风，保持空气相对湿度为 90%，每天喷水 3 ～ 4 次。如天气炎热，喷水要安排在早、晚进行。经 7 ～ 10 d 培养，耳芽长成不规则的波浪状耳片。耳片展片期管理如图 3-3-6 所示。

图 3-3-6 耳片展片期管理

4. 采收

当木耳长到直径为 3～5 cm 时，耳根收缩，耳片全部展开、起皱时，停止浇水，经 1～2 d 即可采收。

全光照地栽黑木耳的转潮期管理方式与吊袋栽培一致。

复习思考题

1. 简述吊袋栽培黑木耳的主要技术。
2. 简述全光照地栽黑木耳出耳期的栽培管理要点。

任务 3-4　金针菇栽培

 任务描述

本任务主要介绍了金针菇栽培的相关理论知识及栽培管理技术要点，包括金针菇的生物学特性、栽培技术、出菇期管理技术等。通过学习本任务，学生可以了解金针菇，掌握工厂化生产金针菇菌瓶的技术和工厂化金针菇栽培技术。

 知识准备

金针菇又称毛柄小火菇、构菌、朴菇、冬菇、朴菰、冻菌、金菇、智力菇等。因其菌柄细长，似金针菜，故称金针菇，属伞菌目白蘑科冬菇属。金针菇具有很高的药用和食用价值。

金针菇在自然界广为分布，中国、日本、欧洲、北美洲、澳大利亚等地均有分布。在中国，北起黑龙江，南至云南，东起江苏，西至新疆均适合金针菇的生长。金针菇不含叶绿素，不具有光合作用，不能制造碳水化合物，但可在黑暗环境中生长，且必须从培养基中吸收现成的有机物质，如碳水化合物、蛋白质和脂肪的降解物，为腐生营养型真菌，是一种异养生物，属担子菌类。金针菇是一种木腐菌，往往生长在柳、榆、白杨等阔叶树的枯树干及树桩上。

金针菇是秋冬与早春栽培的食用菌，以其菌盖滑嫩、柄脆、营养丰富、味美适口而著称，是凉拌菜和火锅的上好食材，其营养丰富、清香扑鼻而且味道鲜美，深受大众的喜爱。金针菇的氨基酸含量非常高，尤其是赖氨酸的含量特别高，因此具有促进儿童智力发育的功能。金针菇干品中含蛋白质 8.87%、碳水化合物 60.2%，粗纤维达 7.4%，经常食用可防治溃疡病。有研究表明，金针菇具有很好的抗癌作用。金针菇既是一种美味食品，又是较好的保健食品，其国内外市场日益广阔。金针菇人工栽培技术并不复杂，只要能控制好环境条件，就能够获得稳定、可靠的产量。

金针菇的生物学特性如下。

一、形态特征

金针菇属于伞菌类食用菌，野生时呈丛状，着生于腐木上。

1. 菌丝体

金针菇的菌丝体呈白色，菌落呈细棉绒状或绒毡状，稍有爬壁现象。其生长速度中等，13 d 左右可长满培养基斜面。菌丝体老化时，菌落表面呈淡黄褐色。条件不适宜时，其易形成粉孢子，粉孢子过多的菌株往往菇体质量差、菌柄基部颜色较深。试管内的母种在冷藏条件下易形成子实体。

显微镜下，金针菇的菌丝粗细均匀，具有锁状联合结构。锁状突起一般为半圆形。

2. 子实体

金针菇的成熟子实体由菌盖、菌褶和菌柄三部分组成，多数成束生长，肉质柔软有弹性，瓶栽白色金针菇如图 3-4-1 所示，袋栽黄色金针菇如图 3-4-2 所示。金针菇菌盖呈球形或扁半球形，直径为 1.5～7 cm，幼时球形，逐渐平展；过分成熟时边缘皱褶向上翻卷。菌盖表面有胶质薄层，湿时有黏性，呈黄白色至黄褐色；菌肉白色，中央厚，边缘薄；菌褶白色或象牙色，较稀疏，长短不一，与菌柄离生或弯生；菌柄中央生，中空、圆柱状、稍弯曲，长为 3.5～15 cm，直径为 0.3～1.5 cm，菌柄基部相连，上部呈肉质，下部为革质，表面密生黑褐色短绒毛；担孢子生于菌褶子实层上，孢子圆柱形，无色。

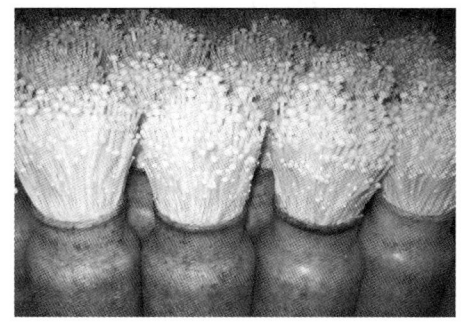

图 3-4-1 瓶栽白色金针菇

图 3-4-2 袋栽黄色金针菇

二、生长发育条件

1. 营养条件

金针菇是一种木腐菌，需要的营养物质包括碳源、氮源、矿质元素和维生素四大类。

这些营养物质可以从甘蔗渣、棉籽壳、油菜壳、稻草、谷壳中获得，也可以从阔叶树的木屑，甚至松、杉、柏等树种的木屑中获得。但金针菇分解木质素的能力较弱，未经过腐熟的木屑一般不能用于金针菇栽培。在生产中大多用陈旧木屑，一般经堆积发酵后更适合于金针菇栽培；同时，因金针菇抗逆性较差，生产中大多采用熟料栽培技术。

金针菇可以利用多种含氮化合物，最适宜的氮源为有机氮。生产中，其主要是从麦麸、米糠、玉米粉、豆粕等含氮量较高的农副产品下脚料中获得氮源和碳源。和其他菌类相比，金针菇所需要的氮源量较高。

矿质元素中，磷、钾、镁对金针菇生长最为重要，生产中常添加硫酸镁、磷酸二氢钾、磷酸氢二钾或过磷酸钙等，以促进菌丝生长。

2. 温度

金针菇是低温型恒温结实性真菌。金针菇的孢子在 15 ～ 25 ℃时萌发形成菌丝体。菌丝在 5 ～ 30 ℃均能生长，生长适宜温度为 18 ～ 20 ℃。金针菇的菌丝耐低温能力很强，在 −21 ℃的低温下经过 3 ～ 4 个月仍具有旺盛的生活力，但是其不耐高温，在 34 ℃以上的温度下，菌丝会停止生长而死亡。

金针菇子实体分化的温度为 5 ～ 23 ℃，生长适宜温度为 8 ～ 12 ℃。个别耐高温品种在 23 ℃时仍能出菇，但长出的子实体菇形差、商品价值低。金针菇在 5 ～ 10 ℃时，子实体生长要比 12 ～ 15 ℃时慢 3 ～ 4 d，但子实体生长健壮、不易开伞、颜色白，更具有商品价值。

3. 水分

金针菇属喜湿性真菌，抗旱能力差。最适宜菌丝生长的培养基含水量为 63% ～ 66%，含水量过高时，菌丝生长缓慢，甚至不长。菌丝培养期间，菇房的空气相对湿度以 70% 左右为宜；子实体催蕾期间，空气相对湿度应控制在 90% ～ 95%；子实体发育期间，空气相对湿度以 85% ～ 90% 为宜。

4. 空气

金针菇是好气性真菌，培养过程中必须通风换气。氧气不足，菌丝体活力下降，呈灰白色。

二氧化碳含量是决定金针菇子实体菌盖大小和菌柄长短的主要因子。当菇房空气中二氧化碳含量为 5 000 ～ 6 000 μL/L 时，菌盖生长受抑制，菌柄伸长，商品菇品质优良；若二氧化碳含量过高，菌盖生长受抑制，形成菌柄长、无菌盖的针头菇，将直接影响到产品的商品价值。当金针菇子实体长出瓶口 1 ～ 2 cm 时，常套上套筒，这样有利于提高局部的二氧化碳含量，抑制菌盖生长，促进菌柄伸长。

5. 光照

金针菇是厌光性真菌，在黑暗条件下菌丝生长正常，但全黑暗条件下其难以形成子实体原基。在弱光下，金针菇原基形成的数目较完全黑暗条件下更多，但光照过强时菌盖易开伞、菌柄短，且基部绒毛多。在抑制阶段初期，光照会抑制纯白金针菇菌盖形成；但在抑制阶段中期至后期，采用 200 lx 的间歇式光照能控制菌盖大小。因此，光抑制技术在工厂化生产优质白色金针菇中具有重要作用。

6. pH

金针菇适合在弱酸性培养基上生长。菌丝生长阶段的 pH 为 4 ～ 8，适宜的 pH 为 6.2 ～ 6.5。pH 过低或过高都会影响金针菇菌种萌发及原基分化形成。在实际生产中，通常采用轻质碳酸钙、贝壳粉调节培养料 pH。

 任务实施

按子实体色泽类型，可将金针菇品种分为黄色品系、浅黄色品系和白色品系。黄色品系的金针菇菌盖为金黄色，菌柄基部茶褐色，绒毛多，子实体见光易变色。浅黄色品系的金针菇菌盖为浅黄色，菌柄白色或基部略带淡黄色，绒毛少或无，深受广大消费者青睐，是目前金针菇工厂化生产的主要品系。

2013 年前，我国金针菇工厂化生产主要采用袋栽方式，但袋栽金针菇口感比瓶栽金针菇差，而且机械化程度比瓶栽方式低、用工多，所以瓶栽方式是目前我国金针菇工厂化生产的主要方式，采收的瓶栽金针菇如图 3-4-3 所示。

图 3-4-3　采收的瓶栽金针菇

工厂化瓶栽金针菇工艺流程为：培养料配制→拌料→装瓶→灭菌→冷却→接种→发菌期管理→出菇期管理→采收。

1. 培养料配制

目前棉籽壳、玉米芯、甘蔗渣等被广泛用于金针菇工厂化生产中。由于金针菇分解木材能力较弱，国内工厂化生产中常用棉籽壳、玉米芯等提供碳源；日本工厂化生产中常用软质的水杉木屑。水杉木屑经过室外堆制 3～6 个月，可去除其中对金针菇菌丝有害的物质。金针菇工厂化生产周期短、产量高，对氮源质量要求更高，常用米糠、麦麸、玉米粉、豆腐渣、酒糟等作为氮源。

金针菇工厂化生产中，木屑外的其他原料均要求新鲜、无霉变，棉籽壳用中壳中绒，玉米芯颗粒直径 6 mm 左右。培养料要达到一定的颗粒大小，且粗细均匀。颗粒过粗，则培养料装瓶后料内空隙大，保水能力差；颗粒过细，则装料过于紧实，通气性差，菌丝生长缓慢而细弱。

日本企业常用的培养料配方为：水杉木屑 60%、米糠 16%、麦麸 16%、豆腐渣 2%、啤酒糟 5%、贝壳粉 1%。

国内企业常用的培养料配方为：玉米芯 30.2%、甜菜渣 5.8%、棉籽壳 8%、米糠 33.6%、麦麸 6.7%、啤酒糟（或豆粕）5%、大豆皮 5%、玉米粉 3.4%、轻质碳酸钙 0.5%、贝壳粉 1.8%。

2. 拌料

按照配方将原料加入料斗内，用拌料机拌料。拌料时，首先加玉米芯、甜菜渣、棉籽壳等粗料，其次加米糠、麦麸、玉米粉等细料，最后加轻质碳酸钙、贝壳粉调节 pH，干拌 5～10 min 后，拌料机自动加水 10～15 min，水温控制在 15～20 ℃，湿拌时间 50～70 min，保证拌料均匀。每次拌料完取样，检测含水量、pH。培养料含水量应在 65%～67%，灭菌前 pH 为 6.6～7。拌料时间过长会使培养料变酸较严重，pH 下降幅度大；过短易拌料不均匀。

3. 装瓶与灭菌

拌料完成、取样检测水分和 pH 合格后应立即装瓶，瓶的材质是高压聚丙烯，规格为 1 100～1 300 mL，用装瓶机自动装料。以 1 100 mL 的瓶为例，装干料量为 320～330 g。装料后将料面压实，并用打孔机打 5 个接种孔，中心孔直径 2.2 cm，周围 4 孔直径 1.2 cm，料面距瓶口 1.5 cm。打孔后盖盖。

注意装瓶时间应控制在 40～60 min，夏天装瓶时间应控制在 40 min 之内，超出时间须填写异常报告单，便于后续跟踪。

装瓶结束后，要把料瓶移入灭菌锅内进行高温高压灭菌，灭菌时要进行两次抽真空，真空度 –0.02 MPa。方形灭菌锅灭菌温度为 123 ℃，升温开始至保持温度时间控制在（200±5）min，排气时间在 30 min 以上。圆形灭菌锅灭菌温度为 128 ℃，控制在 0.15 MPa，保温时间为 90 min。

工厂化生产中用的灭菌锅是双开门的，进瓶门与拌料装瓶处于同一空间。灭菌结束后出瓶的门位于与冷却间相同洁净程度的空间，这样能做到污净分离，防止灭菌后培养料被杂菌污染。

4. 冷却

培养瓶从灭菌锅中搬出时，料温在 90 ℃以上，需在冷却室内冷却至料温在 20 ℃。在此过程中瓶内外空气交换体积约为 50%，所以冷却室应保证空气绝对洁净。冷却室环境要求通常为：缓冲间为万级洁净区，冷却间为千级洁净区。所谓的万级洁净区是指 1 m³ 空间中，直径小于 0.5 μm 的尘埃数量不超过 10 000 个。测定的方法是尘埃沉降法，即将直径 9 cm 的平板暴露 10 min，平均每个平板菌落数不超过 3 个。

5. 接种

工厂化瓶栽金针菇一般采用液体菌种接种。金针菇液体菌种常用的配方是黄豆粕 10 g/L、蔗糖 30 g/L、磷酸二氢钾 1 g/L、硫酸镁 0.5 g/L，培养周期为 6 ～ 7 d。接种前取样检测，取 10 mL 液体菌种，放入离心机，4 000 r/min 离心 20 min 后去除上清液称量，要求沉淀质量在 1 ～ 1.3 g；另取 50 ml 液体种测量 pH，要求 pH 在 6.2 ～ 6.4；镜检没有杂菌污染。检测合格后开始接种，1 100 ～ 1 150 mL 培养瓶每瓶接种 25 ～ 30 mL。

待瓶内培养料温度降至（16±2）℃时方可进行接种。接种室为百级洁净区，室温保持在 16 ～ 18 ℃。

6. 发菌期管理

将接种好的栽培瓶移入培养室进行菌丝培养。菌丝生长过程中会产生大量的二氧化碳和热量，因此栽培瓶间应有一定的间隙，摆放密度通常要求 450 ～ 500 瓶 /m²。金针菇菌丝生长适宜温度为 18 ～ 20 ℃，但料温比室内温度高 3 ～ 4 ℃，因此一般培养室温度保持在 14 ～ 16 ℃。应完全黑暗培养；二氧化碳浓度保持在 2 500 ～ 3 000 μL/L；空气相对湿度保持在 60% ～ 70%；每天记录瓶间温度，不可超过 18 ℃。如温度超过 19 ℃，则出菇品质差；温度超过 22 ℃，则后期难出菇。金针菇发菌期为 22 ～ 24 d。

7. 出菇期管理

（1）搔菌。金针菇发满菌后，菌瓶上层部分菌丝老化，水分散失，使其表面形成膜状菌皮。菌皮过厚会阻碍空气和水分与内部菌丝体接触，延长出菇时间，因此要进行搔菌，如使用搔菌机搔菌，可搔去菌瓶料面 5 ～ 10 mm 的老菌种及老菌丝，使子实体从培养基表面整齐发生。搔菌的菌刀每隔 1 h 清理 1 次，并用 75% 酒精喷洒刀柄消毒。搔菌后，料面平整，瓶口至料面约 1 cm，瓶壁干净无粘料。搔菌后每瓶补水 30 ～ 35 mL，水温低于 18 ℃。

搔菌应在菌瓶发满后进行。搔菌过早，菌丝发育未成熟，原基形成期延长，分化原基少；搔菌过迟，营养消耗多，菌丝活性低，原基形成少、产量低。

（2）催蕾。搔菌后的菌瓶要移入出菇房，通过调节光照、温度、水分、通气量进行出菇培养。前3d室温保持在15～16℃，二氧化碳浓度保持在（2500±500）μL/L。搔菌后约5d，料面布满再生菌丝，温度降至13～14℃，光照控制在300 lx，空气相对湿度保持在95%～98%。搔菌后7～8d，料面菌丝扭结形成原基，停止光照，温度降至12℃，空气相对湿度保持在85%～90%，二氧化碳浓度保持在（3000±500）μL/L。形成菇蕾后，料面可见黄褐色水珠，此时可适当减少加湿次数，保持空气相对湿度在85%～90%。注意料面不可积水，否则后期子实体易腐烂，无法生长，还会造成金针菇黑芯，影响其商品性。菇蕾菌柄高约1 mm时要将温度降至10℃，空气相对湿度控制在90%左右。

（3）抑制期管理。抑制期采用低温、弱光和间歇式光照抑制等措施，促进菇蕾生长整齐和粗壮。搔菌后9～10d，菌柄高0.5～1 cm时，温度降至8℃，空气相对湿度控制在80%～85%，二氧化碳浓度保持在（4000±500）μL/L。然后将温度逐渐降至3～5℃，空气相对湿度保持在80%～85%，光照为200 lx，每天间歇式照射2～3 h，室内分数次吹风，每天共约3 h，风速3～5 m/s，二氧化碳浓度保持在（2500±500）μL/L。抑制期共需5～7d。

（4）套包菇片。菇蕾长出瓶口约2 cm时，要进行菇体定形，即套包菇片。套包菇片不仅可防止菇体下垂散乱，使之成束，生长整齐，还可以增加二氧化碳浓度、抑制菌盖生长、促进菌柄伸长。套包菇片可选用蓝色塑料片，高15 cm，每隔2 cm开直径3 mm的透气孔，塑料片下端缝上1.5 cm×3.0 cm的黏合贴，以便于粘贴。塑料片在采收后可清洗消毒，重复使用。

（5）伸长期管理。套包菇片后，金针菇进入快速生长期，将温度调至5℃，二氧化碳浓度保持在（7000±500）μL/L，在黑暗环境培养。进入快速生长期3d后，光照可控制在50 lx。可采用自动控制固定光源，一般打开光源5 min后停2 h，并根据菌盖大小调整光照时间。若菌盖较小，菌柄高低不齐，可适当增加光照时间；若菌盖大小合适，菌柄高低相对一致，可适当减少光照。二氧化碳浓度应保持在（8000±500）μL/L。套片5d后，菇体高4～5 cm且较整齐时，将温度调至6℃，停止光照，二氧化碳浓度保持在（9000±500）μL/L。套片9～12d后，待菌盖直径0.5～0.8 cm、菌柄长15～17 cm时即可采收。

8.采收

当子实体生长发育至达到商品菇标准时应立即采收。采收过迟，虽然产量高，但菌盖开伞，菇质纤维化，商品质量下降；采收过早，则会降低产量。采收时，一手握住菌瓶，一手轻轻将菇丛拔起，平齐地收入座内。采收后，将子实体按照等级标准进行分级，然后计量包装。金针菇在2～3℃能保鲜30d左右。采收结束后，菌瓶必须立即移入挖瓶室，由挖瓶机将废料挖出。菌瓶可重复使用，废料可用于加工生产有机肥料或饲料，也可用于再次种菇。

知识拓展

金针菇和银针菇的区别

金针菇和银针菇的区别主要体现在外观上。金针菇的颜色通常为黄色或黄褐色；银针菇的颜色为白色。金针菇的菌盖呈深棕色或棕黄色，形状细长，顶端尖；银针菇的菌盖呈浅色或乳白色，形状细长，但更柔软，有银白色的光泽。

在生长环境上，金针菇更适应温暖潮湿的环境，常见于草地、树木周围或混合了树木、落叶的土壤上；银针菇更适应寒冷干燥的环境，常生长在高山或寒冷地区的林地中，对低温有一定的耐受性。

在口感和质地方面，金针菇口感爽脆，质地略显细嫩，烹饪后能保持一定的韧性，适合炒、煮、炖等多种烹饪方式；银针菇口感相对柔软，质地较细嫩，烹饪后容易入味，适合炖汤或烹制清淡的菜肴。

在营养成分上，金针菇和银针菇都含有丰富的维生素、矿物质和人体所必需的氨基酸，但银针菇含有更多的维生素 D，有助于人体对钙的吸收和骨骼健康。

总的来说，金针菇和银针菇在外观、生长环境、口感和质地、营养成分等方面存在明显的差异。

复习思考题

1. 简述金针菇的生长发育条件。
2. 简述工厂化瓶栽金针菇生产的关键技术。

任务 3-5　银耳栽培

任务描述

本任务主要介绍了银耳栽培的相关理论知识及栽培管理技术要点，包括银耳的生物学特性、栽培技术、出耳期管理技术等。通过学习本任务，学生可以了解银耳，掌握银耳制种技术和银耳袋栽的关键技术；能够制作银耳各级菌种，会用袋栽法栽培银耳。

知识准备

银耳也称白木耳，隶属于真菌界、担子菌门、银耳纲、银耳目、银耳属。野生银耳主要分布于亚热带地区，在热带、温带和寒带地区也有分布。我国南北各地均有野生银耳分布，主要生长于阔叶树腐木上。

银耳是一种天然、健康的滋补品，具有较高的药用价值。中医认为银耳有滋阴补肾、润肺止咳、和胃润肠、益气养血、补脑提神、壮体强筋、嫩肤美容、延年益寿等功能。现代医学表明，银耳含有 17 种氨基酸，还含有酸性异多糖、中性异多糖、有机铁等化合物，能提高人体免疫能力，起"扶正固本"的作用，对老年人慢性支气管炎、肺源性心脏病等具有显著疗效，还能提高肝脏的解毒功能。

我国人工栽培银耳始于 19 世纪下半叶，但长期处于半野生半人工栽培状态。杨新美采用银耳子实体进行担孢子弹射分离，首次获得银耳纯菌种，并观察到银耳与香灰菌存在伴生关系。陈梅朋首次分离到银耳和香灰菌的混合菌种，并进行段木栽培，获得了成功。随后，人们开发了银耳和香灰菌混合制种技术，并在代料栽培技术上取得了突破。段木栽培银耳产品质量好，表现在耳片泡发率高、蒂头小、糯性强、耳片开张度好、质地脆，销售价高，但段木栽培的生物学效率较低；代料栽培银耳周期较短，产量高，但产品质量不如段木栽培。

银耳是我国传统的特产之一，在世界上享有很高的声誉，产量与质量均居世界首位。2000 年，我国银耳鲜品总产量为 10.3 万 t，2007 年为 25.1 万 t，2018 年约为 52.6 万 t，在我国各种食用菌中产量位居第十。

银耳的生物学特性如下。

一、形态特征

新鲜银耳子实体白色、半透明，由多片呈波浪状的耳片丛生在一起，呈菊花形或鸡冠形，大小不一。人工代料栽培的银耳子实体如图 3-5-1 所示。子实体晒干后呈白色或米黄色。子实层着生于耳片一侧；担子椭圆形或近球形，被纵隔膜分割成 4 个细胞，每个细胞长出 1 个细长的担子梗，每个担子梗上着生 1 个担孢子；孢子印白色；担孢子无色透明，大小为（5～7.5）μm×（4～6）μm。银耳担孢子萌发时直接长成菌丝，或以芽殖方式产生酵母状分生孢子。

银耳菌丝白色，双核菌丝有锁状联合，多分枝，直径 1.5～3 μm。其菌丝生长极为缓慢，有气生菌丝，从接种块直立或斜立长出；菌落呈绣球状，少数菌丝平贴于培养基表面生长。银耳菌丝体易扭结和胶质化，形成原基。银耳菌丝易产生酵母状分生孢子，尤其是转管接种时受到机械刺激后，菌丝生长转向以酵母状分生孢子为主的无性繁殖。

这种分生孢子形似酵母，以芽殖或裂殖方式进行无性繁殖。银耳在生长发育过程中，需要香灰菌与之伴生，彼此在基质降解与利用方面相互促进。香灰菌是一种子囊菌，属于小线黑粉菌属。香灰菌的菌丝生长迅速，初期呈白色，后渐变呈灰白色，有时产生碳质的黑疤，使培养基变为黑褐色。

图 3-5-1　人工代料栽培的银耳子实体

二、生活史

银耳的生活史包含 2 个有性生活周期和若干个无性生活周期。

1. 有性生活周期

银耳是异宗结合，典型的四极性菌类。银耳的担子能产生四种不同交配型的担孢子，担孢子在适宜的条件下，萌发成单核菌丝，或再产生次生担孢子。在单核菌丝生长发育的同时，相邻、可亲和的单核菌丝相互结合，经质配形成具有锁状联合的双核菌丝。随着双核菌丝的生长发育，达到生理成熟的双核菌丝逐渐发育成"白毛团"，并胶质化成银耳原基；银耳原基在良好的营养和适宜的环境条件下不断分枝，展开为"洁白如银"的耳片，随后从子实层上弹射出担孢子，完成其生活史。

2. 无性生活周期

在一定的条件下，银耳担孢子会反复芽殖，产生大量的酵母状分生孢子。当条件适宜时，酵母状分生孢子便萌发成单核菌丝，并按上述的有性繁殖方式完成其生活史。无论单核菌丝还是双核菌丝，只要受到环境条件的刺激，如受热（接种针未冷却）、搅动（接种时用力搅拌）、浸水（培养基表面有游离水），都可能断裂成节孢子。待自然条件好转之后，节孢子也会萌发成单核菌丝或双核菌丝，并完成它的生活史。

三、生长发育条件

1. 营养条件

银耳是木腐菌，它能直接吸收、利用葡萄糖、蔗糖等小分子糖类，而纤维素、木质素等大分子营养物质则需要通过香灰菌分解后才能供其吸收、利用。银耳能利用蛋白质、氨基酸等有机氮。由于人工栽培使用银耳与香灰菌混合制作的菌种，所以栽培可用富含木质纤维素的木屑、棉籽壳、秸秆等作为碳源，以米糠、麦麸、尿素等作为氮源，添加少量磷酸二氢钾、硫酸镁、石膏等提供矿质元素。

2. 温度

银耳属中温型恒温结实性真菌。银耳孢子萌发温度为 15～32 ℃，以 22～26 ℃ 最为适宜。银耳菌丝生长温度为 5～34 ℃，最适温度为 20～25 ℃，低于 12 ℃ 则菌丝生长极慢，高于 30 ℃ 则菌丝生长不良。香灰菌菌丝生长最适温度为 22～26 ℃。低于 18 ℃ 则生长受到影响，培养基上常出现白毛团成块集结、厚而光滑，气生菌丝衰弱；若高于 28 ℃，则白毛团量少而小。银耳子实体分化和发育的适宜温度为 20～24 ℃，低于 18 ℃，则子实体发育较慢；高于 28 ℃，则耳基易糜烂、朵小、质量差。

3. 水分

银耳培养料的最适含水量为 53%～58%。一般木屑培养料的料水比为 1:（0.8～1），棉籽壳培养料的料水比为 1:（1～1.1）。银耳菌丝极耐旱，将长有银耳菌丝的木屑菌种置于硅胶干燥器 2～3 个月，香灰菌菌丝会死亡，而银耳菌丝仍然存活，因此，可以利用这一特性从混合菌种或栽培基质中分离出纯银耳菌丝。人工栽培时，如果培养料的含水量过大，香灰菌菌丝生长繁殖快，银耳菌丝生长较差，二者的生长比例失调，影响银耳的产量和质量。子实体生长阶段，空气相对湿度对产量和质量影响较大，湿度偏低会影响原基形成，湿度偏高易发生流耳现象，空气相对湿度以 85%～90% 为宜。

4. 空气

银耳属好气性真菌。银耳无论是在菌丝生长阶段还是在出耳阶段，都对空气的新鲜度要求较高。在菌丝生长阶段，如果培养料的含水量过高，会影响培养料底部的氧气供应，使菌丝生长受到抑制。发菌室如果通风不良，虽然不至于缺氧，但会导致培养料水分蒸发，提高空气相对湿度，造成接种穴口被杂菌污染；如果通风过多，接种口水分过分蒸发，导致失水，影响原基形成。所以，在菌丝生长阶段，空气直接或间接地影响着菌丝的生长。

在出耳阶段，耳房空气中的二氧化碳严重影响子实体的形成。通风不良，二氧化碳浓度过高，会抑制耳芽发育，阻碍开片，银耳易长成一团，即"拳耳"，没有商品价值。银耳栽培时如果需要用煤火加温，必须安装排气管，否则会使二氧化碳浓度升高，导致银耳中毒枯死。

5. 光照

银耳菌丝生长不需要光照，子实体分化需要有少量的散射光，完全黑暗的环境中很难形成子实体。在一定的散射光下，子实体发育良好、色白质优；光线过暗，子实体分化迟缓；直射光不利于子实体的分化发育。在银耳子实体接近成熟的 4 ～ 5 d，应保证室内有足够的散射光，以提高产品的品质。

6. pH

银耳喜微酸性环境，pH 在 4.5 ～ 7.2 时银耳菌丝都能正常生长，其孢子萌发和菌丝生长的适宜 pH 为 5.2 ～ 5.8。人工栽培时，培养料 pH 可调至 6 ～ 6.5，因为银耳菌丝和香灰菌菌丝在生长过程中会产生酸性物质，使培养料酸化，导致 pH 降低。出耳时培养料的 pH 最适范围为 5.2 ～ 5.5。

 任务实施

银耳的栽培主要有段木栽培与代料栽培两种方法。代料栽培银耳不仅可以广泛利用农林副产品、变废为宝，而且能够解决段木栽培与林业发展的矛盾，这对保护生态环境及促进生物能源的良性循环具有积极意义。

代料栽培银耳主要有瓶栽和袋栽两种方式，目前以设施化袋栽为主。下面以袋栽为例介绍银耳的栽培技术。

袋栽银耳工艺流程为：准备菌种→确定栽培季节→培养料配制→拌料→装袋→打穴→灭菌→冷却→接种→发菌期管理→出耳期管理→采收→再生耳管理。

1. 准备菌种

银耳菌种是由银耳菌丝和香灰菌菌丝组成的混合菌种，其各级菌种的生产方法与一般食用菌不同。

（1）银耳菌丝和香灰菌菌丝的分离。银耳菌丝与香灰菌菌丝具有不同的特点。银耳菌丝不能分解木质素、纤维素，生长速度慢，仅在耳基周围或接种部位数厘米内生长，远离耳基、接种部位处没有银耳菌丝。其菌丝喜干，耐旱能力较强。而香灰菌菌丝分解木质素、纤维素能力强，生长速度快，远离耳基、接种部位处也有香灰菌菌丝生长。其生长后期会分泌黑色素，使培养基变黑，但其菌丝耐旱能力较差，基质干燥后即死亡。利用两者不同的特性，可以从混合菌丝中分离出纯银耳菌丝和纯香灰菌菌丝。

① 银耳菌种分离。挑选菌丝分布均匀、生长健壮，子实体长势好、朵形正常、无病虫害，出耳后 5 ～ 10 d 的菌袋或菌瓶。割去菌袋或菌瓶上的子实体，挖取基质内灰白色块状耳基作为分离材料。用无菌纸包好分离材料，置于通风处风干 7 ～ 10 d。

去掉分离材料周围疏松的培养料，置于硅胶干燥器内 2 ～ 3 个月，然后用接种针挑取一小块白色颗粒状菌丝团移入 PDA 培养基斜面上或银耳菌丝萌发培养基上，于 22～25 ℃条件下培养 10～15 d 可获得白色的银耳菌种。

银耳菌丝萌发的培养基配方为：麦麸 100 g、蔗糖 10 g、麦芽糖 10 g、蛋白胨 2 g、磷酸二氢钾 1 g、过磷酸钙 1 g、硫酸镁 0.5 g、琼脂 30 g、水 1 000 mL。

②香灰菌菌种分离。在远离耳基、接种部位处取材料，挑取一小块基质接入 PDA 培养基中，在 23～25 ℃条件下培养 3～4 d。接种块先长出白色菌丝，然后其转为黄绿色，分泌黑色色素后，培养基逐渐变黑，即为香灰菌种。

（2）母种生产。在 PDA 培养基上先接一小块银耳菌种，置于 22～25 ℃下培养 5～7 d，可见到接种块长成白色绣球状，再在离银耳接种块 0.5～1 cm 处接种一小块香灰菌菌种，在 22～25 ℃下继续培养 5～7 d 即可得到银耳与香灰菌混合母种。

（3）原种生产。采用适宜的培养料（如木屑 78%、麦麸 20%、蔗糖 1%、石膏粉 1%），料水比为 1∶（1～1.2）。用 750 mL 菌种瓶作为容器，每瓶只装半瓶料，料面压平，塞紧棉塞。在 0.14 MPa 下灭菌 1～1.5 h，冷却后接入银耳与香灰菌混合后的母种。一般 1 支母种接种 1 瓶原种培养基。在 22～25 ℃下培养 15～20 d，料面会有白色菌丝团长出，并分泌黄色水珠，随后胶质化形成原基。

（4）栽培种生产。栽培种培养基配方、制作方法与原种培养基相同。接种时，先用接种勺刮除原种表面的耳芽，捣碎料面坚实的银耳菌丝层，挑取少量下层的含香灰菌菌丝的疏松料与之混合、捣碎。取一小勺混合的原种，移入栽培种培养基，摇动，使菌种均匀分布于料面。一般每瓶原种可接种 40～60 瓶栽培种培养基。接种后将其置于 22～25 ℃下培养 15～20 d，料面有白色菌丝团长出，并分泌黄色水珠，随后胶质化形成原基。

2. 确定栽培季节

银耳栽培周期为 33～45 d。其中菌丝生长阶段为 15～20 d，要求温度在 25～28 ℃，不超过 30 ℃；子实体生长期 18～25 d，温度要求在 25～28 ℃。因此，利用自然条件，银耳每年可安排春、秋两季栽培，春栽一般安排在 3—5 月，秋栽 9—10 月。各地可根据当地气候确定栽培季节，也可利用不同的海拔高度或建造控温耳房进行全年生产。

3. 培养料配制

棉籽壳透气性好，营养丰富而全面，栽培的银耳菌丝粗壮、出耳齐、朵形大、不易烂耳、产量高，是银耳栽培最好的原料。使用棉籽壳时，要求棉籽壳新鲜、无霉变，使用前暴晒 3～4 d。不要使用针叶树木屑。多种阔叶树木屑混合比单一的阔叶树木屑好，经过堆制呈棕红色的木屑效果更好；木屑颗粒不宜过粗，使用前要过筛，以防刺破塑料袋。玉米芯、豆秸粉等可用于栽培银耳，但效果不如棉籽壳好，且秸秆使用前要粉碎。麦麸可为银耳和香灰菌提供氮素和维生素，但陈旧麦麸的维生素被分解，因此应选用新鲜、无霉变的麦麸，也可用细米糠代替。生石膏或熟石膏均可使用，要求为粉状，便于拌料均匀。常用的培养料配方有以下几种。

（1）棉籽壳 83%、麦麸 15%、石膏粉 2%。

（2）木屑 77%、麦麸 18%、石膏粉 1.5%、过磷酸钙 1%、黄豆粉 1.5%、白糖 1%。

（3）棉籽壳 40%、木屑 38%、麦麸 20%、石膏粉 1.7%、硫酸镁 0.3%。

（4）玉米芯 71%、麦麸 25%、石膏粉 1.5%、白糖 1%、黄豆粉 1.5%。

（5）豆秸粉或麦秸粉 71%、麦麸 25.5%、石膏粉 1%、白糖 1%、黄豆粉 1.5%。

栽培银耳的配方有很多，但近年来的生产实践表明，采用第一种配方，银耳的产量与质量较理想，而且相对稳定。配方中麦麸用量及培养料的含水量严重影响污染率，因此应根据季节及原材料调整配方中的麦麸用量和含水量。高温季节栽培，麦麸用量可减少，棉籽壳用量可相应提高；如棉籽壳含油分多，也可减少麦麸的用量。高温季节栽培时，含水量应适当减少；低温季节栽培时应相应提高含水量。如果棉籽壳的棉绒少，透气性强，可适当提高含水量。

4. 拌料

人工拌料时，先在干净的水泥地面上将主料摊开，撒上麦麸、石膏粉等辅料，搅拌均匀。再加入适量的清水，搅拌均匀。机械拌料时，将棉籽壳、木屑、玉米芯等搅拌均匀后再加入其他原料搅拌均匀。拌料时要调节好含水量，高温季节培养料含水量应适当减少，低温季节可相应提高含水量。

5. 装袋

装袋时应选用 12 cm×（45 ～ 50）cm 的聚丙烯塑料袋。由于银耳栽培袋口径小、袋长，不便于手工装袋，所以最好采用机器装袋，以提高装袋效率和质量。装袋时料袋上下要松紧一致，不要过松或过紧。当培养料装至离袋口约 8 cm 时，取下料袋进行扎口。扎袋口时，将料袋竖起，压紧料面，弹掉沾在袋口的培养料，把袋口拧在一起，贴近料面，用棉绳或包装绳扎紧，折回袋口再扎数圈。扎好袋口后，用木板将料袋稍压扁，以便于灭菌、接种和出耳期管理。

6. 打穴

袋栽银耳需要打穴，主要有以下 3 种方式。

（1）料袋装好后，用直径 1.5 cm 的打孔器，每个料袋打 4 ～ 5 个接种穴，穴深 2 cm，然后用 3.3 cm×3.3 cm 的食用菌专用胶布紧贴穴口。封口后立即上锅灭菌。

（2）料袋装好后先灭菌，再在接种时边打穴，边接种，并贴胶布。

（3）料袋装好后、灭菌前加套一层外袋。外袋选用厚为 0.15 mm，比内袋宽 2 cm，长与内袋相等的低压聚乙烯袋子，两端扎成活结，便于接种操作。接种时，打开外袋一端，将其脱至另一端，打穴接种。接种后将外袋拉起扎口。

7. 灭菌与冷却

袋栽银耳一般采用常压蒸汽灭菌。料袋在灭菌灶内呈"井"字形摆放。灭菌初期要大火猛攻，要求在 5 h 内将温度升至 100 ℃，并根据锅体容量、结构、料袋摆放方式，保持 10 ～ 14 h，保证灭菌彻底。

灭菌后停火，待温度降到 80 ℃左右即可出锅冷却。冷却场所要注意提前消毒，搬运料袋时要防止刺破料袋。

8. 接种

待袋温降至 30 ℃以下可进行接种。无论在接种室或接种箱中接种，其基本要求与程序都是一样的。要先对接种环境进行彻底消毒，认真检查菌种质量。接种前用接种刀挖去菌种表层的银耳原基，捣碎表层 2 cm 的菌种，再将下层较疏松的香灰菌菌丝层捻起 4 ～ 6 cm，将两层混合均匀。

如采用先灭菌、后接种的方法，在接种时要先用 75% 酒精棉球对料袋表面打穴区擦拭消毒，然后用打孔器在料袋一侧沿直线等距离打穴。一般每袋打 4 ～ 5 个接种穴，穴径 1.5 cm、深 2 cm。多人配合接种时，一人打穴，另一人注入菌种，第三个人用 3.3 cm × 3.3 cm 的食用菌专用胶布将穴口封严，第四个人负责搬运、堆垛菌袋。接种时应注意穴内菌种要比胶布低 1 ～ 2 mm，这样有利于银耳白毛团形成并分化胶质化原基。一般 1 瓶菌种接种 20 ～ 25 袋，即 80 ～ 100 个接种穴。

9. 发菌期管理

应选择在通风良好、干净卫生、保温保湿的发菌室或耳房发菌，也可在接种室就地发菌。接种后的菌袋按"井"字形堆垛摆放，每层 4 袋，堆高 1 ～ 1.3 m，不超过 1.5 m。如果温度较高，则每层 3 袋或 2 袋，并降低堆高，以利散热。

接种后 4 d 是菌种萌发期，温度可控制在 27 ～ 28 ℃，以促进菌丝萌发。室内要保持干燥，空气相对湿度维持在 60% 以下。如发现封口胶布翘起或脱落，要及时贴好，避免杂菌污染或接种块失水，影响菌丝萌发和后期子实体原基形成。

接种 3 ～ 4 d 后菌丝开始吃料，菌袋温度会高于室温，培养室温度需控制在 24 ～ 25 ℃。接种后 5 ～ 7 d 进行一次翻堆，检查并处理菌种不萌发、杂菌污染的菌袋。随着菌丝的快速生长，菌袋发热，料温不要超过 30 ℃，避免烧菌。室内光线要暗。

10. 出耳期管理

耳房建造在近水源、周围环境清洁、交通便利、排水方便的地方，耳房要通风良好、保温保湿。耳房内用竹、木搭层架，层架宽 70 cm，长根据耳房确定，层间距 30 ～ 35 cm，底层离地 30 cm 以上，顶层离屋顶 60 cm 以上，过道宽 80 cm，搭 8 ～ 9 层栽培架。床面用 3 ～ 4 根竹竿铺成层架，既省架料，又利于层架之间空气流通。耳房门窗需安装纱网防虫。

（1）耳芽发生期管理。接种后 11 ～ 14 d 为耳芽发生期，要提前对耳房进行清洗和消毒。菌袋培养约 10 d 后，搬至耳房的层架上，菌袋间隔 2 ～ 3 cm，为子实体生长留下空间。此时，接种块直径可达 10 cm，穴与穴之间相互交接，袋内的氧气供应不足，菌丝生长受阻，需开口增氧。可将胶布揭起一角，卷折成半圆形，贴成"Ω"形，形成一个黄豆粒大小的通气孔。将菌袋侧放，孔口朝一个方向，避免喷水时水滴滴入穴内。揭开胶布通气后，菌丝呼吸作用加快，室内二氧化碳浓度增加，要注意加强通风换气。揭开胶布 12 h 后开始喷水，每天 3 ～ 4 次，使耳房的空气相对湿度保持在 80% ～ 85%，喷水后继续通风 30 min，不可喷"关门水"。保持耳房内温度不超过 28 ℃。

揭开胶布通气 2 d 后，接种穴内开始出现黄色水珠，这是出耳的前兆。如果分泌过多，可把菌袋侧放，让其流出，或用干净纱布、棉球把黄水吸干。否则，黄水长期积于接种穴内，易造成烂耳。

（2）幼耳期管理。接种 15 ～ 16 d 后，当接种穴内白毛团胶质化，形成耳芽时，揭去菌袋上的胶布。菌袋依然侧放，上面覆盖报纸。通过喷雾保持报纸湿润，但不能积水。每天掀动报纸 1 次，如发现耳芽处黄色水珠较多，应减少喷水，增加通风，促进耳芽顺利长大。

接种后 17 ～ 18 d 进行割膜扩穴。用锋利刀片沿穴口边缘 1 cm 将塑料薄膜割开，使穴口直径扩至 4 ～ 5 cm，注意不要割伤菌丝。原基形成后，耳房温度控制在 23 ～ 25 ℃，温度低于 18 ℃时，耳芽成团、不易开片；温度高于 30 ℃时，耳片疏松、薄，容易烂蒂。子实体发育期间，室内空气相对湿度保持在 90% ～ 95%，低于 80% 时，子实体分化不良、色泽黄；高于 95% 时，耳片舒展、色白，但易烂耳。每隔 4 ～ 5 d 将报纸取下，在太阳下暴晒消毒，同时让子实体露出通风 8 ～ 10 h，再盖上报纸保湿。这样干湿交替，有利于子实体健壮生长。如果耳片干燥、边缘发硬，可收起报纸，直接向耳片喷少量雾状水，通风后再盖上报纸。喷水和通风管理要视幼耳发育情况及室内温度而定，气温高、耳片黄时多喷水；气温低、耳片白时少喷水。不要喷"关门水"，每次喷水后均应通风 10 ～ 20 min。

在耳芽和幼耳发育阶段，需要有一定的散射光，通常 15 m² 的耳房安装 3 ～ 4 只日光灯补充光照，长出的银耳开片好、肥厚、色泽白、产量高。

（3）成耳期管理。幼耳期经过 10 d 左右，子实体可长到直径 12 cm 左右，进入成耳期，耳片完全展开、疏松、弹性减弱。此时要减少喷水量，延长通风时间和次数，空气相对湿度降至 80% ～ 85%，保证尚未展开的耳片继续扩展，使耳片加厚，以获得优质银耳。成耳期银耳如图 3-5-2 所示。如果继续维持高湿环境，易发生烂耳。再经过 7 d 左右就可采收。

图 3-5-2　成耳期银耳

11. 采收

当耳片全部展开、无包心、色白、半透明且四周的耳片开始变软、下垂时即可采收。采收前 1 d 停止喷水，使耳片略为干缩、耳基干燥。采收时，用锋利的刀片从料面将整朵银耳割下，留下耳基，采后再用小刀削去蒂头。

采收后的银耳可直接在太阳下晒干或用烘干机烘干，但这种方法处理的银耳色泽黄、商品价值低。近年来采用剪花脱水技术，其方法为：首先将新鲜银耳用清水浸泡 4～8 h，使耳片充分吸水展开。其次，将其捞起，用手把一朵子实体掰成 7～8 瓣，摊于塑料薄膜上，在太阳下暴晒，边晒边喷淋清水，直到蒂头变白，再倒入水池中清洗。最后捞起银耳，沥干，摊于竹匾上烘干，即可获得雪白的银耳子实体。

12. 再生耳管理

袋栽银耳第一潮产量高、收益大，一般只收一潮耳。有的菌袋营养尚未耗尽，还可再出一潮耳。第一潮耳采收后，可将含水量仍较多的菌袋集中在一起，停水 2～3 d，为其出耳创造条件。一般在割耳后 3 h 左右，原耳基会吐出大量的黄色液体，如无黄色液体吐出，则其不能再生。随后与第一潮耳一样，对菌袋进行盖报纸、喷水、保温、保湿、通风换气等管理，经 7～10 d 又可出第二潮耳。但再生耳耳片较小、较薄、品质较差，经济效益不显著。

 知识拓展

我国特色银耳简介

1. 通江银耳

通江银耳（如图 3-5-3 所示）是四川省通江县特产，中国国家地理标志产品。四川省通江县是中国银耳之乡，通江银耳因主产于此而得名，并以其质厚、肉嫩、易炖化的特点和较高的营养价值及药用价值而享誉海内外。

图 3-5-3　通江银耳

2. 古田银耳

古田银耳（如图 3-5-4 所示）是福建省古田县特产，中国国家地理标志产品。古田银耳淡黄无瑕、亮泽通透，含有蛋白质、脂肪、碳水化合物、粗纤维、钙、磷、铁、钾、维生素 B_1、维生素 B_2、维生素 D 等，营养价值很高。

图 3-5-4　古田银耳

3. 固原银耳

固原银耳（如图 3-5-5 所示）是宁夏回族自治区固原市的地方特产。

图 3-5-5　固原银耳

复习思考题

1. 影响银耳生长的因素有哪些?
2. 比较银耳菌丝和香灰菌菌丝的特性，并说明它们的关系。
3. 如何分离、生产银耳各级菌种?
4. 简述银耳栽培技术要点。

任务 3-6 双孢蘑菇栽培

 **任务描述**

双孢蘑菇是草腐型食用菌。草腐型食用菌常生长在粪草基质或腐草基质上，以纤维素和半纤维素为碳源，不能利用木质素。人工栽培双孢蘑菇用发酵腐熟的农作物秸秆、木腐菌栽培后的菌渣、家畜禽粪等作为培养料。

随着国家大力倡导秸秆综合利用、出台发展循环经济政策，草腐菌栽培技术推广已经超过木腐菌。特别是秸秆资源丰富的地区，发展草腐菌替代消耗木材资源的木腐菌已经成为发展绿色农业、生态农业，建设节约型社会的重要途径。

通过本任务的学习，学生能够掌握双孢蘑菇的生物学特性，了解双孢蘑菇生产概况，熟悉双孢蘑菇栽培模式，掌握双孢蘑菇培养料发酵制作技术和栽培管理技术。

 **知识准备**

双孢蘑菇是蘑菇科、蘑菇属真菌，又名白蘑菇、蘑菇、口蘑、洋蘑菇等。双孢蘑菇子实体中等大，菌盖宽 5 ～ 12 cm，初半球形，后平展，白色、光滑、略干，渐变黄色，边缘初期内卷。菌肉白色、厚，伤后略变淡红色，具特殊的气味。菌褶初粉红色，后变褐色至黑褐色，密、窄、离生、不等长。菌柄长 4.5 ～ 9 cm，粗 1.5 ～ 3.5 cm，白色、光滑、具丝光、近圆柱形，内部松软或中实。菌环单层、白色、膜质，生菌柄中部，易脱落。

双孢蘑菇多在春、夏、秋三季生于草地、牧场和堆肥处。双孢蘑菇野生资源主要分布于欧洲、北美洲、北非和澳大利亚等地，在中国主要分布于新疆、四川、西藏等地。

双孢蘑菇可食用、味道鲜美，是一种栽培规模大、栽培范围广的食用菌。其干品蛋白质含量高达 42%，氨基酸的种类丰富，核苷酸和维生素也很丰富。双孢蘑菇可药用。例如，双孢蘑菇含大量酪氨酸酶，对降低血压有效果，还可以用于制作肺炎辅助治疗剂；有的国家发现其含有抗癌物质和抗细菌的广谱抗生素。由于深层培养的研究成功，人们可利用双孢蘑菇菌丝体生产蛋白质、草酸和菌糖等物质。

双孢蘑菇生物学特性如下。

一、形态特征

1.菌丝体

双孢蘑菇菌丝为灰白色至白色，絮状、细长、有隔膜、无锁状联合，线状菌丝多而发达。根据培养基表面菌丝体的不同特征，可将双孢蘑菇菌株分为气生型、贴生型、半气生型 3 种类型。贴生型菌株抗杂、抗逆性较强，菇体商品性状稍差；气生型菌株菇体商品性状好，抗杂、抗逆性稍差；半气生型菌株特性介于二者之间。

2.子实体

人工栽培的双孢蘑菇子实体如图 3-6-1 所示。菌盖初期为球形或半球形，成熟后展开，呈伞状，表面光滑，白色至淡黄色；边缘初期内卷，后期平展。菌肉白色、肥厚，受伤处变为淡红色，表皮光滑，干燥时有纤维状鳞片。菌柄中生、白色、圆柱状，中心为疏松的髓部，表面光滑，肉质丰满，成熟后基部稍膨大。菌盖与菌柄之间有一层薄的菌膜相连。随着子实体成熟，菌膜逐渐展开变薄，成熟后破裂。菌膜破裂后在菌柄上留下的一圈环状物，称为菌环。菌环单层、膜质、白色，生于菌柄中部，易脱落。菌褶密集、离生、窄、不等长，初为白色，逐渐变为淡粉红色，开伞后为暗褐色。

图 3-6-1　人工栽培的双孢蘑菇子实体

子实层着生在菌褶两面，担子呈棒状，绝大多数担子顶端着生 2 个担孢子；担孢子褐色、椭圆形、光滑，一端稍尖，长 6 ～ 8.5 μm、宽 5 ～ 6 μm；孢子印深褐色。

二、生活史

双孢蘑菇生活史通常属于次级同宗结合类型，偶尔出现异宗结合。担子中 2 个不同交配型的细胞核经核配和减数分裂，形成 4 个子核，其通常进入到 2 个担孢子，即 1 个担子上产生 2 个担孢子，每个担孢子中含有 2 个属于不同交配型的细胞核，担孢子萌发形成的异核体菌丝可以生长发育形成子实体。但有时1个担子中核配和减数分裂形成的4个子核，分别进入3个或4个担孢子中，此时会出现单核担孢子。不同交配型的单核担孢子萌发的菌丝之间可以相互交配，形成异核体菌丝，这是双孢蘑菇杂交育种的理论基础。

三、生长发育条件

1. 营养条件

（1）碳源。双孢蘑菇直接利用纤维素、半纤维素、木质素等大分子物质的能力很差，这些大分子物质必须经过堆制发酵，通过微生物将大分子物质降解为单糖或双糖等小分子物质及复杂的中间产物"木质素–腐殖质复合物"，才能被双孢蘑菇菌丝吸收利用。含有纤维素、半纤维素、木质素等成分的作物秸秆及农产品加工下脚料均可为双孢蘑菇生长提供碳源，但必须先进行堆制发酵。

（2）氮源。双孢蘑菇可利用蛋白胨、氨基酸、硫酸铵等多种氮源，特别是禽畜粪便、油菜饼、大豆饼、尿素等有机氮。双孢蘑菇虽然不能直接利用蛋白质，但能很好地利用其水解产物，即氨基酸、蛋白胨。双孢蘑菇虽不能利用硝态氮，但能利用尿素和硫酸铵。但尿素和硫酸铵用量不能过高，以免产生过多氨气，影响双孢蘑菇菌丝生长。

在配制双孢蘑菇培养料时，原料配方中碳氮比应为（30～33）:1。在培养料发酵期间，微生物碳素营养消耗量大于氮素营养，培养料堆制发酵后碳氮比逐步下降到（17～18）:1，此时最适宜双孢蘑菇菌丝体生长发育。

（3）矿质元素。钙元素能促进菌丝体生长和子实体形成，还能改善堆肥的物理性状，稳定堆肥pH。生产上常用1%～3%的过磷酸钙、石膏、碳酸钙、石灰等补充钙元素。培养料中，秸秆类物质含有丰富的钾，能为双孢蘑菇生长提供丰富的钾元素。

（4）生长因子。双孢蘑菇生长发育还需维生素等生长因子。但堆肥中生长因子含量丰富，不需要另外添加。

2. 环境条件

（1）温度。双孢蘑菇孢子产生和释放的最适温度范围为18～20℃，孢子萌发最适温度约为24℃；菌丝体生长温度范围为5～33℃，最适温度为22～26℃。双孢蘑菇是变温型结实性真菌，即子实体形成需要一定范围的温差变化刺激。子实体分化发育温度在8～22℃，最适温度为13～18℃。子实体生长期间，温度偏低时，菌柄较短、菌盖肥厚、组织致密、质量较好。

（2）水分。双孢蘑菇菌丝体生长阶段培养料适宜的含水量为60%～65%。含水量低于50%时，菌丝生长缓慢，绒毛菌丝多而纤细，不易形成绳索状菌丝和子实体；含水量高于75%时，容易造成通气不良，易感染杂菌。在菌丝培养期间，菇房空气相对湿度以

75% 左右为宜。

子实体发育阶段，培养料最适含水量为 60% ～ 65%，空气相对湿度以 85% ～ 90% 为宜。若空气相对湿度超过 90%，且通风不良，子实体容易发生病害。覆土层含水率是指覆土材料风干至恒重后，其减少的质量占风干前总质量的百分比。覆土材料种类不同，含水量亦有差异，一般以无游离水从覆土材料中滴出为宜。

（3）空气。双孢蘑菇是好气性真菌，生长发育需要大量的氧气。菌丝生长期二氧化碳浓度不能超过 0.5%；子实体生长发育阶段二氧化碳浓度应在 0.1% 以下。当出菇期二氧化碳浓度超过 0.1% 时，菌盖变小，菌柄细长。

（4）光照。在黑暗条件下，双孢蘑菇能正常完成生活史，菌丝生长和子实体发育过程均可以无光照。双孢蘑菇在黑暗条件下能正常形成子实体，且菇体洁白，菌肉肥厚细嫩、朵形圆整、品质优良；光线过强，菌盖表面硬化、发黄、菌柄弯曲、菌盖歪斜。

（5）pH。双孢蘑菇菌丝生长 pH 范围为 5.5 ～ 8.5，最适 pH 为 6.5 ～ 7。双孢蘑菇菌丝生长过程中不断产生各种有机酸，加之培养料中氨气蒸发，使培养料逐渐呈酸性。因此，需在培养料中添加适量石灰粉，以调整 pH，使培养料呈弱碱性。播种时应调节培养料 pH 至 7.5 左右，覆土层 pH 至 7.5 ～ 8。

 任务实施

双孢蘑菇的栽培包括培养料配制、培养料堆制发酵（前、后发酵）、播种、覆土、出菇期管理以及采收等一系列过程。

双孢蘑菇生长发育所需要的培养基是由稻草、牛粪等物质经堆制发酵而成的。这一发酵过程常分为室外进行的前发酵和在室内进行的后发酵两个阶段。后发酵后，将培养料平铺于菇房床架上（有的先将培养料铺于床架上，再进行后发酵），随后播种。在微通风、保湿环境下，使双孢蘑菇菌丝尽快生长，再覆土，最后形成子实体，并适时采收和加工。一般从播种到出菇需要 35 ～ 40 d，采收期为 3—4 个月。

一、栽培场所

双孢蘑菇常规栽培既可以新建砖混菇房，也可以利用民房或厂房进行改造，还可以建设塑料遮阳大棚，或利用防空洞、山洞和草棚。根据栽培场所内部空间大小，通常安装 5 ～ 8 层床架，层距 50 ～ 80 cm，床宽 1 ～ 1.2 m，底层床架离地面 0.2 ～ 0.3 m，顶层床架距房顶 1 m 以上，床架之间走道宽 0.8 ～ 1 m。

栽培场所应保温、保湿、通风、避光，尤其是降温和通风条件需较好。栽培场所周边卫生环境状况应较好，且四周要安装门窗或排气扇以利于通风降温；使用前必须进行彻底打扫和消毒灭菌，最好使用高温蒸汽进行菇房内部消毒灭菌。

二、栽培流程

双孢蘑菇的栽培流程为：确定栽培季节→培养料配制→培养料堆制发酵→播种→发菌期管理→覆土→出菇期管理→采菇期管理。

1. 确定栽培季节

利用自然温度栽培双孢蘑菇时，选择最佳栽培期是保证栽培成功和获得高效益的关键。最佳栽培期应根据当地气候特点确定，一般是以当地昼夜平均气温能稳定在 20 ～ 24 ℃，约 35 d 后下降到 15 ～ 20℃为依据确定栽培季节。

2. 培养料配制

双孢蘑菇培养料配方较多，但碳源主要有两类：一类是稻草、麦秆等作物秸秆；另一类是杏鲍菇、平菇等食用菌菌渣。氮源通常采用牛粪、鸡粪、饼肥等有机物，有时也可采用尿素、磷肥等化学肥料。

双孢蘑菇培养料常用的配方如下。

（1）稻草或麦草 47.8%、干牛粪 47.8%、轻质碳酸钙 1.2%、过磷酸钙 1.2%、石灰 1.2%、碳酸氢铵 0.8%。

（2）稻草或麦草 46%、干牛粪 46%、过磷酸钙 1%、饼肥 3%、尿素 1%、石膏粉 1%、石灰 2%。

（3）稻草 55.4%、干牛粪 36%、轻质碳酸钙 1.1%、过磷酸钙 0.8%、石膏粉 1.4%、饼肥 2.2%、尿素 0.8%、碳酸氢铵 0.8%、石灰 1.5%。

（4）玉米芯 46%、干牛粪 44.5%、饼肥 5%、尿素 0.5%、过磷酸钙 1%、石灰 2%、石膏粉 1%。

在实际栽培中，因各地原料种类、来源不同，碳、氮含量不一，应根据主料用量，通过添加辅助氮源，调整配方。各地还应根据原料质量适当修正配比，将播种前培养料纯含氮量保持在 1.5% ～ 2% 的水平。

另外，每平方米一般用干料 35 ～ 40 kg，可根据栽培面积算出总用料量，再按各原料占总料量的百分比，求出其实际用量。

3. 培养料堆制发酵

（1）培养料堆制发酵的意义。双孢蘑菇是一种草腐菌，分解纤维素、木质素的能力很差，培养料中的复杂物质不易被双孢蘑菇分解吸收，所以用未腐熟的培养料栽培双孢蘑菇很难成功。培养料必须进行堆制发酵，经过物理、化学作用及微生物的分解转化，才能成为双孢蘑菇的培养料。

培养料经堆制发酵，在各种有益微生物的作用下，培养料中复杂的大分子物质被分解转化为简单的易被双孢蘑菇吸收的可溶性物质。这些参与发酵的微生物死亡后的菌体及其产生的代谢物,对双孢蘑菇生长有活化和促进作用。发酵后的培养料,消除了粪臭和氨味,变得疏松柔软,透气性、吸水性、保温性得到了改善,且堆制发酵的高温杀死了有害微生物及虫卵。因此,培养料的堆制发酵是双孢蘑菇栽培中最为重要的技术环节。

(2)堆制发酵类型。培养料的堆制发酵有一次发酵法、二次发酵法和增温剂发酵法。下面主要介绍一次发酵法和二次发酵法。

① 一次发酵法。在室外一次完成培养料的发酵的方法称为一次发酵法。该方法所需设备简单、对菇房密闭度要求不高、成本低、发酵技术易掌握。但因在室外进行发酵,受自然条件影响大、发酵质量较差、发酵时间长、劳动强度大。发酵时间因草料质地而异,稻草培养料约需 26 d,麦草培养料约需 30 d。在整个堆制发酵过程中,需翻堆4 ～ 5 次。

② 二次发酵法。分两个阶段完成培养料的堆制发酵的方法称为二次发酵法。与一次发酵法比较,二次发酵法的发酵期能缩短 7 ～ 10 d,而且减少了翻堆次数,降低了劳动强度,进一步杀灭了培养料及菇房中的病菌与害虫。这种方法不但减少了培养料因长时间堆制而造成的营养物质的耗损,还使培养料增加了大量有益于双孢蘑菇生长的物质。二次发酵法的第一个阶段与一次发酵法基本相同,是在室外进行的,堆制时间一般是 12 d 左右,约需翻推 3 次。第二个发酵阶段是在菇房内进行的,也称后发酵或巴氏消毒法。后发酵时,人工控制温度,使培养料完成升温、控温和降温 3 个过程。首先,使培养料快速升温至 60 ℃左右,维持 8 ～ 10 h,以进一步杀灭培养料及菇房中的病菌与害虫。其次,适当通风,使料温缓慢降至 50 ℃左右,保持 4 ～ 6 d,以促进有益菌大量生长,并产生有益代谢物。最后,加强通风,使料温降到 30 ℃左右就可结束发酵过程。

(3)建堆时间的确定。培养料腐熟之日应正好是播种之日。采用一次发酵法,一般在播种前 30 d 左右进行建堆;采用二次发酵法可在播种前 20 d 左右进行建堆。

(4)发酵培养料应遵循的原则。培养料的含水量应逐渐降低,使其发酵后的含水量正好达到栽培要求。堆形应逐渐缩小,料堆前紧后松,随培养料的细碎程度不断提高料堆的透气性。每次翻堆间隔的时间应逐渐缩短,后一次翻堆间隔的天数比前一次翻堆间隔的天数缩短 1 ～ 2 d。一次发酵法需翻堆 4 ～ 5 次,翻堆间隔天数一般是 7 d、5 d、4 d、3 d、2 d;二次发酵法约翻堆 3 次,间隔天数是 4 d、3 d、3 d。一次发酵法在最后一次翻堆时,要均匀喷入杀菌、杀虫药液,并控制料温在 55 ℃左右。料堆应严防日晒雨淋。

(5)堆制发酵过程。堆制发酵需要经过培养料的预湿、建堆和多次翻堆才能完成。

① 一次发酵法。

a. 培养料的预湿。干的粪肥及草料因吸水性和保水性差,建堆时不易浇湿浇透。草料可提前 2 ～ 3 d 用 1% 石灰水浇透预堆;粪肥、饼肥应打碎、混匀,加水至手握成团、落地可散的程度，含水量约为 60%，并覆膜堆闷 1 d，以杀灭螨虫。

b. 建堆。建堆前 1 d 用石灰水泼洗地面。料堆最好是南北向，以利于升温一致。堆宽一般约 2 m，长度不限，高 1.5 ～ 2 m。料堆四周要陡直，顶部呈龟背形。建堆时，先铺一层约 20 cm 厚的草料，撒一层粪肥，厚度以均匀覆盖草层为准，并按照此顺序建堆。为防氮素流失，尿素应分层撒入料堆中部，顶部及四周不要撒入。从料堆中部开始补浇水分，以料堆底部有少量水溢出为宜。料堆顶部必须撒一层较厚的粪肥，再用草料覆盖，料堆四周罩塑料薄膜，以利于保温、保湿。

c. 翻堆。通过翻堆，可以改善培养料的通气状况，既补充氧气，又散除发酵产生的废气；可以调节培养料的含水量及 pH，以便于加入辅料，促进微生物进一步生长繁殖；可以使培养料继续升温，使培养料腐熟均匀。

翻堆时间要灵活掌握。一般当堆温升到 70 ℃左右，维持 1 ～ 2 d 就要翻堆。若堆温持续低于 60 ℃或高于 80 ℃时，也要及时翻堆。堆温低往往是缺水少粪的缘故，通过翻堆可达到控温的目的。

翻堆是指将上下、内外各部位的料调换位置。一次发酵法一般翻堆 4 ～ 5 次。先将上层及外周的料取下放置在一边，重新建堆时再逐渐将其混入料堆中间，原来料堆中部的料应翻到下部，下部料翻至上部。边翻拌边分层加入辅料，并调整水分和 pH。第一次翻堆，尿素加入总量的 30%，磷肥加入总量的 50%，石膏全部加入。培养料含水量调至能用手挤出 6 ～ 7 滴水。第二次翻堆，加入剩余尿素和磷肥，培养料含水量调至能挤出 4 ～ 5 滴水，料堆可打透气孔，以提高透气性。第三次翻堆，加入硫酸铵，视培养料湿度加入生石灰或石灰水，调整 pH 至 9 左右，培养料含水量调至能挤出 2 ～ 3 滴水。第四次翻堆，若培养料已基本腐熟，可边翻拌边喷洒杀菌、杀虫药剂，含水量以紧握料的指缝中有水渗出或滴下 1 滴水为宜，调整 pH 至 8.5 左右。使料温保持在 55 ℃，维持 2 ～ 3 d 就可拆堆进房。若培养料偏生，需继续进行第五次翻堆。

d. 培养料腐熟适度的标准。双孢蘑菇培养料以 6 ～ 7 成腐熟为宜。优质腐熟料的颜色应为棕褐色，略有面包香味，无氨、臭、酸和霉味；质地松软，有弹性，拉之易断，捏得拢、抖得散、无黏滑感；指缝有水渗出，欲滴不滴，手掌留有水印；pH 为 7.5 左右。

② 二次发酵法。二次发酵法先是前发酵，其粪草预湿、建堆与一次发酵法相同，氮肥在建堆时可全部加入。堆期一般 12 d 左右，需翻堆 3 次，间隔天数是 4 d、3 d、3 d。最后一次翻堆后，再维持 2 d 就可拆堆进房，转入后发酵。前发酵结束的培养料呈浅咖啡色，草料不易拉断、不刺手、略有氨味，pH 为 8 ～ 8.5，含水量约 70%，约能挤出 4 滴水。

第三次翻堆后维持 2 d，进入后发酵。当料温升至 70 ℃左右时，选择晴天午后气温较高的时段，快速将培养料运入已消毒菇房的床架或菇畦中。若用床架栽培，顶层和底层床架不要放料，料堆厚度约 50 cm。让培养料自然升温 5 ~ 6 h，或当料温不能再上升时，采用炉子或通入热蒸汽法进行加温。炉子上最好放热水锅，按菇房面积计算，每平方米加甲醛和敌敌畏各 10 mL，以提高熏蒸效果。在 1 ~ 2 d 内，尽快使料温升至 60 ℃，维持 8 ~ 10 h，以进一步杀灭培养料与菇房中的病菌与害虫。

升温阶段结束后，菇房适当通风，使料温慢慢降至 50 ~ 55 ℃，维持 4 ~ 6 d，以促进料内有益菌大量生长繁殖，并产生大量有益代谢物。该阶段是后发酵的主要阶段。

控温阶段结束后，应先停止加热，缓缓降低室温，约 12 h 后料温降至 45 ℃左右可打开所有通风孔。料温降至 30 ℃左右时，后发酵结束。调整好培养料的水分和 pH，将其抖松，均匀铺入各层床架或菇畦中。

4. 播种

播种时勿用有黄水、菌皮、菌丝萎缩或严重徒长的菌种。在开启菌种瓶或菌种袋前，先在 0.2% 高锰酸钾或其他消毒液中略浸泡，擦干瓶壁或袋壁后将菌种取出待用。

铺料厚度与培养料质量、种植区域和栽培季节等有关，以 18 ~ 25 cm 为宜。通常发酵料质量较好、出菇季节气温较低时铺料应厚一些。待培养料散尽氨味，温度降至约 26 ℃时开始播种。目前生产上多采用麦粒菌种，以撒播法进行播种。

一般每平方米栽培面积适宜播种量为 1 000 ~ 1 200 g。播种量如果过大，虽发菌快、不易污染、出菇早，但易出现密菇、球菇、小菇等；播种量过小，虽降低成本，但发菌慢、易污染、出菇迟。

播种时先将 60% 的菌种撒在料面，用铁叉插至料厚的一半，轻轻抖动，使麦粒菌种均匀分布到料中，再将剩余的菌种均匀撒于料面上，轻拍料面，使菌种与培养料充分接触。播种后应覆盖一层消毒过的报纸，若气温低、湿度小，可改为地膜覆盖。覆盖物的四周要覆盖住料面，以利于保温保湿。

5. 发菌期管理

从播种到覆土前的一段菌丝培养期称为发菌期。发菌期长短与温度、铺料厚度、播种量等因素有关，一般需 18 ~ 20 d。发菌期的管理目标是：控制料温在 22 ~ 28 ℃，一般不超过 30 ℃，严防烧菌；空气相对湿度控制在 70% 左右；随菌丝生长量增大，逐渐加强通风换气，避免病虫害的发生；促使菌丝快速吃料，培育足够数量的健壮菌丝。发菌期的具体管理包括初期微通风、中期多通风、后期打钎等措施。

（1）初期微通风。播种后 2 ~ 3 d 以保湿、微通风为主，以促使菌种块萌发。经 1 ~ 2 d 菌种块就能萌发出绒毛状新菌丝，约 3 d 开始吃料。3 d 后稍微加大通风量，以降低料温及空气湿度，促使菌丝封盖料面。

（2）中期多通风。播种后 7 ~ 10 d，菌丝已基本封盖料面，此时应多通风，以防止杂菌滋生，促使菌丝向料内生长。可将覆盖的薄膜或报纸撤掉。

（3）后期打钎。铺料较厚时，可在菌丝长至料深的一半处时，用约 1 cm 粗的木棍自料面打钎到料底，并进一步加强通风，以排出料内积存的有害气体，使菌丝在料内长得快而壮。在发菌期，若料面过干，菌丝封面后可喷 1% 的石灰水增湿。一般 20 d 左右菌丝就可长透培养料。

6. 覆土

双孢蘑菇菌丝长满培养料之后，必须在料面覆土，子实体才会大量发生。

（1）覆土的作用。覆土的作用机制尚不明确。有人认为，覆土后，二氧化碳浓度在培养料、覆土层和菇房环境中呈梯度变化，从而诱导了原基形成；有人认为，覆土具有支撑、固定子实体的作用；还有人认为，覆土中臭味假单胞杆菌可以消除双孢蘑菇菌丝产生的乙烯，进而促进原基形成。总之，双孢蘑菇具有不覆土不出菇的特点，覆土质量对双孢蘑菇的产量和质量有直接影响。

（2）覆土材料的要求和制备。覆土材料应结构疏松，通气性好；具有团粒结构，持水性强，遇水不黏、失水不板结；含有少量腐殖质（5% ～ 10%），但不肥沃，含盐量低于 0.4%；pH 为 7.5 ～ 8；不带任何病菌和害虫。草炭土、壤质土、塘泥以及人工配制的砻糠土等都是较好的覆土材料。

在覆土前 3 ～ 5 d 制备覆土材料。每立方米土约可覆盖 20 m² 的菇床，每 100 m² 栽培面积需制备 4.5 ～ 5.5 m³ 覆土。覆土材料一定要经过杀虫消毒。常用的方法是：先拌入土重 2% 的石灰，以杀死线虫，再喷入 10% 甲醛（1 m² 土约需 0.5 kg）及 1% 敌敌畏，覆膜堆闷 2 ～ 3 d，摊晾至无药味时使用。

① 泥炭土。泥炭土是双孢蘑菇理想的覆土材料，其结构疏松，吸水性强，含水量可达 80% ～ 90%，pH 适中，杂菌与害虫少。荷兰等国家使用的覆土材料为 75% 的泥炭土（泥炭土含 70% 黑色泥炭土和 30% 白垩土）和 25% 的甜菜渣混合物。泥炭土多采用一次性覆土，厚度为 3 cm 左右。

② 砻糠土。为提高覆土材料的透气性，将混入适量砻糠的细土称为砻糠土。该土具有取土方便、制作简单、结构疏松、土层菌丝生长量大、出菇早、转潮快和高产优质等优点。制作时将壤土表层 30 cm 以下的土挖出，打碎，过 7 目筛，未过筛的应留下黄豆大的土粒作补土。然后拌入 2% 石灰，并做常规消毒杀虫处理。

砻糠也可用新鲜无霉变的棉籽壳、麦糠、麦秸粉等代替，加入量约占土壤重量的 4%。每 100 m² 栽培面积约需砻糠 250 kg。砻糠先用 5% 石灰水（pH 为 10 左右）浸泡 1 ～ 2 d，捞出沥去余水，再均匀喷入稀释 800 倍的 50% 多菌灵溶液和 0.5% 的敌敌畏，覆膜堆闷约 24 h。在覆土当天，将砻糠与消毒的细土混合，调整 pH 为 7.5 ～ 8，含水量 60% 左右。

（3）覆土的菇床要求。菇床在覆土前一定要无病虫害，否则覆土后就很难根治。将有色薄膜放在料面 1 ～ 2 min，若发现上面有螨虫，可用 0.5% 敌敌畏或其他有效药剂，采用喷、熏结合法彻底杀虫。

可在菇床表面搔菌，并轻轻拍平料面，以产生机械刺激作用促使菌丝快速上土。菇床表面应保持偏干状态，不要喷水，以免覆土调水后因渗水量过大而使菌丝萎缩。若料面很湿润，应加强通风后再覆土；若料面干燥至菌丝稀少时，可提前 2 d 轻轻喷水，并覆盖报纸，至菌丝回返料面时再覆土。

（4）覆土方法。当菌丝长至料深的三分之二时，一般为播种后 15 ～ 18 d，是最佳的覆土时期。覆土过早，会影响料内菌丝继续生长；覆土过晚，菌丝已长透培养料，容易冒菌丝、结菌块，使表面菌丝老化，推迟出菇时间并影响产量。

覆土厚度以 3 cm 左右为宜。土层过薄，会因持水性差而影响产量；过厚的土层会影响透气性。覆土时应一层层覆盖，逐渐增加厚度，使土层厚薄均匀，不要将土全部堆到料面上再摊开。覆土厚度不均会导致喷水不匀和出菇不整齐。覆土后不要拍压，保持自然松紧度。

（5）覆土后的管理。从覆土到出菇需 15 ～ 20 d。该时期的主要管理措施是：控制室温在 20 ～ 22 ℃，空气相对湿度在 80% ～ 85%；调整土层含水量及通气状况，及时吊菌丝和定菇位。

① 吊菌丝。覆土后应根据土层含水量进行喷水。覆土后 2 ～ 3 d，用 pH 为 7.5 ～ 8 的石灰水为土层补足水分，以土层稍黏、水分不渗入料内为宜。喷水应选择室温低于 25 ℃ 的时段，并做到轻喷、勤喷、匀喷，每天喷水 4 ～ 5 次，菇床每次喷水量为 0.7 ～ 0.9 L/m²。喷水结束后，大通风 5 ～ 10 h，再关闭门窗吊菌丝。通常喷水后 3 d，在早、晚适当进行小通风，每次通风约 30 min，可诱导菌丝纵向生长，快速上土。

② 定菇位。菌丝长至距表土约 1 cm 时应加大通风量，迫使菌丝倒伏，使其横向生长，并加粗成线状菌丝，以备在该位置出菇，这就是定菇位。若通风不足，易使菌丝冒土或菇位太高；若菌丝还未长至距表土约 1 cm 就开始通风，菇位就会定得太低。菇位过高或过低，都会严重影响产量与质量。

7. 出菇期管理

双孢蘑菇从播种到出菇期一般需 35 ～ 40 d。出菇期长短与栽培地区气候条件密切相关，通常为 120 ～ 140 d。一般岭南地区冬季正常出菇，长江以北地区冬季气温偏低，通常在秋季和春季出菇，分别称为秋菇期和春菇期。秋菇期是双孢蘑菇的盛产期，其产量约占总产量的 70%，因此秋菇期管理是达到高产优质的关键期。喷水、通风是该期的主要管理工作。此时的空气相对湿度应维持在 90% 左右，控制室温在 12 ～ 18 ℃，并避免出现较大温差。

（1）喷水。喷水是一项十分精细、技术性很强的工作。喷水主要有连续喷水和间歇重喷。没有轻重地均匀喷水称为连续喷水。该喷水方法不伤菌丝，技术性不强，但菇潮不明显，产量略低。在一潮菇中，重喷结菇水和保菇水的方法称为间歇重喷法。该喷水方法菇潮明显，出菇整齐，有高产优质的效果，但技术性强，喷水时机和喷水量掌握不当易致菇蕾死亡或因土层漏水而伤害料中菌丝。

① 结菇水。结菇水是由发菌期转向出菇期的关键，其以大量水分和大通风条件使菇床环境发生迅速变化，迫使菌丝转入生殖生长。当定好菇位、菌丝变成线状、菌丝尖端呈扇状，或有零星白色米粒状原基出现时，是喷结菇水的最适时期。结菇水的喷水量应根据菌株耐水性、土层持水性、菇房保湿性及空气相对湿度综合考虑。一般气生型菌株的菇床总用水量为 2.2 ～ 2.7 L/m²，贴生型菌株的菇床总用水量为 3.1 ～ 3.5 L/m²。结菇水要在 2 d 内喷完，每日喷 4 ～ 5 次，以最后达到土层最大持水量，而水不渗入料内为宜。喷完结菇水后，保持 1 ～ 2 d 大通风，以防止菌丝冒土。待土层表面水分散发，再逐渐减小通风量。在适宜的温、湿、气条件下，表土下 1 cm 处会很快出现大量白色米粒状原基。

② 保菇水。当大多数菇蕾长至黄豆大时，为进一步补充土层水分，满足菇蕾迅速生长对水分需求所喷的一次重水称为保菇水。保菇水的用量较结菇水大，气生型菌株的菇床总用水量约 2.7 L/m²，贴生型菌株的菇床总用水量约控制在 3.6 L/m²，应在 1 ～ 2 d 分多次喷完，以达到土层最大持水量或有少量水渗入料内为宜。停止喷水 2 d，然后随着双孢蘑菇的长大逐渐增加喷水量，再随着双孢蘑菇的采收逐渐减小喷水量。喷保菇水期间双孢蘑菇的生长状况如图 3-6-2 所示。

图 3-6-2　喷保菇水期间双孢蘑菇的生长状况

③喷水的注意事项。喷水要看天、看菇、看菌丝长势、看菌株耐水能力及菇房保湿能力等。喷水宜在18 ℃左右条件下进行，温度低时中午喷，温度高时早、晚喷。不要喷"关门水"，且喷水后要通风数小时，以免形成闷湿环境。喷水要注意干湿交替，使出菇与养菌紧密结合。喷水应轻、勤、匀，水雾要细，以免造成死菇或生长不整齐。喷水不能超过土层持水量而渗入料内，因为长时间的土层漏水易使土层下的菌丝萎缩，使培养料变黑，甚至因烂料而绝产。在阴雨天、对菌丝生长弱的菇床及保湿能力强的菇房，都要减少喷水量。

（2）通风。通风量小，易致双孢蘑菇菇体畸形和发生病虫害；而通风过量，菇体会发黄、产生鳞片、早开伞或菇蕾死亡。通风应根据温度、空气湿度、天气及菇体的生长情况而灵活掌握。温度低时中午通风，温度高时早、晚通风，以不造成菇房温度变化过大为宜。有风天气开背风窗；无风或阴雨天气开对流窗；干热风劲吹时尽量不通风。菇小、菇少时少通风；菇大、菇多时多通风。适宜的通风效果应以闻不到异味、不闷气、菇体生长良好且感觉不到风的吹动为宜。

8.采菇期管理

采菇要视品种、气温、菇床养分、菇的销售渠道等情况而定。小而密的菌种应采早、采小。气温高于16 ℃时，因菇生长快，可采小些；低于14 ℃时，可稍迟采收。菇床料厚、养料足，可让菇长得略大些。若制作蘑菇罐头，优质菇的菌盖直径在2 ～ 4 cm；若销售鲜菇，一般在菌盖直径达2 ～ 6 cm时采收，最好在3 ～ 4 cm时采收，每天应采2 ～ 3次。

采收前约4 h不要喷水，以避免手捏部分变红。采收时，手捏菌盖轻轻扭下。三潮后的双孢蘑菇可用提拔法采菇，以减少土层中无结菇能力的老菌索。将采下的菇及时用锋利刀片削去带泥的菌柄，切口要平，以防菌柄断裂。双孢蘑菇采收前后对比如图3-6-3所示。

图3-6-3 双孢蘑菇采收前后对比

　知识拓展

双孢蘑菇和巴西蘑菇的区别

双孢蘑菇（如图 3-6-4 所示）的菌盖表面新鲜时为白色或乳白色，光滑，后期灰褐色，边缘钝或锐，干后内卷；菌褶表面新鲜时为粉红色或褐色，干后变为黑褐色至黑色。

图 3-6-4　双孢蘑菇

巴西蘑菇（如图 3-6-5 所示）的菌盖初期为半球形，后平展，中央不平坦，表面褐色，有纤维状鳞片；菌褶离生，宽 8 ～ 10 mm，白色，后变为黑色；菌柄白色，长 6 ～ 13 mm。

图 3-6-5　巴西蘑菇

复习思考题

1. 简述双孢蘑菇的生物学特性。

2. 培养料堆制发酵的意义是什么？

3. 如何进行二次发酵？

4. 优质发酵料有什么特征？

5. 简述吊菌丝的目的、时机和措施，以及定菇位的目的、时机和措施。

6. 简述喷结菇水的目的、时机和措施，以及喷保菇水的目的、时机和措施。

任务 3-7　杏鲍菇栽培

任务描述

本任务主要介绍了杏鲍菇栽培的相关理论知识及栽培管理技术要点，包括杏鲍菇的生物学特性、栽培技术、出菇期管理技术等。通过学习本任务，学生能了解杏鲍菇，掌握工厂化生产杏鲍菇菌棒的制作技术及工厂化杏鲍菇栽培技术；能够生产杏鲍菇菌棒，且可以在工厂化形式下生产杏鲍菇。

知识准备

杏鲍菇又称刺芹侧耳、雪茸、干贝菇、平菇王、蚝菇王等，分类上属真菌界担子菌亚门、伞菌目、侧耳科、侧耳属。野生杏鲍菇主要生长在我国新疆、青海、四川西部等地，意大利、西班牙、法国、德国、捷克、斯洛伐克、匈牙利、摩洛哥、印度、巴基斯坦、哈萨克斯坦等国均有分布。杏鲍菇主要在春夏之交生长于伞形科植物刺芹、阿魏等的枯死植株的根部。

杏鲍菇菌肉肥厚、质地脆嫩、口感极佳，具有杏仁的清香和鲍鱼的口感。杏鲍菇营养丰富，干品中蛋白质含量为 20%、粗纤维含量为 13.28%、多糖 6.3%、灰分 6.1%，同时含有磷、钾、钙、镁、铜、锌等矿物质及维生素，其所含多糖类物质可以提高人体免疫功能。

欧洲最早开始开发杏鲍菇栽培技术，并于 20 世纪 50 年代人工驯化杏鲍菇成功。20世纪 70 年代初期，东亚和南亚部分国家开始栽培杏鲍菇。目前美国、韩国、日本及中国均实现了大规模工厂化生产杏鲍菇。韩国、日本等主要采用瓶栽，中国多采用袋栽。

杏鲍菇的生物学特性如下。

一、形态特征

杏鲍菇子实体单生或群生，菌盖直径 5 ～ 15 cm，幼时呈弓背形，随成熟逐渐平展；后期菌盖边缘上翘，中央浅凹，似漏斗状，圆形至扇形。菌褶向下延生，密集、略宽、乳白色，边缘及两侧平滑。每个担子上着生 4 个担孢子，担孢子椭圆形至近纺锤形，孢子印白色。菌柄长 4 ～ 15 cm，直径 0.5 ～ 3 cm，中生或侧生，呈棒状至保龄球状，上端较细，白色至浅黄白色，光滑、中实、肉质。

杏鲍菇菌丝体分为初生菌丝和次生菌丝。担孢子萌发的初生菌丝为单核，菌丝白色、较细、不孕，两个可亲和的初生菌丝交配融合形成双核的次生菌丝。次生菌丝粗壮、浓密，具有明显的锁状联合，生长发育到一定时期后，能在适宜条件下形成子实体。人工栽培杏鲍菇的子实体形态如图 3-7-1 所示。

图 3-7-1　人工栽培杏鲍菇的子实体形态

二、生活史

杏鲍菇是四极性异宗结合真菌，其生活史与平菇生活史相似。

三、生长发育条件

1. 营养条件

杏鲍菇属木腐菌，具有弱寄生能力，分解木质素、纤维素能力较强，培养料中碳源主要来自棉籽壳、阔叶树木屑、废棉、甘蔗渣、玉米芯等；氮源主要来自麦麸、豆粕、玉米粉等，有时可添加少量黄豆粉、棉籽粉、菜籽饼粉等含氮量较高的原料。氮源丰富时，菌丝生长旺盛，子实体产量高。

2. 环境条件

（1）温度。杏鲍菇属于中低温型真菌，菌丝生长温度为 5 ～ 33 ℃，最适温度为 22 ～ 25 ℃。原基形成和子实体生长发育最适温度为 13 ～ 17 ℃，但不同品种之间有差异，当温度低于 8 ℃时，原基不能正常分化形成；当温度高于 18 ℃时，子实体产量和质量均明显下降，菇体常变黄、萎蔫，且易发生病害。

（2）水分。杏鲍菇培养料含水量为 60% ～ 65%，菌丝生长阶段空气相对湿度以 60% 为宜；子实体原基分化阶段空气相对湿度以 90% ～ 95% 为宜；子实体生长发育阶段空气相对湿度以 85% ～ 90% 为宜。切不可直接向子实体喷水，空气相对湿度也不宜超过 90%，否则易导致细菌性腐烂病发生，造成严重的经济损失。

（3）光照。杏鲍菇菌丝生长阶段不需要光照，光照对菌丝生长具有明显的抑制作用，但其原基形成和子实体发育均需要 500 ～ 800 lx 的光照。不同光照条件对杏鲍菇子实体原基形成和子实体生长发育影响较大，如红光处理有利于原基提早形成，且菇蕾形态好；而在完全黑暗条件下，原基畸形或不分化。不同光照条件对杏鲍菇子实体形态及产量影响也较大，如红光抑制菌盖生长、促进菌柄生长，蓝光促进菌盖生长、抑制菌柄生长；在红光或绿光照射下，杏鲍菇产量显著提高，而蓝光照射会导致产量显著下降。

（4）空气。杏鲍菇为好气性真菌，菌丝体生长和子实体发育均需要新鲜的空气，特别是子实体生长阶段需要充足的氧气。原基分化期二氧化碳浓度应低于 0.1%，否则易导致原基畸形；子实体生长阶段二氧化碳浓度应低于 0.2%，浓度过高会导致"大肚菇"或菌盖过小等畸形。

（5）pH。杏鲍菇菌丝生长最适 pH 为 6.5 ～ 7.5，子实体生长发育阶段最适 pH 为 5.5 ～ 6.5。

任务实施

杏鲍菇工厂化袋栽的工艺流程为：培养料配制→拌料→装袋→灭菌→冷却→接种→菌丝培养→出菇期管理→采收。

杏鲍菇工厂化瓶栽工艺流程与袋栽基本相同，主要差别在装瓶和出菇期管理环节。

1. 设备与设施

杏鲍菇工厂化栽培的厂房通常为钢结构，墙体采用聚氨酯冷库保温板，墙体外贴挤塑板，以减少室外辐射热，内喷聚氨酯。按照杏鲍菇生产要求，工厂化栽培杏鲍菇的主要功能区分为以下 5 个部分。

（1）料袋（瓶）制作区。料袋（瓶）制作区包括搅拌机、装袋机（装瓶机）等设备，用于料袋（瓶）制作。

（2）菌袋（瓶）制作区。菌袋（瓶）制作区包括灭菌锅、冷却室和接种室，用于菌袋（瓶）制作。

（3）菌丝培养区。菌丝培养区包括养菌室和搔菌室。

（4）出菇区。出菇区包括出菇房、包装车间和保鲜冷库。

（5）辅助功能区。辅助功能区包括原料存储区、锅炉区、挖瓶间、菌渣处理区和制冷设备系统。

2. 菌种生产

在杏鲍菇工厂化袋栽模式中，常采用枝条菌种。枝条菌种一般采用杨树等软质树种，加工成 7 mm × 7 mm × （120 ～ 165）mm 的枝条。枝条菌种具有接种速度快、菌丝萌发快、培养周期短、出菇同步性高等优点。

在杏鲍菇工厂化瓶栽模式中，常采用液体菌种。液体菌种可显著缩短制种周期，目前在韩国已经普遍使用。我国杏鲍菇生产中仅少数企业采用液体菌种进行生产。

3. 培养料配制与拌料

培养料可选用来源广泛、价格低廉的棉籽壳、杂木屑、玉米芯、甘蔗渣等作为碳源，玉米粉、麦麸、米糠和黄豆粉等作为氮源。此外，还应添加少量的石膏粉、石灰、磷酸二氢钾或蔗糖等，将 pH 控制在 8.5 左右。常用培养料配方如下。

（1）棉籽壳 63%、甘蔗渣 10%、麦麸 20%、豆粕粉 5%、蔗糖 1%、碳酸钙 1%，含水量 65%。

（2）木屑 20% ～ 25%、玉米芯 15% ～ 20%、甘蔗渣 10% ～ 15%、麦麸 18% ～ 22%、豆粕粉 8% ～ 10%、玉米粉 8% ～ 15%、石灰 1.2%、碳酸钙 1.5%，含水量 65%。

各种原料都要求新鲜、干燥、无霉变。无论是碳源还是氮源，配制时都应尽量采用两种以上原料，颗粒大小以粗细搭配为宜。

4. 装袋（瓶）与灭菌

在杏鲍菇工厂化生产中，一般采用机械装袋（瓶），以保持菌袋（瓶）装料基本一致。菌袋采用（17 ～ 18）cm × 36 cm、厚度 0.05 mm 的聚丙烯折角袋，装袋高度为 18 ～ 19 cm，装料量为 1 100 ～ 1 300 g。通常在培养料中间插上专用塑料棒，待接种前从菌袋中拔出。袋口采用直径 38 mm、高度 30 mm 的喇叭状套环，用无纺布进行封口。栽培瓶容量一般为 850 ～ 1 100 mL，瓶口直径为 58 ～ 78 mm，装料量为 520 ～ 650 g，采用双层缓冲过滤盖。

装袋（瓶）后，将菌袋（瓶）装入周转筐中，直接装上灭菌车。生产企业大多采用真空双门高压灭菌锅灭菌，将灭菌车整体推入灭菌锅中，及时进行高压灭菌。灭菌时注意保持灭菌锅内蒸汽循环流动，在菌袋或菌瓶最上层盖防水板。

5. 冷却与接种

灭菌结束后，将灭菌车整体推入冷却室冷却，冷却室分为一次冷却室和二次冷却室 2 个部分。料温在 90 ～ 100 ℃时进入一次冷却室，经高压过滤空气冷却。当料温降至 35 ℃时，进入二次冷却室。二次冷却室应采用制冷机组进行强制冷却，直至料心温度降至 24 ℃。冷却过程中，冷却室与环境空气需要进行冷热交换，应注意冷却室空间要达到高度的净化标准，以免造成杂菌污染。

接种在净化车间进行，净化车间要求净化级别至少应达到万级，接种工作区域应达到千级要求。净化车间需要定时测定接种环境中的无菌程度。菌袋接种时，将枝条菌种插入菌袋中央，料面上再接种一层散料菌种进行封面，以提高接种成功率。

6. 菌丝培养

杏鲍菇菌袋在接种之后，一般采用层架摆放。先将菌袋置于周转筐中，经流水线运送，再人工置于专用的培养室层架上，使用叉车移动到培养库内。周转筐相互叠放培养，或使用传送带移动到培养室内，人工将其置于层架上，直立培养。如果采用瓶栽模式，栽培瓶常通过传输带送至培养室内，堆放密度控制在 450 ～ 500 瓶 /m²，注意堆垛间留空隙，以防室内温度过高，出现烧菌。

培养室环境温度应控制在 23 ～ 25 ℃，菌袋中心温度不超过 25 ℃，空气湿度控制在 65% 以下；适时通风换气，使二氧化碳浓度低于 0.4%；培养室内保持黑暗，尽量不要开灯。接种后 4 d 检查菌袋中杂菌发生情况，及时剔除污染菌袋，随后每 3 ～ 5 d 检查一次。一般 25 ～ 28 d 菌丝长满菌袋，继续后熟培养 7 ～ 10 d。如果采用瓶栽模式，则 23 ～ 25 d 菌丝长满栽培瓶，继续后熟培养 5 ～ 7 d。后熟培养是菌丝继续降解培养料的过程，可使菌丝达到充分的生理成熟；若后熟培养时间不足，会影响正常出菇，使产量偏低。

7. 出菇期管理

（1）搔菌。将完成后熟培养的菌袋转运至出菇房，置于栽培架上。栽培架分为层架式和网格式，生产中网格式栽培架较为普遍，两种栽培架管理方法相近。将菌袋插入网格中，用清水将地面冲洗干净，并使用漂白粉消毒。出菇房温度先要控制在 12 ～ 15 ℃，低温刺激 24 h 以上，待菌袋中心温度降至出菇房温度时，再将出菇房温度提高至 15 ～ 17 ℃。可去掉袋口的塑料塞，捏住袋口顺时针旋转，利用低温下变硬的聚丙烯袋摩擦料面，即通常所说的"摇袋法"；也可采用塑料袋口上提法、下拉法、直拉法等，对料面实施机械刺激，促进出菇，此步骤称为"搔菌"。摇袋后，将袋口薄膜捏紧，留黄豆粒或花生米大小的小孔，以便通气保湿；也可将塑料套环拉到袋口，留小的孔口进行通气保湿，10 d 左右后去除套环。

采用瓶栽模式时，栽培瓶经传送带送至自动搔菌机上，将料表面 5 ～ 6 mm 厚的老菌皮刮除。将搔菌后的栽培瓶倒置摆放在层架上面，以便保持料面湿度。

（2）催蕾。菌袋或菌瓶在搔菌后 1 ～ 5 d 开始催蕾，通常采用降温、增加光照、加强通风、增氧、提高空气相对湿度等方法刺激菌丝扭结，促进菇蕾形成。出菇房温度一般控制在 14 ～ 16 ℃，空气相对湿度控制在 85% ～ 90%，二氧化碳浓度低于 0.3%，保持 100 ～ 300 lx 光照。催蕾 5 d 后菌丝出现扭结，料面吐白色水珠。在开始吐水珠后 3 d 左右，料面出现半圆形小突起，原基开始形成。在瓶栽模式中，一般催蕾 10 d 原基已经形成，此时进行翻筐，使菌瓶的瓶口朝下。

（3）出菇期的具体管理方式。

① 菇蕾形成期。原基形成后，维持菇房温度为 14 ～ 16 ℃，空气相对湿度 85% ～ 90%，不需要光照。随着菇蕾逐渐发育生长，去掉袋口的套环，将袋口开口略扩大，增加袋内氧气量。菇蕾形成后 3 ～ 4 d，为子实体塑形的关键期，可根据菇蕾形态增

加或减少通风。菇蕾形成后 5 ～ 6 d，需人工疏蕾，控制菇蕾数量、提高质量。人工疏蕾
应根据菇蕾的长势及市场需求，留优去劣，采用专用刀疏蕾，每袋仅留下 1 ～ 2 个健壮菇
蕾。在瓶栽模式中，每瓶留 2 ～ 3 个生长健壮、菇形好的菇蕾。疏蕾结束后，应立即清洗
地面，切下的幼蕾可以作为商品菇出售。

② 快速生长期。当菇蕾发育至 5 cm 左右，开始进入快速生长期，应采取措施
使菌柄伸长。此时期保持菇房温度在 15 ℃ 左右，空气相对湿度在 85% 左右，不需
要光照。关闭新风进风口 18 ～ 36 h，适当减少通风量，使栽培房二氧化碳浓度升至
1.2% ～ 1.5%，随后降低二氧化碳浓度至 0.5% 左右，可使菌柄生长速度加快，菌柄明显
伸长、上下粗细均匀。如果菌柄出现中部膨大、顶部逐渐变细，表明出菇房内二氧化碳
浓度过高，此时应适当增加通风量；通风量过大会导致菇体表面水分蒸发太快，使菇体
外表皮开裂。空气相对湿度偏高会导致杏鲍菇发生细菌性腐烂病，使产量下降。

③ 成熟期。当菌柄生长至 12 cm 左右、上下粗细比较一致，菌盖下可清晰地看到菌
褶时，即开始转入成熟期管理。此时管理的重点是继续将二氧化碳浓度控制在 0.5% 左
右，促进菌柄生长，直至采收。

一般子实体生长 18 ～ 19 d，菇体长度达到 10 ～ 15 cm，菌盖尚未完全展开时，即
可采收。

8. 采收与分级包装

（1）采收。应根据市场需要，确定杏鲍菇采收标准。出口菇一般要求菌盖和菌柄的
上下粗细较为一致，菌柄长 12 ～ 15 cm；国内市场销售时，一般以菌盖开始微微上翘、
孢子尚未弹射为采收最适期。采收时应戴上一次性手套，以减少菇体上的指纹印，采
大留小，2 d 内全部采收完毕。工厂化栽培杏鲍菇时一般仅采收一潮，生物学效率可达
60% ～ 80%。采收后及时对出菇房进行清扫，彻底消毒、通风。

（2）分级包装。采收后，将装满子实体的塑料筐及时运送到预冷间，30 min 内使菌
柄中心温度降至 4 ～ 6 ℃，以延长货架期。将预冷的子实体运至包装间，包装间温度应
控制在 10 ～ 15 ℃。削去子实体基部的菇渣及残次部分，按照子实体大小和质量进行分
级。采用环保聚乙烯袋半抽真空包装，扎紧袋口，边包装边入库。冷藏间墙体及屋顶应
有隔热保温功能，将包装好的杏鲍菇子实体存放于 1 ～ 4 ℃ 条件下冷藏。

收集菌袋进行机械破碎，去除塑料袋，获得菌渣。瓶栽模式可由传输带将菌瓶送至
自动挖瓶机，将瓶内废料挖出获得菌渣。菌渣可用作有机肥料、燃料或动物饲料，也可
作为栽培双孢蘑菇、草菇等食用菌的主要原料。

 知识拓展

覆土栽培可显著提高杏鲍菇的产量、提高杏鲍菇的商品价值。生产上一般在采收第

一潮菇后的菌袋上进行覆土出菇。覆土栽培应注意以下 3 点。

（1）覆土时菌袋要竖放，控制菇蕾的形成数量；

（2）覆土层压实后要达到 2 ～ 3 cm；

（3）覆土后要浇 1 次透水。

复习思考题

1. 影响杏鲍菇生长的因素有哪些？

2. 简述杏鲍菇的栽培技术要点。

任务 3-8　灵芝栽培

任务描述

本任务主要对灵芝栽培进行理论知识概述及栽培管理技术简述，包括灵芝生物学特性、栽培技术、出芝期管理技术等。通过学习本任务，学生能详细地学习、了解灵芝及其栽培等技术。

知识准备

一、灵芝概述

灵芝属于多孔菌目、灵芝科、灵芝属，别名赤芝、灵芝草、木灵芝、瑞草等。从东汉的《神农本草经》到明代李时珍的《本草纲目》都详细记载了灵芝的药理、药效、形态、功能以及种类等，称其有"益心气""益精气""安精魂""坚筋骨""治耳聋"等功效，将其视为滋补强身、扶正固本、延年益寿之良药。

灵芝以子实体入药，性温平、味甘、苦涩，具有补气安神、止咳平喘的功效，还有益精气、益心肺、补肝、强筋骨、利关节的功效。灵芝可用于治疗眩晕不眠、心悸气短、虚劳咳喘，也用于缓解失眠健忘、体疲乏力、慢性支气管炎、神经衰弱、风湿性关节炎、冠心病、心绞痛、慢性肝炎、糖尿病等。

国内外对灵芝的生物学特性、驯化栽培等方面有深入的研究。灵芝的生物活性成分十分丰富，目前已分离出 150 余种活性成分，有灵芝多糖、灵芝酸、灵芝内酯、麦角固醇、灵芝碱、灵芝酸、有机锗和矿物质等。灵芝所含活性成分能抗缺氧、调节免疫、延缓衰老、抑制肿瘤，可用于辅助治疗癌症。海南、云南、贵州、广西等地灵芝种类较多，山东、吉林、河北、山西、陕西、安徽、江苏、湖北、浙江、福建等地也有灵芝分布。

近年来，灵芝的开发利用越来越受到人们的重视，需求量增长迅速。由于灵芝野生资源有限，人工栽培灵芝成为灵芝的主要来源。我国的灵芝栽培多采用传统的大棚栽培方式，生产技术已相对成熟，一些有条件的生产企业已开始工厂化栽培灵芝。

二、灵芝的形态特征

1. 菌丝体

灵芝的菌丝为管状、白色，直径 1～3 μm，在试管中表现为纤细、整齐、匍匐生长，略爬壁但不明显，一般接种后 10 d 可长满斜面。灵芝菌丝体表面覆有草酸钙结晶，逐渐形成韧性石膏状菌膜，分泌色素。菌丝体稍老化时接种块附近呈黄色或黄褐色。

2. 子实体

灵芝子实体由菌柄、菌盖两部分组成。成熟的子实体木质化，皮壳组织革质化，有红褐色光泽。菌盖为扇形、肾形、半圆形或椭圆形，盖宽 3～20 cm，表面有环状棱纹和辐射状皱纹，边缘较薄、稍卷。其背面是多孔的子实层，有无数管孔，为白色或浅褐色，管内产生大量的孢子。菌柄近圆柱形，侧生或偏生，少中生，长度一般为 10～20 cm，粗一般为 2～5 cm，呈紫褐色，表面似漆样光泽、中实、组织紧密、木质化。子实体初期是白色、浅黄色，随着成熟度增加，颜色加深为红褐色，最后为暗紫色，并发出油漆似的光亮。子实体的形状、颜色视菌种培养条件的不同而不同。灵芝个体大小差异较大，大的达 20 cm×10 cm，厚 2 cm；野生灵芝有的半径达 50 cm，一般为 4 cm×3 cm，厚 0.5～1 cm。灵芝种类较多，其形状和颜色也各有不同。

三、生活史

灵芝生活史是指灵芝一生所经历的生活周期。灵芝孢子均有"＋""－"之分，菌丝体性别与担孢子本身的性别是一致的。灵芝孢子从菌管中释放出来，遇到适宜的环境条件开始萌发，为单核菌丝。单核菌丝细弱，不能形成子实体，两个可亲和的单核菌丝通过质配，形成具有两个细胞核的菌丝，即双核菌丝。这种菌丝粗壮、生命力强，进一步发育达到生理成熟，形成子实体。子实体成熟时，产生担子，每个担子顶端发育出四个担孢子，担孢子从菌盖的子实层上弹射出去，又重新开始新的生活周期。

四、生长发育条件

1. 温度

灵芝是中高温型真菌，在生长发育中要求较高的温度。灵芝菌丝在 15～30 ℃都能够生长，最适生长温度为 25 ～ 30 ℃。子实体原基形成和生长发育温度为 15 ～ 32 ℃，最适宜温度 20 ～ 28 ℃，在 27 ℃左右子实体分化最快；在 25 ℃条件下，子实体生长相对较缓慢，但质地紧密、皮层发育较好、色泽光亮；低于 20 ℃时灵芝子实体生长缓慢、皮壳较厚。在实际生产中，灵芝大棚温度需保持在 25 ℃左右，避免长期高于 30 ℃，否则会严重影响灵芝的正常生长。

2. 水分

灵芝喜湿润环境，其菌丝生长阶段，培养料含水量以 55% ～ 65% 为宜。菌丝培养阶段空气相对湿度以 65% ～ 70% 为宜，如果高于 70% 则容易造成杂菌感染；低于 60% 易造成培养料失水、菌丝干缩。子实体生长发育阶段，空气相对湿度以 85% ～ 95% 为宜，高于 95% 易造成杂菌污染；低于 85%，子实体生长发育不良，盖缘的幼嫩生长点会变成暗褐色。

3. 空气

灵芝为好气性真菌，培养过程中，要加强通风换气，增加新鲜空气，减少有害气体，使灵芝正常生长、发育，并减少霉菌和病虫害的发生与蔓延。若通风不良、二氧化碳积累过多（如超过 0.1%），会造成菌柄长，长成鹿角状，不能形成菌盖，导致畸形或生长停顿。二氧化碳浓度超过 1% 的情况下，灵芝子实体发育形态极不正常，没有任何组织分化，甚至连皮壳也不发育。

4. 光照

灵芝菌丝生长阶段不需要光照，强光对其菌丝体的生长有抑制作用；在黑暗条件下，其菌丝生长速度快、洁白、健壮。在出菇期，应提供 500 ～ 1 000 lx 的光照或散射光。在子实体生长阶段，需要适量的散射光或反射光（300 ～ 500 lx），忌直射光；黑暗条件下，子实体不能形成菌盖和子实层。灵芝子实体有明显的趋光性，在栽培时，不要经常改变光源的方向。

5. pH

灵芝喜微酸性或微碱性环境，在 pH 为 3 ～ 7 的环境下均能生长，土壤最适 pH 范围为 6.5 ～ 7.5。

6. 营养

灵芝属于兼性寄生菌，营腐生生活，自然条件下生长于腐朽的木桩旁。其营养以碳水化合物和含氮化合物为基础，碳氮比为 22∶1。其碳源包括葡萄糖、蔗糖、淀粉、纤维素、半纤维素、木质素等；氮源包括蛋白质、氨基酸、尿素、铵盐。灵芝还需要少量矿质元素如钾、镁、钙、磷，以及维生素等。

一、代料室内栽培

代料栽培灵芝是指利用木屑、玉米芯、玉米秆或棉籽壳来代替段木进行灵芝栽培。代料栽培可节约树木资源，充分利用农副产品，对农业资源的再利用具有重要意义。在南方，灵芝可以和香菇轮作，在北方则可利用日光棚或暖棚来栽培灵芝，提高菇棚利用率。灵芝代料栽培有多种方法，这里重点介绍瓶栽和袋栽，袋栽灵芝如图 3-8-1 所示。

图 3-8-1　袋栽灵芝

1. 瓶栽

瓶栽灵芝中，一般用罐头瓶或用 750 mL 菌种瓶作栽培瓶。培养料以杂木屑、米糠、麦麸等为主。

（1）培养料配方。瓶栽灵芝原种与栽培种培养料配方如下。

① 杂木屑 78%、麦麸或米糠 20%、蔗糖 1%、石膏粉 1%。

② 杂木屑 75%、米糠 24.8%、硫酸铵 0.2%。

③ 棉籽壳 44%、杂木屑 44%、麦麸或米糠 10%、蔗糖 1%、石膏粉 1%。

④ 杂木屑 80%、米糠 20%。

（2）培养料配制。根据当地资源，选好培养料，按比例称好、拌匀，加水至手捏培养料只见指缝间有水痕而不滴水为宜。

（3）装瓶、灭菌、接种。首先，将拌匀的培养料及时装入瓶内，边装边适度压实，使瓶内培养料上下松紧一致。料装至瓶肩再压平，并在中间扎一个洞，以利接种。其次，将瓶口内外用清水洗干净，塞好棉塞，进行高压或常压间歇灭菌。灭菌后，温度降至30℃时，移入接种室（箱），进行无菌操作接种。最后将其移入培养室培养。

2. 袋栽

袋栽灵芝有室内栽培和室外仿野生栽培两种方式。这两种栽培方式的配料、接种、培养要求完全相同。在出芝时，前者将料袋置于室内床架上或叠放于室内地上，后者将料袋埋在室外荫棚下的土中，仿照野生灵芝生长环境，使灵芝从土中长出。

（1）季节安排。代料袋栽灵芝生产季节安排与灵芝的产量、质量有密切的关系。根据灵芝生长发育对温度的要求，黄河流域袋栽灵芝一般安排在4月下旬至5月中下旬。秋季栽培因灵芝产量低，子实体形态差而不常采用。

（2）菌袋的规格。选用耐高温、韧性强、透明度好、厚度为0.45～0.55 mm、宽度为17 cm的聚乙烯菌袋，可采用长度为30 cm、35 cm的两种菌袋，短袋每袋可装干料0.5 kg左右，长袋可装0.75 kg左右。若采用高压灭菌，应选择聚丙烯菌袋。

（3）培养料配方。常见的袋栽灵芝培养料配方如下。

① 杂木屑78%、米糠或麦麸20%、蔗糖1%、石膏粉1%。

② 棉籽壳78%、麦麸20%、蔗糖1%、石膏粉1%。

③ 玉米芯粉75%、过磷酸钙3%、麦麸20%、白糖1%、石膏粉1%。

④ 玉米芯粉50%、杂木屑30%、麦麸20%。

⑤ 杂木屑40%、棉籽壳40%、玉米粉或麦麸18%、石膏粉1%、蔗糖1%。

⑥ 稻草粉45%、杂木屑30%、麦麸25%。

⑦ 稻草粉35%、麦草粉35%、米糠25%、石灰2%、石膏粉2%、蔗糖1%。

⑧ 豆秸粉（花生壳、棉秆粉）78%、麦麸20%、蔗糖1%、石膏粉1%。

将上述配方中的稻草、玉米芯、豆秸等去除杂质和霉变部分后晒干粉碎；杂木屑、石灰、过磷酸钙等过筛，按规定比例分别称好，混合均匀。把蔗糖用清水溶化后，慢慢加入混合料中，搅拌均匀，使含水量达60%～65%。用手紧握一把料，手指间有水印而不滴下即为适宜含水量。

（4）装袋与灭菌。培养料拌好后应及时装入袋中，以免杂菌繁殖，培养料变质。一般当天拌料，当天装袋灭菌。装袋前，将料袋一端用线绳扎紧，系一活结，以利于解袋接种。培养料装袋有机械装袋和手工装袋两种。机械装袋培养料松紧度一致、进度快、质量好；手工装袋要求边装边用手压实，应掌握合适的松紧度，当装到料离袋口7～8 cm时，用线绳扎紧并系一活结。搬动时应轻拿轻放，装好的料袋应及时送入灭菌灶灭菌。常压灭菌时，要求温度在100 ℃，连续灭菌8 h以上；高压灭菌在0.14～0.15 MPa压力下保持1.5 h。

（5）接种与发菌。灭菌后，当料温降至30 ℃以下时，将袋子移入接种箱或无菌室，以无菌操作方式解开两端袋口，装入蚕豆块状菌种，接种量应为干料重的十分之一左右，然后扎好袋口进行培养。培养室要门窗齐全，地面以水泥地、砖地为佳。在投入使用前应打扫干净，进行常规消毒。接种后的菌袋应送入培养室的培养架上或码在地上，培养室温度应保持在 25～30 ℃，空气相对湿度为 65%～70%。培养 3 d 后，应每天检查一次菌丝生长情况及有无污染，如发现杂菌污染的菌袋，应及时拣出并进行处理。经15～20 d 培养后，可松开袋口，让新鲜空气进入袋内，加速菌丝生长。当灵芝菌丝长到袋长的三分之二后，增加培养室湿度，促进原基形成和子实体发育，这样的菌袋可在1 个月内长满，与不松口培养法相比，可提前 15～20 d 出芝。

（6）出芝期管理。当菌丝长满菌袋，温度达到 22 ℃以上时，就应解开袋口，增强通风、增加光照，促进子实体形成，进行出芝期管理。灵芝代料袋栽根据出芝场所不同可分为室内栽培和室外栽培两种。室内栽培灵芝由于温度、湿度、光照等环境条件容易控制，子实体生长快、虫害少、产量高。室外栽培增加了管理难度，但由于环境中空气好、光线均匀明亮，所产子实体肉厚、质坚、光泽足，生长速度慢，质量接近野生灵芝，在市场上更受欢迎。室内栽培灵芝可采用单层卧放层架式栽培和墙式层叠式栽培。

① 单层卧放层架式栽培。层架宽 140 cm，层距 55 cm，底层离地面 30 cm，层数不超过 6 层，顶层距屋顶不少于 120 cm，层架间走道宽 70 cm。菌袋摆放时，袋口朝向走道。在层架上放置两排菌袋，袋与袋之间相距 3 cm，菌袋上面每隔 10 cm 用刀片划"十"字形出芝孔，划痕长度 1.5 cm 左右，每袋划 2～3 个出芝孔，然后在划孔上覆盖较薄的塑料薄膜，使出芝孔内保持稳定的温湿度和空气环境，待菇蕾形成后再揭去薄膜。

② 墙式层叠式栽培。在地面上每隔 70 cm 放一行两砖宽的单层砖，菌袋放置在砖上，袋口朝向走道。菌袋层叠放置，一般菌墙堆 10～12 个袋高。近年来，采用菜园肥土和泥，将菌袋用一层泥一层袋砌成菌墙的栽培方式，由于能大幅度提高产量而被广泛采用。在砌菌墙前，要用针在发好菌丝的菌袋表面扎多个通气孔，然后用泥砌菌袋形成菌墙。注意袋与袋之间留 1 cm 左右的空隙，中间用泥填实，使每一菌袋都有肥土包围。菌墙顶端用泥叠一洼槽，用地膜铺在洼槽上，并用大头针均匀地刺出小孔，以保持菌墙湿润状态。干时在水槽内灌少许 0.5% 尿素和磷酸二氢钾水溶液，让其缓慢下渗。这种方法能保持水分、供应养分，管理容易，产量相较于传统方式能提高 30% 以上。

室内栽培灵芝温度应控制在 25～28 ℃，散射光应充足，空气相对湿度在 90% 以上，墙式层叠式栽培经 10 d 左右，在塑料袋口的培养基表面出现黄豆粒大小的白色突起，即为灵芝原基。此时应剪开两端袋口，加强管理，创造适宜灵芝子实体发育的条件，以达到优质高产。

二、代料室外覆土栽培

1. 场地选择

选择地势高燥，水源就近，富含有机质、矿物质的中性偏黏土壤，并施入腐熟的有机肥来补充营养；也可以选择蚕桑地、树荫下的中性土壤，这样易于控制空气相对湿度，便于运输菌种袋、覆盖物和进行水分管理，有利于灵芝生长。

2. 菌袋准备

室外覆土栽培一般于3月中旬开始生产，4月下旬至5月初开口出芝，6月上旬进入旺盛生长期，6月底至7月初收获。接种后，将菌袋放入塑料大棚发菌或培养室发菌，空气相对湿度保持在80%，有条件的可用空调加温，并定期通风换气，降低二氧化碳浓度。

3. 覆土栽培

（1）阳畦覆土栽培。阳畦覆土栽培是指在向阳通风的地方挖半地下式保护地进行灵芝栽培的方法。据测试，阳畦内平均气温比外界高3～5℃，空气相对湿度高15%～19%，适用于北方气温较低的地区。阳畦一般应东西向，畦宽1～1.2 m，长8～10 m，地下挖0.4～0.6 m，挖出的湿土沿畦面南北边垛成0.5 m高的土墙，用细竹在墙上扎成拱形骨架。竹子之间距离0.5 m，拱高0.8 m，棚高1.6～1.8 m，拱架用薄膜覆盖后用秸秆或草帘遮阴。在架下东西向筑畦两行，畦间走道宽0.7 m左右。

（2）荫棚覆土栽培。荫棚一般宽3～3.5 m，高2 m，长度视栽培数量而定。棚架用毛竹或木棍作立柱，间距2 m左右，棚顶、柱子用竹竿相连。棚架用铁丝捆扎结实，上面用茅草或稻秸遮阴，能抗大风及阴雨天气。棚内挖两畦，畦宽1.3 m左右，畦长不限，畦间走道60 cm。

畦床要求床底平整、床壁拍实。栽植前，先用杀虫剂和pH为10的石灰水喷洒地床及周围。再将发好菌的栽培袋脱去塑料膜，直立摆放在地床内，菌棒之间相距5～6 cm，上端保持平整，均匀覆上腐殖质丰富的土壤，填满所有空隙。床面覆土厚2～3 cm，轻压平整土层。栽植完地床要浇一次透水，覆盖草帘保温保湿，温度控制在25～30℃，这样有利于子实原基的形成和生长。

4. 覆土后的管理

栽植后，阳畦和荫棚内温度要基本稳定，以26～28℃最为适宜，温差不宜过大。由于灵芝需要温度偏高，阳畦内湿度较大，采用日光暖棚栽培灵芝一定要掌握好空气流通，防止闷气、闭气，若空气不好，子实体的原基不生长，易发生杂菌污染。经过10 d左右的管理，可形成灵芝原基。13～15 d后，原基可陆续长出地面，20 d左右原基分化成菌柄。这一阶段，每天要把畦床上的薄膜底脚揭开，通风2～3次，每次通风

20 ～ 30 min，并逐渐加大通风量。如果覆土发白，可在揭膜通风时进行喷水，喷水量以覆土含水量 25% 左右、土粒无"白芯"为宜。

（1）调光控温。灵芝属向光型真菌，在出芝期间，菌盖正常生长与光照有很大关系，因此要有"三分阳"的透光率，且光源最好固定在一定的位置，光照强度在3 000 ～ 5 000 lx，可利用遮阳网或草帘来控制光照，避免阳光直射导致温度过高。子实体生长期温度应保持在 27 ～ 29 ℃。在 15 ～ 22 ℃时，灵芝会出现菌柄徒长，子实体多呈鹿角状丛生；温度超过 22 ℃后，在鹿角状菌柄顶部又能正常分化形成菌盖；温度超过 30 ℃时，子实体生长虽快，但菌盖较薄、质量差；分化形成菌盖后温度低于 24 ℃时，菌盖虽厚，但产量较低。

（2）保湿通风。在原基形成后，空气相对湿度要保持在 85% ～ 90%，低于 80% 对子实体生长不利，幼嫩的菇蕾易死；但长期超过 95% 时，其又容易感染杂菌或因缺氧而造成畸形，影响产量和品质。空气相对湿度过高应采取通风降湿，过低则要进行喷水保湿，要根据勤喷、少喷、喷匀的原则来调控暖棚的空气湿度。灵芝好气性强，随着原基的分化、增大，要加大通风量，保持暖棚内空气清新，在管理上既要保温、保湿，又要通风、透气。如通风不好，暖棚内二氧化碳浓度过高，会导致菌盖不分化，出现鹿角状分枝，产生畸形灵芝。由于棚内空间小，二氧化碳浓度容易增高。为了便于通风，暖棚四周底膜不必密封，随时可揭开通风，每天通风 2 ～ 3 次，每次 30 min 以上。

（3）适时采收。当灵芝菌盖已充分展开、不再长大；边缘浅白或浅黄色消失，色泽与菌盖中间颜色相同；菌盖变硬有光泽；弹射棕红色担孢子时，即为成熟。这时应及时在灵芝子实体下铺上塑料薄膜并停止喷水，收集孢子粉。待灵芝充分成熟后，先将子实体连柄一齐拨出，并将塑料袋内的子实体残留部分用小钩掏出，剪去菌柄下端带有培养基的部分，及时晾干或烘干，装入塑料袋内保存，并注意经常检查，防虫、防霉变。如采收过早，子实体幼嫩，菌盖小而薄，质量低；过迟采收，子实体衰老，药效较差，且不利于第二潮生长。

三、灵芝的段木栽培

灵芝段木栽培主要利用小口径段木，对大口径段木可采用生料短段木栽培。

1. 种树的选择与处理

种树主要选用油脂和芳香类化合物含量低的阔叶树木，如栎、栗、桦和其他硬杂木。

（1）砍伐时间。段木的砍伐时间以树木落叶到发芽前为宜。

（2）截段。把树砍下，剥去枝叶，截成长 1 m 的小段；大口径段木则可截成长度为1.5 m 的小段。

（3）堆放。在段木截面处涂上石灰浆，以防杂菌污染，堆放 7 ～ 15 d。易返青的树木需堆放久些，以防接种后返青，造成菌种死亡。

2. 接种

首先，用冲击钻在段木上打接种穴，穴深不少于 1.5 cm，株行距 5 cm，呈品字形排列。大口径短段木要在横截面上打孔，规格可同上。

其次，可将菌种、木屑、米糠按 1∶3∶1.8 混合，加蒸馏水至湿润，涂在穴内。最后，用专用涂料封穴或涂在孔穴及整个断面，高度为 5 ～ 10 mm，外厚内薄。

3. 发菌

将接种后的段木堆放在培养室或室外荫棚中，注意保温保湿，不能雨淋、日晒，堆高 1 m，排成"井"字形，并在其上覆盖薄膜。如果是大口径短段木，为了保湿，则可每 3 ～ 4 段叠成一筒，再用木板纵向钉牢，最后用薄膜覆盖。

堆放好后，在中午温度较高时进行通风，并在半个月或 10 d 内喷一次消毒杀菌药水防止污染。7 ～ 10 d 翻堆一次，上、下对调，内、外对调，以保证温湿均匀，发菌一致。气温稳定在 20 ℃时，便可进行出芝期管理。

4. 埋料

段木内菌丝发育成熟时，应把段木截成 20 cm 的小段，埋入预先整好的畦内，深度视畦床土质、透气性能、渗水性能而定，一般为 10 cm 左右，每段间隔 10 ～ 20 cm。埋料后的管理方法同代料栽培法。

 知识拓展

灵芝孢子粉收集

灵芝子实层背面初期为米黄色，管孔处于封闭状态，到生长后期逐渐变成黄褐色，管孔张开并释放孢子。随着灵芝生长，菌盖逐渐增厚，颜色加深；菌盖边缘白色逐渐消失，变为红色。在接种后的 50 ～ 70 d，当子实体边缘白色基本消失或完全消失，开始木质化时，灵芝从菌柄基部开始释放孢子，子实体下方出现棕色孢子粉，此时应及时收集孢子粉，过早或者过晚收集孢子粉均不利。在子实体边缘的白色生长圈尚未完全消失时封闭收集，不仅影响子实体向外生长，造成畸形，也会导致菌管僵化、闭塞，使子实体不能释放孢子，造成减产；过晚封闭收集，则易造成大量孢子粉散失。收集孢子粉主要有以下方式，可根据实际情况进行选择。

（1）套袋收集。选用透气性好、防水性强的圆筒形纸袋（也可使用旧报纸制作）。撑开纸袋，套住整个灵芝，并用橡皮筋将袋口固定。灵芝个体生长速度并不完全一致，套袋时应根据灵芝个体的成熟度进行套袋。套袋操作时，切勿碰伤菌管，以免影响孢子弹射。

（2）室内层架套袋。采用室内层架栽培模式，将菌袋放入层架内，每层放 4 排，将整个层架用白纸封闭好，以收集孢子粉。

（3）装纸箱收集。用湿布将菌袋擦干净放入纸箱，可叠放多层，但菌盖间要保持一定距离，以免损伤。子实体弹射出大量的褐色孢子粉时，可打开纸箱。一般从长出原基至收集孢子粉需 50～60 d。收集孢子粉时，先打开白纸制成的纸箱，用毛刷将箱顶及箱内的孢子粉轻轻刷入容器内，再用刀割下子实体。

（4）吸尘器收集。将吸尘器内打扫干净，在菌盖表面上方 10～20 cm 处打开吸尘器，每天早、晚进行收集，收集完后将孢子粉倒入容器内。

开始收集灵芝孢子粉后，应将栽培室温度控制在 23～26 ℃，空气相对湿度要提高到 95% 以上（可采用地面灌水法）。在高湿环境中，子实体菌管不断增厚，会增加担孢子释放量。采用吸尘器收集孢子粉时，要注意在灵芝孢子粉收集完进行后喷水。此外，要加强室内通风，保持空气新鲜，防止二氧化碳浓度增高。孢子粉的释放时间为 40～50 d。

将收集到的灵芝孢子粉过 200 目以上的筛，去除杂质，晒干或烘干后采用真空包装或密闭袋式包装、罐式包装。

项目四 食用菌病虫害防治

学习目标

1.知识目标

（1）了解食用菌栽培过程中常见的病害及其危害特点，掌握常见的生理性病害的特征和杂菌的形态特征。

（2）熟悉食用菌栽培过程中常见的害虫及其危害特点，掌握常见害虫的形态特征。

（3）掌握食用菌病虫害防治的基本原理和一般防治方法。

2.技能目标

（1）能够根据食用菌病害的特点，分析判断病害的类型。

（2）能够根据食用菌虫害的特点，分析判断虫害的类型。

（3）能够根据危害症状并结合实际生产情况，提出有效的防控方案。

任务 4-1 食用菌常见病害及其防治

任务描述

在食用菌栽培过程中，由于条件简陋或管理疏忽等问题，常引起病害，导致食用菌产量和品质下降，甚至绝收。通过本任务的学习，学生可以了解食用菌病害的种类、症状和发生原因，掌握食用菌病害发生的规律及防治方法。

 知识准备

食用菌病害包括生理性病害、侵染性病害和竞争性病害等。其中，生理性病害主要是由环境条件（如温度、空气相对湿度、通气状况、pH 等）不适宜引起的，一旦发生，便涉及整个栽培场所；侵染性病害是由病原微生物（包括细菌、真菌、病毒、线虫等）引起的，最初只是在某个局部发生，然后从这个发病中心向四周蔓延。

一、食用菌生理性病害及其防治

（一）菌丝体阶段的生理性病害及其防治

1. 菌丝徒长

菌丝徒长主要发生在食用菌栽培中的覆土层，其症状是高温时，菌丝向上窜，在覆土层出现十分浓密的"菌被"，使形成的菇蕾窒息而死，俗称"冒菌丝"。菌丝徒长除了与菌种特性有关（其主要发生于气生型菌株），还常与菇床的空气相对湿度过大、通风不良有关。出现"冒菌丝"的初期，应在早晚气温低时喷水，并加大通风量，以降低菇房的空气相对湿度，并及时用齿耙划破徒长的菌丝层，使其逐渐消亡。

菌丝徒长的主要防治方法如下。

（1）移接母种时，挑选原基内半气生菌丝混合接种。

（2）降低培养料湿度及料面湿度，以抑制菌丝生长，促进子实体形成。

（3）若菇床已形成菌被，应及时用刀破坏徒长菌丝。

（4）加强菇房通风。增加透气性以降低二氧化碳浓度和空气相对湿度，同时降低菇房温度，可抑制菌丝生长，促进子实体形成。如已形成菌块，可用刀划破菌块后，喷水通风，这样子实体仍能形成。

2. 菌丝萎缩

在食用菌栽培中，常在发菌与出菇阶段出现菌丝发黄、发黑、萎缩甚至死亡的现象，其产生的原因主要有以下几种。

（1）料害。料害导致的菌丝萎缩大多出现在播种后 3～5 d。例如，建堆时添加过多的氮肥或添加氮肥过迟，会使培养料的含氨量过高，导致已萌发的菌丝因"氨中毒"而死亡。又如，堆料配制中碳氮比不适宜，发酵时间过长，使培养料过于腐熟，发生酸化，会造成培养料内菌丝萎缩成细线状。

（2）水害。覆土层喷水过急，水渗入料层，会造成培养料过湿而缺氧，致使菌丝萎缩。

（3）气害。高温、高湿条件下，菌丝新陈代谢加快，造成单位体积内二氧化碳浓度过高，菌丝易发黄死亡，即"烧菌"现象。气害主要是温度过高、通风不良，一旦气温

下降，菌丝仍有可能恢复生长。

菌丝萎缩的主要防治方法如下。

（1）注重发酵料质量。

（2）覆土层喷水时，注意喷水量，喷水宁少量多次勿大量少次。

（3）控制好发菌期温度。

（二）子实体阶段的生理性病害及其防治

1.畸形菇

畸形菇的具体发生原因及相应表现如下。

（1）栽培小区氧气不足、二氧化碳累积量过高。例如，灵芝栽培中，二氧化碳浓度超过0.1%时，灵芝不形成菌盖，而向上生长成鹿角状；银耳栽培中，出现"团耳"，甚至形成似花椰菜的"铁耳"。平菇栽培中，若二氧化碳浓度过高，则出现长菌柄不长菌盖、似不倒翁状的"大脚菇"；猴头菇则出现珊瑚状分支。一旦栽培环境改善，畸形菇就有可能很快恢复正常状态。

（2）栽培小区温度低于食用菌分化所需的最低温度。这种情况在香菇栽培上尤为明显。例如，栽培高温型香菇品种时，一旦原基形成后，气温突然下降，不能满足其子实体分化所需的最低温度，便出现"荔枝菇"（菌柄、菌盖不形成，成为一团块）；猴头菇栽培中，若气温低于14 ℃，会出现子实体发红的现象；平菇栽培中，温度过低会产生"瘤盖菇"，即菌盖表面出现瘤状或颗粒状的突起，菇农将其称为"起泡"或"起皱"，这种现象在室内外菇场均有发生。因此，在生产上，必须了解所栽培的品种正常发育所能忍受的最低温度，同时加强增温保温措施，控制好菇床温度。

（3）栽培小区的空气相对湿度过高。在人防工程内栽培平菇时，由于空气相对湿度达到饱和状态，平菇菌盖上又长出小菇蕾，即出现二次分化现象。

（4）栽培小区光线不足、通气不良。光是细胞合成色素的外界条件。光线不足时，香菇菌盖会变为淡黄色，黑木耳不黑。在香菇和平菇栽培中，出现"高脚菇"（其主要表现为菌柄偏长，菌盖过小，故名"高脚菇"）的原因主要有两个：一是原基期光照不足，使菌柄徒长，造成先天性不足；二是分化期以后菇场空气交换不良、光照度不足、产菇温度偏高，菌盖的发育受到一定程度的抑制。

但在栽培金针菇时，常减少通风，人为造成栽培小区内（袋内）有较高的二氧化碳浓度，这是利用了适宜的二氧化碳浓度能促进菌柄伸长、抑制菌盖分化的原理，以便形成"针头状"的菇蕾。

（5）栽培管理不当。"地雷菇""空心菇""硬开伞"等是蘑菇栽培中常出现的问题，主要是由用于覆土的土粒过大、覆土层过厚等不当的栽培管理措施造成的。此外，在防治病虫害时，用药不当也会导致畸形菇。例如，若在平菇原基形成后对其喷施敌敌畏，会形成鸡冠状菇体，菌盖上卷而严重畸形；喷施激素类增产素时，若浓度过高，会使整批小菇蕾枯萎死亡。

畸形菇的主要防治方法如下。

（1）合理安排栽种时机，避开高温季节出菇。

（2）调节适宜温度，适量喷水，以免出菇过密。

（3）慎用农药，正确使用敌敌畏及其他化学药物，注意农药种类、用药次数、用药时间及用药量，以防菇蕾受药害。

（4）减少机械创伤、加强通风透光，防止病毒感染；恰当选用诱变剂，筛选遗传性状优良的突变体。

（5）注意通风，降低二氧化碳浓度；冬季栽培注意防止低温冻害，使用煤时应防止一氧化碳的污染；适当降温，增加光照。

2.死菇

死菇（如图4-1-1所示）是指在出菇期间，子实体尚未成熟，菇蕾就萎缩、变黄、死亡。生理性病害造成的死菇，菇表常干爽无黏液，发病原因常常是营养不良、高温、高湿、缺氧、干燥、机械损伤、药害等。

死菇的主要防治方法如下。

（1）科学配料。

（2）控温、控湿、通风。

（3）科学用药。

图 4-1-1　死菇

3. 薄皮早开伞

薄皮早开伞多出现在平菇生产旺盛时期，其症状为菌盖薄皮、提早开伞。造成薄皮早开伞的原因是出菇过密、温度偏高（18 ℃以上）、菇房内二氧化碳浓度过高。

薄皮早开伞的主要防治方法如下。

（1）及早预防，防止出菇过密并适当降低菇房温度，可减少薄皮早开伞的发生。

（2）注意天气变化。薄皮早开伞在秋季低温时易发生。

因此，在食用菌栽培中，要协调好温、湿、气等因素，为食用菌生长创造良好的生活条件，使其健壮生长，这样就能避免上述生理性病害的发生。

二、食用菌侵染性病害及其防治

（一）真菌性病害及其防治

引起食用菌病害的真菌病原物大多喜高温、高湿和酸性环境，以气流、喷水等为主要传播方式。常见的真菌性病害包括有害疣孢霉引起的褐腐病、轮枝霉引起的褐斑病、树枝状轮枝孢霉引起的软腐病和镰孢菌引起的猝倒病等。

1. 褐腐病

褐腐病又称湿泡病，由有害疣孢霉侵染而引起。有害疣孢霉属真菌门、半知菌亚门、丝孢纲、丝孢目、丛梗孢科，是一种常见的土壤真菌，主要危害双孢蘑菇、香菇和草菇，严重时可致绝产。子实体受到轻度感染时，菌柄肿大成泡状畸形；子实体未分化时被感染，产生一种不规则组织块，上面覆盖一层白色菌丝，并逐渐变成暗褐色，常从患病组织中渗出黑色汁液；菌盖和菌柄分化后感染，菌柄变成褐色，感染菌褶则产生白色的菌丝。褐腐病如图 4-1-2 所示。

图 4-1-2　褐腐病

褐腐病的主要防治方法如下。

（1）初发病时，立即停止喷水，加大菇房通风量，将室温降至 15 ℃以下。

（2）病区喷洒 50% 多菌灵可湿性粉剂 500 倍液，也可喷 1% ～ 2% 甲醛溶液灭菌。如果覆土被污染。可在覆土上喷 50% 多菌灵可湿性粉剂 500 倍液，或 70% 甲基硫菌灵可湿性粉剂 500 倍液，杀灭病菌孢子。

（3）发病严重时，去掉原有覆土，更换新土；将病菇烧毁；所用工具用 4% 甲醛溶液消毒。

2. 褐斑病

褐斑病又称干泡病、轮枝霉病，是由轮枝霉引起的真菌病害，其不侵染菌丝体，只侵染子实体，且可沿菌索生长，形成质地较干的灰白色组织块。染病的菇蕾停止分化；幼菇受侵染后，菌盖变小，菌柄变粗、变褐，形成畸形菇；子实体中后期受侵染后，菌盖上产生许多针头状、大小不规则的褐色斑点，并逐渐扩大成灰白色凹陷。病菇常表层剥落或剥裂，不腐烂、无臭味。

褐斑病的主要防治方法如下。

（1）搞好菇房卫生，防止菇蝇、菇蚊进入菇房。

（2）菇房使用前后均严格消毒，采菇用具用 4% 甲醛溶液消毒，覆土用前要消毒或用巴氏消毒法灭菌，严禁使用生土，且覆土切勿过湿。

（3）发病初期应停止喷水并降温至 15 ℃以下，加强通风排湿。

（4）及时清除病菇，在病区覆土层喷洒 2% 甲醛溶液或 0.2% 多菌灵溶液。发病菇床喷洒 0.2% 多菌灵溶液，可抑制病菌蔓延。

3. 软腐病

软腐病又称蛛网病、树枝状轮枝孢霉病、树枝状指孢霉病，其是由树枝状轮枝孢霉引起的真菌病害。软腐病初期，床面覆土表面出现白色蛛网状菌丝，如不及时处理，很快蔓延并变成桃红色。软腐病侵染子实体从菌柄开始，直至菌盖，先呈水浸状，再逐渐变褐变软，直至腐烂。

软腐病的主要防治方法如下。

（1）严格覆土消毒，切断病源。

（2）局部发生软腐病时喷洒 2% ～ 5% 甲醛溶液、40% 多菌灵 800 倍液或甲基托布津 800 倍液，也可在病床表面撒 0.2 ～ 0.4 cm 厚的石灰粉。同时减少床面喷水、加强通风，以降温排湿。

4. 猝倒病

猝倒病又称立枯病、枯萎病、萎缩病，是由尖镰孢菌和菜豆镰孢菌引起的真菌病害，主要侵染菌柄，使病菇菌柄髓部萎缩变褐。患病的子实体生长变缓，初期软绵，呈失水状，菌柄由外向内变褐，最后整菇变褐，成为"僵菇"。镰孢菌广泛存在于自然界，土壤、谷物秸秆等都有镰孢菌存在。其孢子萌发最适温度为 25 ～ 30 ℃，腐生性很强，并具寄生性。菇房通风不良、覆土过厚过湿，都易引发该病。

猝倒病的防治主要是在培养料发酵和覆土消毒这两个环节，培养料发酵要彻底、均匀，覆土要严格消毒。食用菌发病时，可喷洒硫酸铵和硫酸铜混合液，具体制作方法是：将硫酸铵与硫酸铜按 11∶1 的比例混合，然后取其混合物，配成 0.3% 水溶液喷洒。也可喷洒苯来特或托布津 500 倍液。水分管理中，注意喷水少量多次，加强通风，防止菇房空气相对湿度过高，并注意覆土层不可过厚过湿。

（二）细菌性病害

细菌分布于自然界中，在有机残体、塘水、空气中都有其芽孢和菌体存在。细菌可危害多种食用菌。它不仅污染食用菌菌种和培养料，还可引起食用菌子实体发病。细菌是单细胞生物，个体很小，形态简单。细菌生长方式为分裂生殖，数量增长很快，危害较大。细菌芽孢耐高温，食用菌栽培中常因高压锅漏气造成灭菌不彻底、细菌萌发生长。细菌菌体在 pH 为 3 ～ 7 时生长良好。

1. 病害特征

试管菌种受污染时，细菌菌落常包围着食用菌，接种点多为白色、无色或黄色菌落，与酵母菌相似，不同的是受细菌污染的培养基常发出恶臭味，使食用菌生长不良。培养料被污染时，变得黏湿、色深，并散发出酸臭味，严重时培养料变质、发臭、腐烂。细菌容易在高温和缺氧的环境中产生危害。芽孢类细菌常产生芽孢，以应对不良环境，用常规灭菌手段很难完全杀灭细菌芽孢。在高温季节栽培食用菌，尤其是工厂化生产或栽培黑木耳等高温季节生产的食用菌的过程中，残存的细菌芽孢萌发快，细菌很快占领培养料而抑制食用菌菌丝，往往造成很大损失。

2. 发病原因

过湿、中性或微碱性培养料容易受细菌污染；高温高湿环境容易受细菌污染；培养料的缺氧环境易导致细菌污染。

3. 防治方法

（1）培养基、接种工具要彻底灭菌，杀死所有细菌。

（2）严格无菌操作，尽量避免细菌污染。

（3）接种后 1 ～ 3 d 认真检查菌种，挑出被细菌污染的试管。

（4）原种、栽培种和栽培用培养料要严格按配方配料，严防水分过多造成缺氧环境而使细菌发生。

4.常见的食用菌细菌性病害

（1）斑点病。斑点病病征局限于菌盖上，初期菌盖上出现 1～2 处小的黄色或茶褐色的变色区，然后变成暗褐色、凹陷的斑点。当凹陷的斑点干后，菌盖裂开，形成不对称的子实体，菌柄上偶尔发生纵向的凹斑。菌褶很少受到感染，菌肉变色部分一般很浅，很少超过皮下 3 mm。有时蘑菇采收后才出现病斑，特别是把蘑菇置于变温条件下，水分在菌盖表面凝集，更容易发生斑点病。

斑点病的主要防治方法为：播种前，菇房中喷洒甲醛、来苏尔或新洁尔灭等消毒剂，覆土土粒用甲醛熏蒸消毒，管理用水用漂白粉处理或用干净的河水、井水。清除病菇后，及时喷洒含 100～200 单位的链霉素溶液、50% 多菌灵或代森锰锌可湿性粉剂 500 倍液，或 0.2%～0.3% 漂白粉溶液。

（2）黄斑病。黄斑病如图 4-1-3 所示。染病初期，菌盖上有小斑点状浅黄色病区，随着子实体的生长而扩大范围并传染其他子实体，随后色泽变深，并扩大范围到整个菌盖。染病后期，菇体分泌出黄褐色水珠，病株停止生长，继而萎缩、死亡。黄斑病是由假单胞杆菌引起的病害。假单胞杆菌为细菌性病原菌，该病菌喜高温高湿环境，尤其在温度稳定在 20 ℃ 以上、空气相对湿度在 95% 以上，而且二氧化碳浓度较高的条件下，极易诱发黄斑病。即使温度在 15 ℃ 左右，但当菇房空气相对湿度趋于饱和（100%）且密不透风时，黄斑病也有较高的发病率；在培养料及菇房内用水不洁时，该病发病率也很高。

图 4-1-3　黄斑病

黄斑病的主要防治措施如下。

①搞好环境卫生，严格覆土消毒，消灭害虫。

②喷水必须用清洁水，切忌喷关门水、过量水，防止菇体表面长期处于积水状态和土面过湿。

③ 子实体生长期，严防菇房内空气相对湿度过大。加强通风，使二氧化碳浓度降至0.5% 以下，并降低空气相对湿度。尤其在需保温的季节或时间段里，空气相对湿度应控制在 85% 左右。

④ 子实体一旦发病，就要通风降低菇房内空气相对湿度，喷洒漂白粉 600 倍液。但应注意喷药后封闭菇房 1 ～ 2 h，然后立即加强通风，降低温度。

（3）菌褶滴水病。

菌褶滴水病的症状为：菌褶有奶油色小水滴，发生腐烂，形成褐色黏液团。

菌褶滴水病的主要防治措施为：食用菌表面不要有积水；培养料不要过湿（用手握成团、松开即散即可）；降低菇房内空气相对湿度至 85% 以下；用漂白粉 600 倍液喷洒。

（三）病毒性病害及其防治

香菇、草菇、银耳均易发生病毒性病害，主要为菇脚渗水病，即菌盖小、歪，菇体呈水状，严重时绝收。

病毒性病害的防治措施为：将发病体拔掉，以防扩散；用 5% 甲醛溶液消毒菇房及工具；选育抗病性强、不易发病的优良品种。

三、竞争性病害及其防治

1. 绿色木霉及其防治

（1）形态和症状。绿色木霉是食用菌栽培中常见的，也是危害最严重的一种污染杂菌。污染初期，其在培养料、段木接种孔或子实体上产生白色纤细致密菌丝，逐渐形成无定形菌落。几天后，从菌落中心到边缘逐渐产生分生孢子，使浅绿色菌落变成灰绿色霉层。菌落通常扩展很快，特别在高温高湿条件下，绿色木霉菌落可在几天内遍布整个料面，导致栽培失败。

（2）传播方式。绿色木霉可生长于富含有机质的杂物上和土壤中，其分生孢子还掺杂在空气中，因此，栽培场所、带菌工具、堆料和废弃料的堆积场所是绿色木霉的主要来源。分生孢子可通过风、喷水、浇水或昆虫等扩散、蔓延。代料栽培食用菌中，木屑、麦麸、玉米芯等培养料很容易受到污染，导致生长不良的子实体上形成绿色木霉的菌落。绿色木霉的菌丝生长温度范围是 4 ～ 42 ℃，25 ～ 30 ℃生长最适宜，孢子萌发温度范围是 10 ～ 35 ℃，15 ～ 30 ℃萌发率最高。25 ～ 27 ℃条件下，其菌落由白变绿只需 4 ～ 5 d。高湿对绿色木霉的菌丝生长和孢子萌发有利，其孢子萌发要求空气相对湿度在95% 以上，但在较干燥的环境中也能生长。绿色木霉喜微酸条件，pH 为 4 ～ 5 时生长最好。通常接种时消毒不严格、棉塞潮湿、生长环境不干净，食用菌易感染该病；菌丝愈合处、定植或采菇期菌柄基部伤口极易受绿色木霉感染。

（3）防治方法。

① 做好栽培场所及有关用具的灭菌工作，保持栽培食用菌场所洁净；消毒时不施用过量的甲醛，以免甲醛氧化为甲酸，形成酸性环境，从而利于杂菌的生长。

② 更新培养料，对培养料进行彻底的灭菌。

③ 防止瓶栽棉塞受潮、袋栽的菌袋破损，接种要进行无菌操作。

④ 利用病菌和食用菌生长适温的差异，创造不适宜绿色木霉生长的温度条件，使食用菌菌丝生长良好，占据培养料的表面。例如，香菇菌丝在 25 ℃时生长最好，16 ℃时菌丝生长速度快于绿色木霉菌丝，25 ℃以上绿色木霉菌丝生长强于香菇。在香菇接种后，先在 16 ℃条件下培养，待菌丝长满料面后，逐渐提升到 25 ℃，以避免绿色木霉侵染。最好选择低温干燥季节栽培食用菌，并在菌丝愈合阶段覆盖塑料薄膜，注意适当通风降湿，且后期揭膜不宜过早。生产菇房空气相对湿度应控制在 85% 左右，在高温潮湿或多雨季节应加强菇房通风降湿，勤翻堆。在栽培过程中，若发现绿色木霉污染，应立即挖除，同时注意把死菇、老根清除干净，防止病菌菌丝扩散蔓延。

⑤ 若发现栽培袋局部有绿色木霉感染，可将该局部薄膜揭开，用石灰乳膏或甲醛液涂抹。食用菌长出后，每 3 d 喷 1 次 1% 石灰水溶液。

⑥ 化学防治。菇床培养料发现绿色木霉感染时，可直接在污染料面上撒上一层薄薄的石灰粉，控制病菌扩展蔓延。若绿色木霉仅在培养料的表面生长，可用 1% 石灰水溶液擦洗，也可用 1% 克霉灵、0.5% 多丰农、0.1% 咪鲜胺、0.1% 扑海因或 2% 甲醛溶液注射或涂抹，还可用 10% 漂白粉溶液局部涂抹。

2. 青霉

常见的青霉（如图 4-1-4 所示）有产黄青霉、圆弧青霉、苍白青霉等。

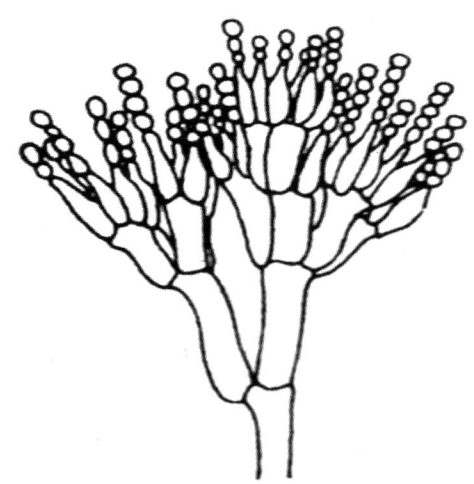

图 4-1-4　青霉

（1）形态。青霉菌丝体一般无色，后期淡色，具横隔，为埋伏型或部分气生型，气生菌丝为密毡状或松絮状；菌落质地呈绒状、絮状、绳状或束状等，颜色多为灰绿色；分生孢子呈黄色、黄绿色或绿色等。

（2）症状。高温（28～32℃）、高湿（85%～95%）条件下最易发生青霉污染。培养基、培养料污染青霉孢子，可在1～2d萌发成菌丝，形成小的绒状菌落。2～3d后从菌落中心开始产生绿色或黄绿色的分生孢子，菌落中心为绿色，外圈为白色，菌落扩展有局限性。菌丝很快覆盖培养料表面，影响食用菌菌丝的正常生长，其分泌的毒素能导致食用菌菌丝死亡。

（3）传播方式。青霉的传播主要是分生孢子通过空气进行传播。培养基、培养料灭菌不彻底、接种工具消毒不严格和栽培袋破裂，均可引起青霉侵染。

（4）防治方法。

①灭菌锅（室）和接种室之间要缩短距离，灭过菌的菌瓶、菌袋应直接进入接种室，以防止污染。

②灭菌室、接种室和培养室内外要做好常规消毒，被青霉污染的培养料切不可在菌种场内外堆放，以降低接种室的霉菌孢子密度。

③培养料和接种工具灭菌要彻底，将接种箱认真消毒；菌种要求无杂菌、适龄、健壮；接种要严格无菌操作，降低接种过程的杂菌污染率。

④严防划破菌种和栽培的塑料袋，防止霉菌孢子从破口处侵入。

⑤降低培养室内空气相对湿度和温度，控制青霉的生长。

⑥及时检查菌瓶、菌袋和栽培袋，如发现菌种被青霉污染，要挑出来处理掉，杜绝青霉孢子的再次感染；栽培料出现污染要挖去污染部分，并喷洒多菌灵200倍液；对污染较轻的栽培袋，可注射75%酒精、2%甲醛溶液或绿霉净消毒液。

⑦在香菇等菌种的制种与栽培中，用多菌灵或甲基托布津2 000倍液拌料，可有效抑制青霉菌丝生长，而对香菇菌丝生长无抑制作用。

3. 毛霉和根霉

（1）形态。毛霉和根霉俗称"长毛菌"。毛霉一般出现较早，危害食用菌的主要为总状毛霉，其初期呈白色，老后变为黄色、灰色或褐色；菌丝无隔膜，不产生假根和匍匐菌丝，直接由菌丝体生出孢囊梗。根霉与毛霉相似，但其在培养基上能产生弧形的匍匐菌丝向四周蔓延，并由匍匐菌丝生出假根，菌丝交错成疏松的絮状菌落。在显微镜下，毛霉的孢子囊直接生于菌丝上，而根霉的孢子囊自气生菌丝的匍匐枝上生出。根霉菌落生长迅速，初时白色，老熟后变为褐色或黑色。

（2）症状。根霉污染时，先从棉塞上形成银白色菌丝，潜入培养基。其气生菌丝十分旺盛、生长迅速，数日后出现大量黑色孢子囊。毛霉不形成黑色孢子囊，其危害主要是隔绝氧气，与食用菌菌丝争夺水分和养分，分泌毒素，抑制食用菌菌丝的生长。

（3）发生规律。毛霉、根霉的形状及生理要求基本相似，都是好湿性真菌。培养基通气不良、空气相对湿度达到95%以上、培养料内含水量过大时，毛霉、根霉污染发生较多。其生长迅速，但对食用菌菌丝危害不大，因此在制作栽培种时，如有毛霉和根霉发生，大部分食用菌菌丝可以覆盖毛霉和根霉，且仍能进行栽培，而其他霉菌污染时则须将栽培袋报废。

（4）传播方式。毛霉、根霉在谷物、土壤、粪便及植物残体上广泛生长。毛霉、根霉孢子通过空气和工具传播，生料栽培时主要通过培养料传播。

（5）防治方法。

① 生料栽培时，要选择无霉变的培养料，暴晒 2 ～ 4 d，并堆积发酵 4 d，减少杂菌数量。培养料加大石灰用量，以达到偏碱性条件，并控制毛霉和根霉的发生。

② 菌种生产和灭菌料栽培要严格无菌操作。

其他措施同青霉污染的防治。

4.链孢霉

（1）形态和症状。链孢霉俗称红色面包霉，简称红霉。菌丝体呈现无色、白色或灰色，菌丝为有隔菌丝，可产生分生孢子，分生孢子呈圆形至卵形；大量的分生孢子堆积在一起，呈粉红色或橘红色，粉状。链孢霉在玉米芯、棉籽壳上极易生长。菌落初期为粉色孢子、粒状，很快变为橘黄色、绒毛状。菌落成熟后，上层覆盖粉红色分生孢子梗及成串分生孢子。其在25 ～ 28 ℃条件下生长较好，2 ～ 3 d 内可完成一个世代。链孢霉污染如图 4-1-5 所示。

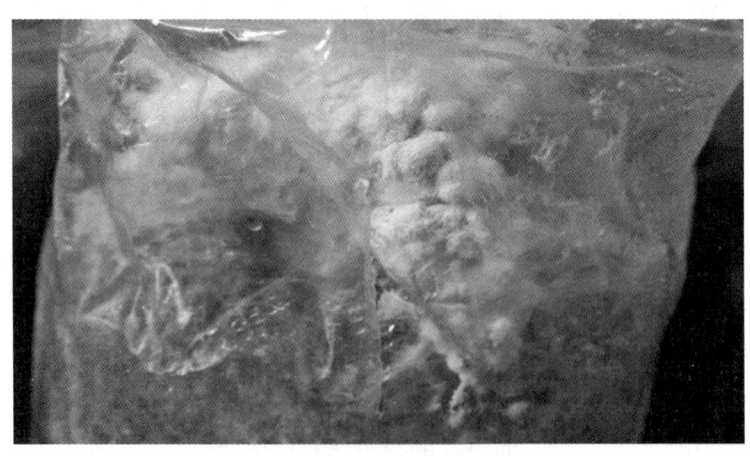

图 4-1-5　链孢霉污染

（2）传播方式。链孢霉喜欢生活在土壤或有机质中，分生孢子通过空气、土壤、培养料、水等途径进行扩散传播。高温、高湿条件有利于链孢霉分生孢子迅速传播和发展。

7—8月栽培的食用菌易受此菌污染。链孢霉生长快，一旦发生，食用菌栽培就会前功尽弃。

（3）防治方法。

①选用无霉变、无结块的培养料，尤其不能用带有橘红色的玉米芯和棉籽壳，并用多菌灵或托布津800倍溶液拌料，最后进行"二次发酵"。

②严格挑选菌种，坚决剔除棉塞受潮、带有橘红色等杂色的菌种。

③用卫生纸或纱布蘸70%的酒精覆盖患处，再用消毒过的刀挖出被污染的培养料，烧掉或深埋，然后用多菌灵喷洒四周的培养料。

5. 曲霉

菌种培养时常见的曲霉有黑曲霉、黄曲霉、烟曲霉、灰绿曲霉等。

（1）形态。曲霉污染常发生于棉花塞、瓶颈交接处或培养面上，初期为白色绒状菌丝，菌丝较厚、扩展性强，但很快转为黑色或黄色颗粒状霉层，用放大镜可看到一丛丛黄色、土黄色、褐色、黑色的色斑。黑曲霉菌落呈黑色；黄曲霉呈黄至黄绿色；烟曲霉呈蓝绿色至烟绿色，呈绒状、絮状或厚毡状，有的略带皱纹。曲霉如图4-1-6所示。

（2）发生规律。曲霉分布广泛，存在于土壤、空气及各种腐败的有机物上，分生孢子靠气流传播。曲霉主要利用淀粉，因此培养料含淀粉较多或碳水化合物过多，容易发生曲霉污染；温度为25～32 ℃、湿度大、通风不良的情况下也容易发生曲霉污染。

（3）防治方法。选用新鲜、干燥、无霉变的原料，并在其中添加干料质量0.1%～0.2%的多菌灵可湿性粉剂或干料质量0.1%的克菌灵粉剂。其他防治措施同青霉的防治。

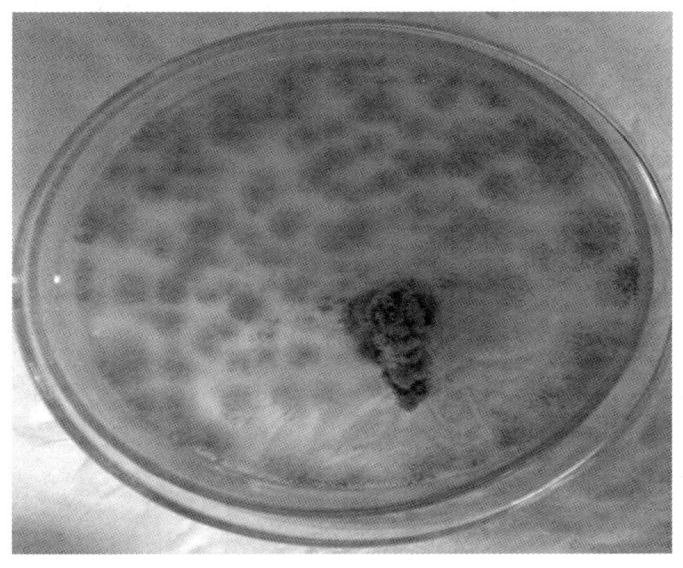

图 4-1-6　曲霉

6. 鬼伞

鬼伞类杂菌包括黑汁鬼伞、粪污鬼伞、长根鬼伞等。子实体白色，很快开伞，变黑并自溶如墨汁。鬼伞的生活周期一般比草菇早 2～3 d，与草菇争夺营养，影响草菇的产量。鬼伞腐烂时，菇房气味难闻，并常常会导致霉菌产生。

鬼伞主要靠空气及堆肥传播，培养料发酵时过湿、过干或含氮过多均有利于鬼伞的发生，特别是培养料中添加禽畜粪或尿素等但发酵不充分时，以及培养料 pH 低于 6 时常常会大量发生鬼伞。

鬼伞的主要防治方法如下。

（1）尽量选用新鲜培养料，使用前暴晒 2 d，或用石灰水浸泡原料。

（2）控制培养料的含氮量。采用发酵料或发酵栽培时，麦麸或米糠添加量不要超过 5%，禽畜粪添加量以 3% 为宜。无论用何种材料栽培，都最好进行二次发酵，这样可大大减少鬼伞的污染。

（3）发酵时控制培养料的含水量在 70% 以内，可保证高温发酵获得高质量的堆料。同时，培养料拌料时，应调节培养料的 pH 至 10 左右。

四、可导致病害的其他杂菌

1. 革菌类

（1）牛皮箍。牛皮箍有黑、白两种，黑牛皮箍呈粟壳色，边缘黄褐色；白牛皮箍呈笋片色。牛皮箍贴生于菇（耳）木上，边缘不翘起，依据此可与韧革菌区别。牛皮箍在梅雨季节易发生，繁殖很快，常常贴满菇（耳）木，引起腐朽，使食用菌菌丝全部死亡。

牛皮箍是一种严重危害食用菌的杂菌，尤以阴湿、连雨天气下容易发生，严重时贴满菇（耳）木，引起粉状腐朽，被害菇（耳）木不长子实体。牛皮箍是段木栽培菇、耳的一种毁灭性病害。

（2）韧革菌。韧革菌俗名"金边蛾"，子实体的基部贴生在菇（耳）木上，边缘翻起如檐状，表面为黑色，形似干了的黑木耳。其贴着菇（耳）木的不孕面生长，呈灰红色。在潮湿或连续阴雨天气，容易发生韧革菌。

（3）裂褶菌。裂褶菌是段木栽培香菇、木耳、毛木耳或银耳时的"杂菌"，其繁殖快、数量多，还可使木质部产生白色腐朽。

（4）伏革菌。伏革菌科属多孔菌目。该科真菌子实体平伏，结构多样，颜色多种，呈膜质或蜡质；子实层表面平滑至皱褶状或齿状；下分约 80 属。

2. 黏菌类

大多数黏菌主要危害食用菌菇床、段木。发生在菇床上的黏菌包括绒孢菌、煤绒菌、发网菌、粉瘤菌、钙丝菌等多种杂菌，其前期的培养体均为黏稠状的菌落，无菌丝，颜色鲜艳并多样化。

 任务实施

食用菌真菌性病害识别

1. 目的和要求

通过实训，学生能够识别食用菌真菌性病害的形态特征及危害状态，了解食用菌病害对食用菌生长的影响和危害。

2. 实训准备

杂菌污染的标本、食用菌真菌病原物的培养物、放大镜、显微镜、载玻片、盖玻片、接种钩、挑针、吸水纸、擦镜纸、香柏油、无菌水滴瓶、染色剂、酒精灯、火柴等。

3. 方法步骤

（1）观察真菌污染培养基的特征，包括黑曲霉、黄曲霉、青霉、绿色木霉、根霉、链孢霉、鬼伞等。

（2）观察真菌形态。取一载玻片，挑取少许真菌的培养物制作水浸片。将其置于显微镜下，用40～60倍物镜观察真菌的形态特征，观察各种污染真菌的标本片。

4. 作业

（1）绘制曲霉、青霉、绿色木霉、根霉等的菌丝、分生孢子梗及分生孢子形态图。

（2）比较食用菌细菌性病害及真菌性病害症状的区别。

 知识拓展

胡桃肉状菌

1. 形态及症状表现

胡桃肉状菌又称小牛脑、假块菌等，其学名是小孢德氏菌。其属于子囊菌亚门、散囊菌目、裸囊菌科、假块菌属。菌落初为白色，后转为黄白色，有时形成浓密的菌丝束，在料面上呈棉絮状，7 d后覆土层上便会扭结产生子囊果。子囊果幼时为乳白色小圆点，与针头相似，呈不规则团块状，群生；其表面有不规则的皱纹，形似核桃仁，初期为白色、淡黄色至奶油色或褐红色，成熟时转为暗红色；子囊孢子圆形，光滑；子囊果外形不规则，像胡桃肉（核桃肉）或小牛的脑髓。胡桃肉状菌污染严重时，培养料呈暗褐色或变黑，呈湿腐状，有漂白粉气味，可引起食用菌菌丝衰退，造成绝收。

2. 传播方式

胡桃肉状菌主要通过土壤、没有充分发酵的培养料以及带有该菌的菌种传播。其分

生孢子和子囊孢子可随风飞散，或经人、工具到处传播。其子囊孢子可潜伏在菇房、床架和周围场地等环境中休眠，遇到适宜的条件便重新萌发产生危害，这也是胡桃肉状菌污染连年发生的一个原因。菇房长期通风不良、高温（20 ℃以上）、培养料偏湿偏酸，易引起胡桃肉状菌的生长和蔓延。

3. 防治方法

（1）严把菌种关，发现菌种中有过于浓而短的菌丝，或有一粒粒胡桃肉状的东西，且有漂白粉气味，应及时销毁，以防扩散。

（2）培养料要进行"二次发酵"，培养料的含水量应控制在 60% 左右，pH 为 7.5。

（3）防止培养料过厚、过熟、过湿，并适当推迟播种期，使菇房温度在 17 ℃以下。

（4）严格进行覆土消毒，覆土层调水阶段应注意加强菇房通风。

（5）菇床上出现胡桃肉状菌子实体时，应停止喷水，加强通风降湿，使土壤干燥，用喷灯烧掉其子实体，再换上新土。大面积发生胡桃肉状菌污染时，应挖掉培养料，烧掉或深埋，再用 50% 施保功 2 000 倍液喷淋发病区四周的菌料，再用塑料薄膜封死。

（6）连年发生胡桃肉状菌严重污染的地区，应坚持用多菌灵 800 倍液进行环境消毒，堆料过程中用多菌灵 800 倍液拌料。

任务 4-2　食用菌常见虫害及其防治

 任务描述

食用菌在生长过程中，会不断遭受某些动物的伤害和取食，如节肢动物、软体动物等。在这些动物中，通常昆虫类发生量最大、危害最重，因此人们习惯把对食用菌有害的动物统称为害虫。由于害虫造成的食用菌及其培养料被损伤、破坏、取食，称为食用菌虫害。通过本任务的学习，学生可以了解食用菌虫害的概念、种类、危害特征、防治方法等。

 知识准备

一、食用菌虫害的概念

害虫主要是指有害昆虫，但是少数线虫和软体动物等也能够对食用菌造成危害，致使食用菌出现减产、畸形、损坏等症状，因此其造成的危害统称为食用菌虫害。危害食用菌的害虫种类繁多、侵害方式各异，稍不注意就会对食用菌生产造成重大损失。

二、菌螨

1. 形态特征

菌螨如图 4-2-1 所示。菌螨俗称"菌虱"，在生物分类中属于节肢动物门、蛛形纲、蜱螨目。危害食用菌的菌螨个体很小，肉眼几乎看不见，只有在放大镜或显微镜下才能看清它们的形态特征。菌螨一般有横沟，将身体分成颚体和躯体两部分，无翅、无触角、无复眼，躯体不分节，有 4 对足，是食用菌制种与栽培过程中危害较大的生物，与食用菌栽培有关的有 10 个科 20 余种，其中危害最大的是蒲螨和粉螨。

蒲螨是蒲螨总科和矮蒲螨总科螨类的统称。蒲螨雌虫身体呈椭圆形，两端略长，黄白色或淡褐色，扁平，长 0.2 mm 左右，头部较圆，具有可以活动的针状螯肢；雄螨体较短，近似菱形，第 4 对足末端向内弯曲，跗节末端有一粗爪。

蒲螨具咀嚼式口器，具短刚毛；行动较缓慢，喜群体生活，喜栖息在温暖、潮湿的环境；潜伏在堆肥、饼粉、饲料、粮食、培养料及土壤中，以真菌、植物残体和土壤中有机质为食物；繁殖速度很快，在 16 ℃条件下完成 1 代仅需 4 d。蒲螨发育过程中无若螨期。

粉螨是蜱螨目粉螨科的统称。中国已知粉螨有 30 多种，如脚粉螨、腐食酪螨等，其体形比蒲螨大，圆形，白色、透明，单个行动。

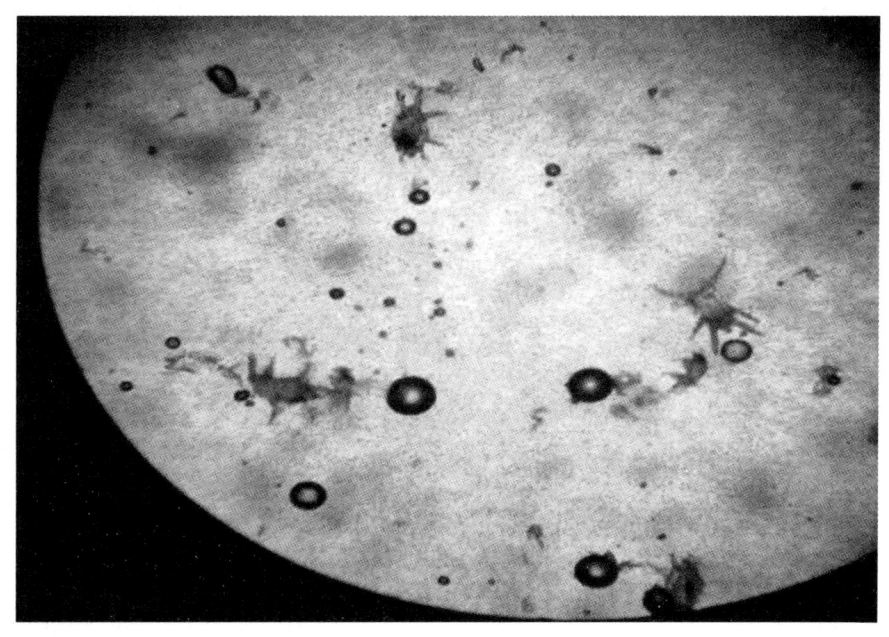

图 4-2-1　菌螨

2. 危害

菌螨繁殖能力极强。其个体很小，分散活动时很难发现，当聚集成堆容易被发现时，已对生产造成损害，使人防不胜防。菌螨不仅危害食用菌本身，而且对人体也有危害。首先，菌螨直接取食菌丝会造成接种后不发菌或发菌后出现"退菌"现象，导致培养料变黑腐烂。其次，菌螨会污染子实体。子实体生长阶段发生螨害，大量的菌螨会爬上子实体，取食菌褶中的担孢子，并栖息于菌褶中，不但影响鲜菇品质，而且危害人体健康。人吃下一定量的菌螨，可能出现腹泻等肠道疾病。最后，菌螨会直接危害工作人员。菌螨爬到人体上与皮肤接触后，将引起皮肤瘙痒等症状。

蒲螨大量发生后，几天内就能毁灭料瓶、料袋或菇床上的全部菌丝。粉螨大量发生可使培养料菌丝衰退。

3. 防治方法

菌螨发生的原因主要是陈年老料、麦麸堆积场所均易产生菌螨；人类的活动常常把菌螨带入菌种培养室；接种室、培养室卫生条件差，废物随意丢弃等。菌螨的主要防治方法如下。

（1）菌种挑选。把好菌种质量关，挑选不带菌螨的菌种接种，使菌种纯净。

（2）搞好环境卫生。发菌前先用 40% 乐果乳剂和 20% 三氯杀螨醇混合液（二者比例为 1∶1）稀释 1 000 ~ 1 500 倍后喷洒培养室和出菇场地，杀死成螨和卵，然后再将菌袋移入。菇房培养室和出菇场地要远离禽舍和麦麸仓库。

（3）减少污染源。原料堆积场所应尽量干燥、通风。药剂配料、拌料时，每 100 kg 干培养料中添加克霉灵 80 ~ 150 g 拌和，可对菌螨起到一定的防治效果。

（4）清除污染源。及时处理并清除污染或危害严重的培养料，平时保持环境的清洁和卫生。

（5）诱杀。

① 烟叶诱杀法。将新鲜烟叶平铺在菌螨危害的培养料面上，待烟叶上菌螨聚集较多时，轻轻将烟叶取下，用火烧掉。

② 猪骨诱杀法。将新鲜猪骨间隔 10 ~ 20 cm 摆放在菌螨危害的床面上，待诱集到一部分菌螨时，将猪骨轻轻拿离，用沸水烫死菌螨。如此反复，直到将菌螨杀完。

③ 糖醋纱布诱杀法。取沸水 1 000 mL、醋 1 000 mL、糖 100 g 混匀，搅拌溶解后，滴入 2 滴敌敌畏拌匀，即为糖醋液。把纱布放入配制好的糖醋液中浸泡，湿透后铺放在菌螨危害的培养料上或菇床上，诱集菌螨到纱布上后，取下纱布，用沸水将菌螨烫死。

④ 油香饼粉诱杀法。取适量菜籽饼研成饼粉，放入热锅内，用微火干炒饼粉至散发出浓郁的油香味时出锅，即为油香饼粉。在菌螨危害的培养料面上或床面上盖上湿布，

湿布上面再铺放纱布，将油香饼粉撒于纱布上，待菌螨聚集在纱布上后，取下纱布，用沸水烫死菌螨。连续诱杀几次，即可达到根治菌螨的目的。

（6）化学防治。发生螨害时，可采用磷化铝熏蒸，也可在培养室内定期喷洒敌敌畏，或在室内悬吊50%敌敌畏棉球。

三、菇蚊

危害食用菌的菇蚊主要有茄菇蚊、平菇厉眼蕈蚊、瘿蚊、金翅菇蚊、闽菇迟眼菌蚊等十几种。菇蚊如图4-2-2所示。

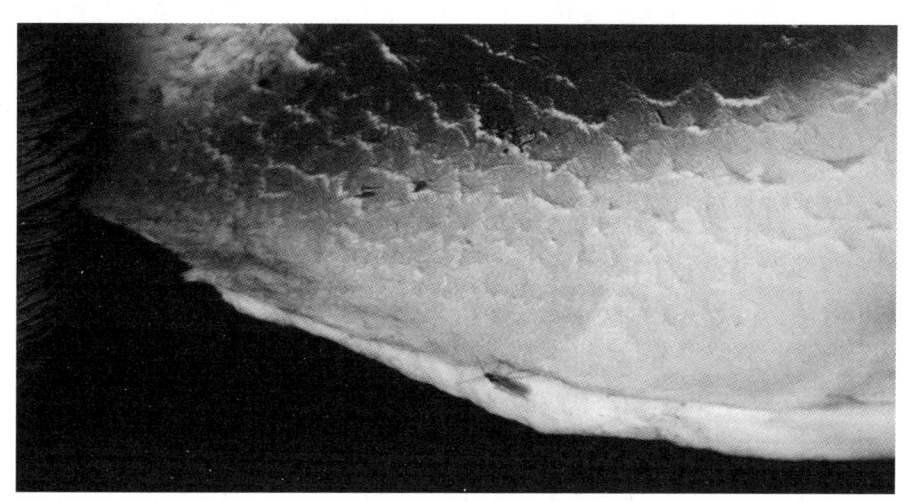

图4-2-2 菇蚊

1. 常见菇蚊的特征

（1）茄菇蚊。雌的茄菇蚊常在未播种的堆肥中产卵，每只成虫产卵150～170粒。在菌丝长满堆肥前，茄菇蚊幼虫就卵化。第一批出菇前，虫体已长大，钻入菌丝或菌柄，并继续往上钻进菌盖，使其千疮百孔，子实体受到污染后呈褐色，失去商品价值。

（2）平菇厉眼蕈蚊。平菇厉眼蕈蚊成虫具有趋光性，其幼虫喜欢在潮湿、富含腐殖质的土壤和培养料上爬行，为害菌棒时紧贴塑料袋内壁爬行。幼虫既危害菌丝也危害子实体，受害菌棒疏松，严重时呈粉末状，导致菌丝死亡、子实体受害。平菇厉眼蕈蚊可把菌柄吃光，并把粪便排泄其上，使子实体完全失去商品价值。

（3）瘿蚊。瘿蚊成虫形似小蚊子，微小细弱，肉眼很难看见，须借助手持放大镜观察。虫体头部、胸部、背部深褐色，其余为灰褐色或淡橘色。幼虫头尖、无足，体色多为橘红色或淡橘色，头部、胸部及尾部无色。老熟幼虫胸腹面有一黑色、突起的剑骨片，端部大而分叉。幼虫可由卵孵化，也可由母体幼体生殖。每只雌虫平均可产20多只幼虫。幼虫早期在培养料中为害，造成菌丝稀少、微弱；后期转移到菌丝和子实体，先在菌柄基部繁殖，后爬上菌柄与菌盖交接处，有的钻入菌褶，侵蚀成伤痕道，呈淡橘红色。一只菇常聚 20～30 只幼虫，严重影响菇的质量和产量。

（4）金翅菇蚊。金翅菇蚊发生范围和危害较大。幼虫主要危害小菇，使之变成褐色；成虫在覆土上产卵。虫口多时，能抑制幼菇发育，也能传播螨虫和病菌，如轮枝霉。金翅菇蚊生活史约 35 d，幼虫期 24 d，成虫有趋光性和趋腐性。

（5）闽菇迟眼菌蚊。闽菇迟眼菌蚊雄虫体长 2.7～3.2 mm，暗褐色；头部颜色较深，复眼，有毛，触角褐色；胸部黑褐色，翅淡烟色；腹部暗褐色，尾器基节宽大。雌虫较大，体长 3.4～3.6 mm；触角较雄虫短；腹部粗大，端部细长。卵为长圆形，长 0.24 mm、宽 0.16 mm，初期淡黄色、半透明，后期白色、透明。幼虫初孵化时体长 0.6 mm，老熟幼虫 6～8 mm，体乳白色，头部黑色，圆筒形。其在薄茧内化蛹，蛹长 3～3.5 mm，初期乳白色，后期黑色。成虫的盛发期在 3—4 月和 10—11 月，有很强的趋腐性和趋光性。成虫的卵多数产在培养料缝隙表面和覆土上，很少产在菇体上。幼虫喜在 15～28 ℃活动，且在该温度下生长发育较好。老熟幼虫多在土层缝隙或培养料中做室化蛹。

2. 防治方法

（1）合理选择栽培季节与场地。应选择不利于菇蚊生活的季节和场地栽培食用菌。在菇蚊多发地区，应把出菇期与菇蚊的活动盛期错开，同时选择清洁、干燥、向阳的栽培场所。

（2）多品种轮作，切断菇蚊食源。在菇蚊盛发期，应选用菇蚊不喜欢取食的菌类栽培出菇，如香菇、鲍鱼菇、猴头菇等。用此方法栽培两个季节，可使该区内的虫源减少或消失。

（3）重视培养料的处理工作，减少发菌期菇蚊繁殖量。对于生料栽培的蘑菇、平菇等易感菇蚊的品种，应对培养料和覆土进行药剂处理，做到无虫发菌、少虫出菇、轻打农药或不打农药。

（4）物理防治方法。

①控制光源。菇房的门、窗附近不要开灯，防空洞的灯应设置在远离洞口的地方；需要光照较少的食用菌品种应尽量减少开灯时间，以减少菇房外虫源飞入、繁殖。

②灯光诱杀。利用菇蚊的趋光性和趋腐性，可在菇房点黑光灯或普通白炽灯诱杀菇蚊。白炽灯诱杀方法是在灯下置一盘废菇或废料浸出液，加入几滴敌敌畏诱杀菇蚊（在白天诱杀）。黑光灯诱杀的效果也较好，其方法是将 20 W 黑光灯管装在棚顶上，在灯管正下方 35 cm 处放一个收集盆，盆内盛适量的 0.1% 敌敌畏药液，该方法也可诱杀菇蝇。

（5）药剂控制。在出菇期，密切观察料中虫害发生的动态，当发现袋口或料面有少量菇蚊成虫活动时，结合出菇情况及时用药，消灭外来虫源或菇房内始发虫源，能消除整个季节的菇蚊虫害。在喷药前，将能采摘的菇体全部采收，并停止浇水 1 d。如遇成虫羽化期，要多次用药，直到羽化期结束，并选择击倒力强的药剂，如菇净、锐劲特等低毒农药的 500 ～ 1 000 倍液，整个菇场要喷透、喷匀。

四、菇蝇

食用菌生产中，人们把果蝇、蚤蝇和厕腐蝇等危害食用菌的双翅目昆虫称为菇蝇。

1. 果蝇

果蝇属双翅目果蝇科，又名黑腹果蝇、菇黄果蝇等，主要危害黑木耳、白木耳、毛木耳等。其幼虫蛀食并钻入木耳子实体中，取食耳肉，使耳片形成许多瘤状突起。受害木耳均肉薄、色淡，容易脱落或发生流耳。果蝇幼虫还取食菌丝和培养料，常使菌块表面发生水渍状腐烂，导致杂菌污染。

2. 蚤蝇

蚤蝇属双翅目蚤蝇科，又名菇蝇、粪蝇等，主要危害双孢蘑菇、平菇等，主要以幼虫进行危害。蚤蝇幼虫常在菇蕾附近取食菌丝，引起菌丝衰退，使菇蕾颜色变褐，枯萎、腐烂。危害菇蕾时，幼虫从菇蕾基部侵入，在菇内上下蛀食、咬噬柔软组织，使菇体变成海绵状，最后将菇蕾吃空。耳片被蛀食后，形成鼻涕状烂耳。蚤蝇成虫不直接危害食用菌。

3. 厕腐蝇

厕腐蝇属双翅目蝇科，又称苍蝇，是一种常见的害虫，主要危害平菇、双孢蘑菇、草菇等。厕腐蝇幼虫危害培养料和菌丝体，使受害部位湿化，白色菌丝体消失，进而引起杂菌感染。厕腐蝇幼虫取食菇蕾和子实体，引起菇蕾死亡和子实体死亡或腐烂，影响食用菌的产量和品质。

4. 菇蝇的发生规律

菇蝇成虫和幼虫都喜欢取食潮湿、腐烂、发臭的食物，有较强的趋光性、趋化性和趋腐性。

菇蝇喜在有自然光的环境下产卵，傍晚后其活动量锐减；喜高温，气温低于 12 ℃时活动很少，17 ℃以上时活动频繁，并在近菌丝生长的培养料上产卵。菇蝇繁殖力极强，一只雌蝇可产卵 300 粒，24 ℃条件下完成一代只需 15 d，在春夏大量发生。大蚤蝇多产卵在幼嫩菌丝的表面或菇床培养料表层 3 mm 深处，而黑蚤蝇则常在菌盖下面的菌幕附近产卵，发生期比大蚤蝇稍晚。

5. 防治方法

菇蝇的防治方法同菇蚊的防治方法。

五、线虫

线虫（如图4-2-3所示）属线虫门线虫纲，主要危害双孢蘑菇、木耳、银耳、草菇和平菇等。常见的种类有蘑菇堆肥线虫（又名堆肥滑刃线虫）、蘑菇菌丝线虫（又名噬丝茎线虫）和小杆线虫。

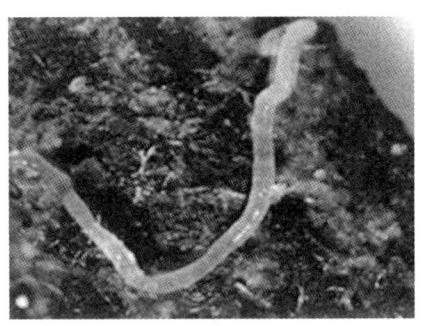

图4-2-3　线虫

1. 常见线虫的形态特征

（1）蘑菇堆肥线虫。蘑菇堆肥线虫属垫刃目、滑刃科、滑刃线虫属。其口针细小，长约11 pm，食道为滑刃型。雄虫无交合伞，交合刺弯曲。蘑菇堆肥线虫多栖息于培养料、菌丝体、菇床板缝及覆土中。其滑动性差，迁移性弱，不耐水。培养料水分过多时，蘑菇堆肥线虫往往集中在上部取食，造成出菇困难，小菇僵化的现象。

（2）蘑菇菌丝线虫。蘑菇菌丝线虫属垫刃目、垫刃科、茎线虫属。蘑菇菌丝线虫雌雄均为长梭形，两头稍尖，具口针；食道为垫刃型，后食道球与肠分界明显。雄虫交合刺基部较宽，雌虫单巢。蘑菇菌丝线虫多生存于培养料、菌丝体和子实体上，适应性和迁移性差，因此难以成为优势线虫种群。

（3）小杆线虫。小杆线虫属小杆目、小杆科、小杆线虫属，无口针，具有钩镰状、宽阔的吸吮口器。小杆线虫多在覆土上发现，生性活泼，繁殖力强，对食用菌危害严重。

2. 危害特征

蘑菇菌丝线虫和蘑菇堆肥线虫主要危害菌丝体，其用中空的口针刺入菌丝细胞，吐入消化液，使细胞质解体，然后吸食菌丝的细胞质，使菌丝萎缩死亡，从而出现退菌现象。若出菇早期受到线虫危害，菇床上常常出现局部或大量小菇不断萎缩、腐烂、死亡的现象，严重时形成无菇区。较大子实体受害后，长势减弱，颜色发黄、变褐，发黏、腐烂或死亡，并散发出刺激性的臭味。线虫侵害菇床后，培养料变质、腐败，外观黑湿，常有刺鼻异味，严重危害时有鱼腥味。

3. 生活习性

线虫耐低温能力强，但不耐高温。多数线虫喜欢高湿环境，培养料湿度过大，利于其大量繁殖。线虫在遇到干旱环境时，适应能力很强，呈现假死状态，互相缠绕成团，起保护作用，这样能够维持生存数年之久，一旦遇水又能重新活动。

4. 防治方法

线虫防治以预防为主，需综合治理，菇床一旦发生线虫后就很难根治。因此，除搞好环境卫生、消灭害虫，还应注意以下几个方面。

（1）用水处理。水源不洁时，可在水中加入适量硫酸铝，沉淀净水，以除去线虫。

（2）菇房消毒。线虫能生活于菇床侧架的木板和木制品中几毫米深处，少数线虫在干燥高温（60～65 ℃）条件下仍能存活。因此，可于采菇后用2% 五氯酚钠溶液对菇架进行喷雾处理。在有条件的地方可将菇床、菇架、菇房弄湿，进行蒸汽消毒；如果菇房为泥土地面，则可在地面上撒一层石灰粉防治线虫。

（3）如需覆土，要对覆土进行处理。处理覆土的方法是用甲基溴熏蒸、甲醛消毒覆土，或用呋喃丹拌土。

（4）线虫对高温的耐受力很弱，40 ℃以上易死亡，因此可利用发酵料栽培蘑菇。在食用菌生产中，尤其要推广二次发酵。

（5）一旦菇场发生线虫，应将温度维持在12～13 ℃，并使环境条件尽可能干燥，以减少损害，并注意培养料通气。如果局部床面发生线虫，采菇后可喷洒0.001% 左旋咪唑，或0.033% 碘和0.017% 碘化钾混合液，或敌敌畏800 倍液。

（6）由于线虫耐高温能力很弱，发酵时可将堆温升至70 ℃，这时线虫向堆肥边缘移动，所以翻堆时要把边缘部分翻到肥堆中心，利用堆肥高温杀死线虫。

六、蛞蝓

蛞蝓（如图4-2-4所示）为腹足纲、柄眼目、蛞蝓科动物的统称，中国南方某些地区将其称为蜒蚰，俗称鼻涕虫，是一种软体动物，与部分蜗牛组成有肺目。蛞蝓雌雄同体，外表看起来像没壳的蜗牛，体表湿润，有黏液，民间有在其身上撒盐使其脱水而死的捕杀方法。蛞蝓主要危害平菇、香菇、草菇、黑木耳等，常见的种类有野蛞蝓、黄蛞蝓、双线嗜黏液蛞蝓。

图 4-2-4　蛞蝓

1. 形态特征

常见的蛞蝓像没有壳的蜗牛，成虫伸直时体长 30 ～ 60 mm，体宽 4 ～ 6 mm；内壳长 4 mm，宽 2.3 mm。蛞蝓为长梭形，柔软、光滑而无外壳，体表暗黑色、暗灰色、黄白色或灰红色；触角 2 对，暗黑色，下边一对触角较短，约 1 mm，称为前触角，有感觉作用，上边一对长触角约 4 mm，称为后触角，端部具眼；口腔内有角质齿舌。其体背前端具外套膜，为体长的三分之一，边缘卷起，其内有退化的壳（即盾板），上有明显的同心圆线，即生长线，同心圆线中心在外套膜后端偏右。呼吸孔在体右侧前方，其上有细小的色线环绕，嵴钝，黏液无色。右触角后方约 2 mm 处为生殖孔。其卵为椭圆形，韧而富有弹性，直径 2 ～ 2.5 mm；白色、透明，可见卵核，近孵化时颜色变深。幼虫初孵时体长 2 ～ 2.5 mm，淡褐色，体形同成体。

2. 危害特征

蛞蝓成虫和幼虫均能直接取食食用菌子实体，在菌盖、耳片上留下明显的缺口或孔洞，有的还啃食刚分化的食用菌原基，导致原基不能继续生长分化成子实体。其取食处常常发生霉菌和细菌感染。此外，其在受害部位附近留下白色黏质痕迹，会影响产品的外观与质量。

3. 生活习性

蛞蝓喜阴暗潮湿环境，白天多在墙角砖缝、沟边石缝、草堆或潮湿的枯枝烂叶中躲藏，黄昏时出来觅食。蛞蝓为杂食性，以取食植物为主，如植物的嫩尖和幼苗，也常取食水草、菜叶、真菌和腐殖质等，它既是农作物害虫，又是食用菌害虫。

4. 防治方法

（1）做好栽培场所的环境卫生，清除周围的垃圾和杂草，破坏隐蔽场所，并在四周撒上新鲜石灰粉，可有效地杀死或驱除蛞蝓。

（2）接种后，在床架脚周围或露地菇床周围撒一圈石灰粉或草木灰，蛞蝓爬过后会因身体失水而死亡，可有效防止蛞蝓进入菇房。

（3）利用蛞蝓昼伏夜出的习性，可在早晨、晚上、阴雨天到菇房捕捉蛞蝓，直接杀死或将其放在 5% 盐水里，使其脱水死亡。

（4）聚乙醛对蛞蝓有强烈的引诱作用，用聚乙醛 300 g、砂糖 100 g、敌百虫 50 g、豆饼粉 400 g，加适量水搅拌成颗粒状，撒在菇床周围或床架脚下，诱杀效果良好。

七、跳虫

跳虫是属内口纲、弹尾目、棘跳虫科的一种小型非昆虫六足动物。凡阴暗潮湿、有腐殖质存在的地方都可发现跳虫，其密集时形似烟灰，所以又称烟灰虫。跳虫多发生在培养料上，常密集在菇床表面上或阴暗潮湿处，咬食子实体，造成小洞，并携带、传播杂菌，且繁殖很快。在生产上，跳虫危害的食用菌有平菇、草菇、鸡腿菇、香菇、杏鲍菇、大球盖菇、木耳、猴头菇、姬松茸等。

1. 形态特征

跳虫终生无翅，幼虫酷似成虫，大多数种类分布于温带及极区。跳虫是一种无翅非昆虫六足动物，它们之所以能跳，是因为其能靠腹部下方的弹器抵住所栖息的地面，再腾空跃起。跳虫向前跳跃的距离可达身长的15倍，在腹部第四节或第五节的弹器不用时，跳虫可将其收在第三腹节下方。跳虫腹部第一节的下方有一根腹管。跳虫通常躯体柔软，腹部节数不超过六节，眼不发达，足的胫节、跗节合成胫跗节，尖端有爪。除有敌物接近或受到侵扰，爪尖往往只是用来协助移动。

2. 危害特征

跳虫食性杂、危害广，取食多种食用菌的菌丝和子实体，且携带螨虫和病菌，可造成菇床二次感染，导致菇床菌丝退菌，常在夏秋高温季节爆发。跳虫为害幼菇，使之枯萎死亡；菇体形成后，跳虫群集于菌盖、菌褶和根部咬食菌肉，导致菌盖及菌柄表面出现形状不规则、深浅不一的凹陷斑纹。菌柄内部被害后，有细小的孔洞，受害菌褶呈锯齿状。

3. 生活习性

跳虫喜潮湿环境，以腐烂物质、菌类为主要食物，主要取食孢子、发芽种子。低龄幼虫活泼，活动分散；成虫喜群集活动，善跳跃。幼虫、成虫都畏光，喜在阴暗处聚集，一旦受惊或见阳光，即跳离并躲入黑暗角落。成虫喜有水环境，常浮于水面，并弹跳自如。其近距离扩散靠自身爬行或跳跃，远距离传播需借助风力、雨水和人为携带。

4. 防治方法

（1）彻底清除制种场所和栽培场所内外的垃圾，尤其不要有积水，防止跳虫滋生。

（2）跳虫喜温暖潮湿，但不耐高温。因此培养料最好采用发酵料，使料温达到65 ～ 70 ℃，以杀死成虫及卵。

（3）菇房和覆土要经过药物熏蒸消毒后才可使用。

（4）进行人工诱杀。用90% 敌百虫的1 000 倍液加少量蜂蜜配成诱杀剂，分装于盆或盘中，分散放在菇床上。跳虫闻到甜味会跳入盆中，此法安全无毒，同时还可以杀灭其他害虫。

（5）菇房安装纱门、纱窗。

（6）床面无菇时，可用0.2% 乐果喷杀跳虫；出菇期可用除虫菊酯150 ～ 200 倍液喷杀跳虫。

任务实施

食用菌子实体主要害虫的识别

1. 目的和要求

通过实训，学生可以识别食用菌害虫的形态特征及危害状态，了解害虫对食用菌生长的影响和危害。

2. 实训准备

产生虫害的食用菌子实体等样本材料、放大镜、解剖镜、显微镜、载玻片、盖玻片、接种钩、挑针、吸水纸、擦镜纸、香柏油、无菌水滴瓶、染色剂、酒精灯、火柴等。

3. 方法步骤

（1）用肉眼观察产生虫害的食用菌子实体等样本材料，描述其形态特征及危害情况。

（2）用放大镜观察产生虫害的食用菌子实体等样本材料，描述其形态特征并寻找害虫个体。

（3）在解剖镜下观察产生虫害的食用菌子实体等样本材料，描述其形态特征并寻找害虫个体；在解剖镜下认真观察害虫的形态特征，进行绘图和描述。

（4）将害虫个体做成水封片，用显微镜进一步观察，进行绘图和描述。

（5）查找文献，对害虫进行初步的形态鉴定。

知识拓展

一、综合防治原则

食用菌本身是保健食品，与农作物相比较，其生产周期短，多种病虫害多发于出菇期。因此，防治食用菌病虫害应遵循"预防为主、综合防治"的原则，要选用抗病虫品种，采用合理的栽培管理措施，组成较完整、有机的防治系统，降低或控制病虫害发生。

食用菌病虫害综合防治应注意以下几点。

（1）子实体生长期短，且直接被人食用，严禁使用剧毒农药。

（2）需化学药剂辅助时，一定要选用有产品登记号的高效、低毒、低残留药剂，并做到适时、适量、合理使用。

（3）出菇期间，禁用化学药剂防治。

二、食用菌虫害的预防措施

1. 菇场选址和设计要合理

菇场是食用菌生长和成熟的重要场所，应选择地势开阔、通风、向阳、水质干净、

排水方便、无任何污染源的位置，尽量避开虫害滋生或聚集的地方。要合理设计菇场，把原料贮藏库、配料场、废料或污染物处理场与易感区（如菌种室、接种室、培养室等）隔离。菌种室应远离栽培室，单独设置。装料间、灭菌锅和接种室建筑设计要合理，灭好菌的菌袋或菌瓶要能直接进入接种室，以减少污染机会。

2. 搞好环境卫生

搞好环境卫生是有效预防虫害的重要手段之一。菇房门窗要安纱门和纱窗，防止害虫飞入。应及时清理栽培场内的废弃菌渣、染病菇体、污染菌袋及其他各种垃圾，并进行消毒处理。每一个栽培季节结束后，要对菇场进行彻底清理，包括清洗床架、用具，并用药剂熏蒸菇房，杀灭建筑物中及床架、工具等可能附着的有害生物，确保菇房在下一个栽培季节有清洁卫生的环境。对于发生过严重病虫害的菇房或栽培场所应采取换茬或轮作等方法，避免病虫害再次暴发。

3. 栽培原料要严格把关

选用无霉变木屑、麦粒、米糠、麦麸等原料，拌料所用的水质要达饮用水标准。

4. 选用优质菌种

选用高产、优质、抗病虫害能力强、抗逆性强的菌种。出厂的菌种要保证没有污染，不带病虫。

5. 加强栽培管理

不同的食用菌对生长发育条件有不同的要求，要按照不同食用菌的要求对温度、湿度、水分、光照、pH、营养、氧气与二氧化碳等进行科学的管理，使整个环境适合食用菌的生长，而不利于虫害发生。食用菌生长健壮也可抑制病原菌和害虫的发生，这就是所谓的促菇抑虫、抑病。

6. 加强农业防治措施

（1）利用害虫的习性进行防治。有些害虫有着特殊习性，如菇蚊有吐丝的习性，其幼虫通过吐丝将菇蕾罩住，在网内群聚为害，可对这些害虫进行人工捕捉。瘿蚊有幼体繁殖的习性，一只幼虫可从体内繁殖20多只小幼虫。瘿蚊虫体小，怕干燥，可将发生虫害的菌袋在阳光下晒 $1 \sim 2$ h，或撒生石灰，幼虫会干燥而死，从而降低虫口密度。有些鳞翅目的老熟幼虫个体很大，颜色鲜艳，在工作中很容易发现这些幼虫，可以随时捕捉消灭。有的幼虫爬行后会留下痕迹，可以寻迹捕捉。

（2）水浸法防治害虫。水浸法是一种简单易行的方法，即将虫体浸于水中造成其缺氧，并促使其原生质与细胞膜分离而死。使用水浸法必须确保栽培袋无污染、无杂菌，菌块经 $2 \sim 3$ h浸泡不会散，菌丝生长良好，否则水浸后菌块就散掉，虽然达到了消灭害虫的目的，但会使生产效益降低。水浸法的操作方法是：使用瓶栽和袋栽时，可将水注入瓶内或袋内；使用块栽时，可将栽培块浸入水中，压以重物，避免其浮起，浸泡

2～3 h，幼虫便会死亡、漂浮。浸泡后的瓶、袋等沥干水即放回原处。

（3）诱杀害虫。诱杀害虫即利用害虫的各种趋性进行诱杀，如用灯光或炒好的菜籽饼等诱杀。

7. 化学防治

在现代化食用菌生产中，不提倡用化学药剂防治虫害。食用菌化学防治是在其他防治方法失败后的一种补救措施，但在用药前一定要将菇床上的食用菌全部采收完。

菇房内发生眼蕈蚊可喷洒敌百虫。敌敌畏具有熏杀和触杀作用，对菇蝇类的成虫、幼虫和跳虫有特效，但对蛾类杀伤力差。一定要注意平菇对敌敌畏很敏感，浓度稍大就可能产生药害，最好用敌百虫或辛硫磷。双孢蘑菇对敌百虫敏感，最好用敌敌畏。若有跳虫和蛾类同时发生，用辛硫磷和杀螨剂混配效果较好。另外，用磷化铝熏蒸防治害虫也很有效。

8. 生物防治

运用生物方法防治食用菌病原微生物，不仅能降低农药对自然环境的污染，也是发展绿色有机食用菌的可靠途径。大蒜提取液、蒲公英提取液、海头红提取物及一些植物提取液，对食用菌病原微生物都有一定的抑制效果。但对食用菌害虫的生物防治，尚处于实验室研究的起步阶段，运用到大田实践生产中的生物防治方法还鲜有报道。生物防治不污染环境、没有农药残留、对人体无害，在未来的食用菌虫害防治中有广泛的应用前景。

项目五　食用菌保鲜与加工

学习目标

1. 知识目标

（1）掌握食用菌的保鲜方法和加工技术。

（2）熟悉食用菌采后生理特性、保鲜及加工的原理和意义。

（3）了解食用菌深加工工艺。

2. 技能目标

（1）熟练掌握食用菌保鲜技术、干制技术的工艺。

（2）熟练操作食用菌加工过程中所使用的设备和仪器。

任务 5-1　食用菌保鲜

任务描述

食用菌因其味道鲜美、营养价值和药用价值较高等优点，越来越引起人们的重视，市场的需求量也越来越大，我国已成为食用菌生产和出口大国。但是，食用菌被采摘后仍然会进行较强的呼吸作用和代谢活动，很大程度上影响其外观和营养价值，严重时还会腐烂变质。因此，学习、研究食用菌保鲜技术，以延长产品的保质期、储藏期，对确保食用安全尤为重要。通过本任务的学习，学生可以了解物理保鲜、化学保鲜等食用菌保鲜方法。

 知识准备

食用菌的保鲜技术是指采取一切可能的措施控制新鲜食用菌产品的分解代谢，使其代谢处于较低的水平，以延长贮藏时间，保持食用价值。在保鲜处理之前，要注意除去产品残留的泥土和培养料污物，去除有病虫的个体，特别要注意避免产品受到碰伤和挤压。

一、新鲜食用菌腐败变质的主要影响因素

（一）失水

新鲜食用菌含水量通常高达 85% ~ 90%。由于菌体一般缺乏明显的表面保护构造，因此其在贮藏中极易通过蒸腾和呼吸作用损耗水分。食用菌失水速度取决于其形态结构、贮藏温度及空气相对湿度等。

菌体失水的结果是菌体失重、失鲜，表现为外观收缩、起皱、变形，质地变硬，进而影响组织结构、色泽和风味，使商品价值降低。水分蒸发的加剧可导致微生物的为害，造成菌体腐烂变质，降低菌体的耐贮性。

（二）呼吸代谢

食用菌采收后的生理、生化变化与呼吸作用有直接或间接的关系。

菌体的呼吸代谢，一方面因消耗基质而使其失重、变味，放出呼吸热，使贮藏环境温度升高；另一方面为采后的菌体提供能量和物质基础，使其生命得以延续。食用菌呼吸代谢的最大特点是呼吸强度大，其呼吸强度是果蔬的数倍乃至数十倍。

（三）贮藏期间的褐变和自然氧化

1. 酶促褐变

在食用菌中，酪氨酸酶极易与酪氨酸和蛋白质发生作用，使之被氧化，生成黑色素，导致食用菌褐变。

2. 非酶促褐变

非酶促褐变是指不需要酶的作用就能产生的褐变作用。

3. 自然氧化

新鲜食用菌在贮藏期间，菇体内的碳水化合物和脂肪类物质等会自然氧化。碳水化合物氧化后，出现变色（常为褐色或棕色），产生异味；脂肪类物质氧化，除产生异味和变色外，还会产生有毒物质。

（四）微生物和害虫侵染

食用菌常因微生物侵染而引起菌体软化腐败，产生异味，以至产生有毒物质。此外，菇蝇、菌螨等害虫也严重地影响食用菌的质量。食用菌即使在低温下，仍会受到耐低温微生物的污染。干燥环境可降低菌体的含水量，减少微生物活动造成的腐败。

二、食用菌保鲜的原理及意义

离开培养料后的鲜菇由于具有含水量高、组织柔嫩、各种代谢活动比较强烈、呼吸旺盛、体内营养物质消耗快等特性，特别是由于菇体内酪氨酸酶的活力高，所以其极易变色、老化和腐烂。因此，食用菌采收后必须采取适当的保鲜措施，保持鲜菇的品质。保鲜就是利用活的子实体对不良环境和微生物的侵染所具有的抗性，采用物理或化学方法，使鲜菇的分解代谢处于最低状态（休眠状态），以延长贮藏时间，保持鲜菇的食用价值和商品价值。保鲜过程不能使鲜菇完全停止生命活动，故鲜菇贮藏时间不宜过长。

新鲜食用菌在包装和运输过程中容易破损，降低质量，造成损失。在生产旺季，要鲜销食用菌；在炎热的季节，要收集加工食用菌产品，必须要做好保鲜和贮藏。重视食用菌贮藏保鲜，对满足人们的生活需求具有以下重要意义。

（1）食用菌鲜品味道鲜美、脆嫩，颇受人们喜爱。

（2）食用菌鲜品洗净即炒、烹调快速，能满足人们对节约时间的需求。

（3）新鲜的食用菌常温下容易腐烂变质，重视贮藏保鲜能确保食用菌的食用安全。

（4）食用菌产品通过保鲜加工，延长货架期，可提高附加值。

任务实施

食用菌保鲜方法

一、低温保鲜

食用菌种类不同，低温保鲜的温度也不相同，双孢蘑菇、香菇等大多数食用菌低温贮藏温度为 $0 \sim 5$ ℃；草菇为高温型食用菌，其贮藏温度为 $10 \sim 15$ ℃。低温保鲜的流程为：鲜菇分级与精选→降湿→预冷→入库贮藏。

（1）鲜菇分级与精选。根据客户的要求，通常用白铁制成的分级筛按菌盖直径大小进行鲜菇的筛分，或人工目测进行分选。分选时应剔除杂质和烂菇、死菇。

（2）降湿。可用脱水机排湿，也可自然晾晒排湿，使菇体含水量降至 $70\% \sim 80\%$。

（3）预冷。预冷即在进冷库之前，让菇体热量散失，使其接近贮藏温度。预冷要根据鲜菇对贮藏温度的要求，逐步使其降温冷却，直至贮藏温度。

（4）入库贮藏。降湿预冷后的食用菌应及时送入冷库保鲜，冷库温度在 1～4℃，使菇体组织处于停止活动状态，空气相对湿度为 70%～80%，定期通风换气。

保鲜实例：香菇低温保鲜技术

1. 原料分级与精选

鲜香菇要求菇形圆整、菌肉肥厚、卷边整齐、色泽深褐，菌盖直径在 3.5 cm 以上，菇体含水量低，无粘附杂物、无病虫感染。出口香菇通常采用三级制：大级菇（L级）菌盖直径在 55 mm 以上；中级菇（M级）菌盖直径在 45～55 mm；小级菇（S级）菌盖直径在 38～45 mm。

分级采用人工挑选或用分级圈进行机械分级，也可两者结合进行分级。在进行原料分级的同时，应剔除破损、脱柄、变色、有斑点、畸形及不合格的次劣菇，选好后应及时入库冷藏。有条件的地区可在冷库中进行分级和拣选，以确保鲜菇的质量。

2. 降湿

刚采收或采购的鲜香菇，其含水量一般在 85%～95%，不符合低温贮运保鲜的要求，因此需要进行降湿处理。鲜香菇的降湿处理因包装形式、冷藏时间的不同而有所差异。一般小包装的鲜香菇含水量控制在 80%～90%；大包装的鲜香菇含水量控制在 70%～80%。空运较为迅速，鲜香菇的含水量可控制在 85% 以下；海运时，鲜香菇含水量大多控制在 65%～70%。可采用脱水机降湿，也可以采用晾晒降湿。机械降湿时，要注意控制温度和排风量。

3. 预冷

将降湿后的鲜香菇倒入塑料周转筐内，入库后按一定方式堆放，避免散堆。堆放时，货垛应距离墙壁 30 cm 以上，垛与垛之间、各容器之间都应留有适当的空隙，以利于库内空气流通、降温和保持库内温度分布均匀。垛顶与天棚或冷风出口之间应留有 80 cm 的空间，以防其离冷风口太近，引起冻害。

4. 入库贮藏

降湿后的鲜香菇要及时送入冷藏库保鲜，冷藏库温度在 1～4℃，贮温越低，保鲜期越长。但贮温不应降至 0℃ 以下，以防引起冻害或不可逆的生理伤害。出入冷藏库时，要及时关闭库门，并尽量避免货物出入次数过多。冷藏库空气相对湿度为 75%～85%，如湿度过高，可采用除湿器除湿。冷藏库要注意通风换气，通常选在一天中气温较低的时间进行通风换气，同时要开动制冷机，以减缓库内温度、湿度的变化。

鲜菇起运前 8～10 h，才可进行菌柄修剪。如提前进行剪柄，菌柄容易变黑，影响质量。因此，在起运之前必须集中人力，突击剪柄。菌柄的长度一般为 2～3 cm，剪柄后纯菇率为 85% 左右，最后入库，待装起运。

二、速冻保鲜

速冻保鲜是指在低温条件（–30 ～ –40 ℃）下，将保鲜物快速由常温降至 –30 ℃以下贮藏。这种技术能较好地保持食品原有的新鲜程度、色泽和营养成分，保鲜效果良好。食用菌速冻保鲜的工艺流程为：原料的准备和处理→护色与漂洗→分级→预煮与冷却→精选修剪→排盘与冻结→挂冰衣→包装→冷藏。

保鲜实例：双孢蘑菇的速冻保鲜方法

1. 原料的准备和处理

选用菌盖完整、色泽正常、无严重机械损伤、无病虫害、不带泥根的上等菇作为加工原料。将菌柄切削平整。

2. 护色与漂洗

首先用 0.03% 焦亚硫酸钠溶液漂洗，捞出后稍沥干。其次，将其移入 0.06% 焦亚硫酸钠溶液浸泡 2 ～ 3 min 进行护色，随后捞出。最后，用清水漂洗 30 min，要求二氧化硫残留量不超过 0.002%。

3. 分级

根据菌盖大小分级，小菇（S 级）为 15 ～ 25 mm，中菇（M 级）为 26 ～ 35 mm，大菇（L 级）为 36 ～ 45 mm。由于预煮后菇体会缩小，原料径级可比以上标准大 5 mm左右。

4. 预煮与冷却

将分级后的双孢蘑菇分别投入煮沸的 0.3% 柠檬酸液中，大菇、中菇、小菇的预煮时间分别为 2.5 min、2 min 和 1.5 min，以菇体熟透为宜。预煮火力要猛，预煮液 pH 控制在 3.5 ～ 4。预煮时不得使用铁、铜等工具及含铁量高的水，以免菇体变色。预煮后的菇体应迅速盛于竹篓中，在 3 ～ 5 ℃的流水中冷却 15 ～ 20 min，使菇体温度降至 10 ℃以下。

5. 精选修剪

将菌柄过长、有斑点、有严重机械损伤、有泥根等不符合质量标准的双孢蘑菇拣出，经修整、冲洗后使用；将特大菇、缺陷菇切片，作生产速冻菇片的原料加以利用；脱柄菇、脱盖菇、开伞菇应予以剔除。

6. 排盘与冻结

先将菇体表面附着水分沥干，单个散放，铺于速冻盘中，用沸水消毒过的毛巾擦干盘底积水，在 3 ～ 4 ℃预冷 20 min，然后在 –37 ～ –40 ℃条件下冻结 30 ～ 40 min，冻品中心温度达到 –18 ℃。

7. 挂冰衣

将互相粘连的冻结双孢蘑菇轻轻敲击分开，并立即放入小竹篓中，每篓约 2 kg，置于 2 ~ 5 ℃清水中，浸 2 ~ 3 s 后，立即取出竹篓，倒出双孢蘑菇，使菇体表面迅速形成一层透明的、可防止双孢蘑菇干缩与变色的薄冰衣。

8. 包装

采用边挂冰衣、边装袋、边封口的办法，将冻结的双孢蘑菇装入无毒塑料包装袋中，随即装入双瓦楞纸箱，箱内衬一层防潮纸。

9. 冷藏

冻品需较长时间贮藏时，应藏于冷库内。冷库温度应稳定在 –18 ℃，库温波动不超过 1 ℃，空气相对湿度在 95% ~ 100%，波动不超过 5%。应避免与有气味（如腥味等）的挥发性强的冻品一同贮藏，贮藏期为 12 ~ 18 个月。

其他食用菌，如草菇、平菇等，也可根据各自的商品规格和相关要求，参照上述方法进行速冻保鲜。

三、气调保鲜

气调保鲜就是通过人工控制环境中的气体成分以及温度、湿度等因素，达到安全保鲜的目的。一般可通过先降低空气中氧气的浓度、提高二氧化碳的浓度，再进行低温贮藏来控制食用菌的生命活动。食用菌气调保鲜多采用塑料袋装保鲜法，用这样的方法保藏平菇，每袋放 0.5 kg，在室温下，可保鲜 7 d；金针菇在 2 ~ 3 ℃下，可延长保鲜时间6 ~ 8 d；草菇采用纸塑袋包装，并在袋上加钻四个微孔，置 18 ~ 20 ℃可保存 3 ~ 4 d；香菇在 0 ~ 4 ℃条件下，可保鲜 15 ~ 20 d。

气调保鲜是较为先进、有效的保鲜技术。通常将气调保鲜分为自发气调保鲜、充气气调保鲜和抽真空保鲜。

1. 自发气调保鲜

自发气调保鲜一般选用 0.08 ~ 0.16 mm 厚的塑料袋，每袋装鲜菇 1 ~ 2 kg，装好后即封闭。袋内鲜菇自身的呼吸作用使氧气浓度下降，二氧化碳浓度上升，可达到很好的保鲜效果。此种方法简单易行，但降氧速度慢，有时效果欠佳。

2. 充气气调保鲜

充气气调保鲜是指将菇体封闭入容器后，利用机械设备人为地控制贮藏环境中的气体组成，使食用菌产品贮藏期延长，贮藏质量进一步提高。人工降低氧气浓度有多种方法，如充二氧化碳法或充氮气法。充气气调保鲜效率高，但所需设备投资大，成本也高。

3. 抽真空保鲜

抽真空保鲜是指采用抽真空热合机，将鲜菇包装袋内的空气抽出，造成一定的真空度，以抑制微生物的生长和繁殖，常用于金针菇鲜菇小包装保鲜。其具体方法是：首先将新采收的金针菇整理后，称重 105 g 或 205 g，装入 20 μm 厚的低密度聚乙烯薄膜袋。其次，将其抽真空封口。最后，将包装袋竖立放入专用筐或纸箱内，在 1 ～ 3 ℃下低温冷藏。抽真空保鲜可保鲜 13 d 左右。

保鲜实例：双孢蘑菇气调保鲜方法

双孢蘑菇气调保鲜的工艺流程为采摘→分选→预冷处理→气调贮藏。

1. 采摘

一般在双孢蘑菇子实体七八分熟时采摘为好，采摘时对采摘用具、包装容器进行清洁消毒，并注意减少机械损伤。

2. 分选

采摘后应进行分选，去除杂质及表面有损伤的产品，清洗后剪成平脚。如菇色发黄或变褐，可将其放入 0.5% 的柠檬酸溶液中漂洗 10 min，捞出后沥干。

3. 预冷处理

将双孢蘑菇迅速预冷，预冷温度控制在 0 ～ 4 ℃。预冷可采用真空预冷或冷库预冷，真空预冷时间为 30 min 左右，冷库预冷时间为 15 h 左右。在冷库预冷时用臭氧进行消毒，或采用装袋充臭氧方式消毒，臭氧浓度及消毒时间应根据空间及产品数量计算确定。

4. 气调贮藏

（1）自发气调保鲜。将双孢蘑菇装在 0.04 ～ 0.06 mm 厚的聚乙烯袋中，通过菇体自身呼吸造成袋内的低氧和高二氧化碳环境。包装袋不宜过大，一般以可盛装容量 1 ～ 2 kg 为宜。在 0 ℃下，双孢蘑菇在 5 d 内品质保持不变

（2）充气气调保鲜。将双孢蘑菇装在 0.04 ～ 0.06 mm 厚的聚乙烯袋中，充入适量氮气和二氧化碳，并使其浓度保持在一定水平，在 0 ℃下可抑制开伞和褐变。

（3）抽真空保鲜。将双孢蘑菇装在 0.06 ～ 0.08 mm 厚的聚乙烯袋中，抽真空、降低氧气含量，0 ℃条件下可保鲜 7 d。

四、化学保鲜

化学保鲜是指采用符合食品卫生标准的化学药剂处理鲜菇，通过抑制鲜菇体内的酶活性和生理生化过程，从而抑制或杀死微生物、隔绝空气等，以达到保鲜的目的，但使用化学品要慎之又慎。常用的化学保鲜方法如下。

1. 米汤膜保鲜

熬取稀米汤，同时加入 5% 小苏打或 1% 纯碱，溶解搅拌均匀后冷却至室温。将采下的鲜菇浸入米汤碱液中，5 min 后捞出，置于阴凉干燥处。菇体表面即形成一层薄膜，既隔绝空气，减少水分蒸发，又抑制了酶的活性。这种方法可保鲜 3 d。

2. 焦亚硫酸钠处理

先用 0.01% 焦亚硫酸钠溶液漂洗菇体 3 ～ 5 min，再用 0.1% ～ 0.5% 焦亚硫酸钠溶液浸泡 30 min，将其捞出后沥去焦亚硫酸钠溶液，装袋、贮藏在阴凉处，在 10 ～ 25 ℃下可保鲜 8 ～ 10 d。食用时，要用清水漂洗菇体。焦亚硫酸钠不但具有保鲜作用，而且对鲜菇有护色作用，能使鲜菇在运输贮藏过程中保持原有色泽不变。

3. 盐水浸泡

将整理后的鲜菇在 0.5% ～ 0.8% 食盐溶液中浸泡 10 ～ 20 min，根据品种、质地、大小等确定具体时间，捞出后装入塑料袋密封。这种方法处理的鲜菇在 15 ℃下，可保鲜 3 ～ 5 d。盐水浸泡的护色和保鲜效果非常明显。

4. 保鲜液浸泡

用 0.02% ～ 0.05% 浓度的维生素 C 和 0.01% ～ 0.02% 的柠檬酸配成保鲜液。把鲜菇浸泡在保鲜液中，10 ～ 20 min 后捞出，沥干水分，装入非铁质容器内，可保鲜 3 ～ 5 d。用此方法，菇体色泽如新，整菇率高。

5. 叶酸保鲜

根据鲜菇品种、质地及大小，配制 0.003% ～ 0.1% 叶酸溶液，将鲜菇浸泡 10 ～ 15 min 后，取出沥干，装袋密封，可在室温下保鲜 8 d。叶酸保鲜能有效防止褐变，延长保鲜期，适用于双孢蘑菇、香菇、平菇、金针菇等的保鲜。

五、负离子保鲜

将刚采下的菇体不经洗涤，在室温下封入 0.06 mm 厚的聚乙烯薄膜袋中，在 15 ～ 18 ℃下存放，每天用 1×10^5 个 /cm³ 浓度的负离子处理 1 ～ 2 次，每次 20 ～ 30 min。经过处理的鲜菇可延长保鲜期，提高保鲜效果。

负离子对菇类有良好的保鲜作用，不仅能抑制菇体的生化代谢过程，还能净化空气。负离子保鲜食用菌成本低、操作简便，也不会残留有害物质。其产生的臭氧遇到抗体便分解，不会集聚。因此，负离子保鲜是食用菌保鲜中的一种有前途的方法。

六、辐射保鲜

辐射保鲜是一种成本低、处理规模大、见效显著的食用菌保鲜方法。用钴 60 等放射源产生的 γ 射线照射，可以抑制菇体酶活性，降低其代谢强度，杀死有害微生物，达到保鲜效果。辐射保鲜是食用菌保鲜的新技术，与其他保鲜方法相比有许多优越性，如无化学残留物、能较好地保持菇体原有的新鲜状态、节约能源、加工效率高、可以连续作业、易于自动化生产等。但这种保鲜方法对环境、设备的要求十分高，且使用放射源要向有关单位申请，一般只有科研机构和规模化企业使用这种方法。

 知识拓展

栅栏技术

栅栏技术应用于食品保存最早是由德国肉类研究中心提出的。其将食品防腐归结为高温处理、低温冷藏、降低水分活度、酸化、防腐剂以及辐照等多种因子的作用。这些因子称为栅栏因子。栅栏因子共同作用，形成特有的防止食品腐败变质的"栅栏"，抑制食品中微生物的生长，并抑制引起食品氧化变质的物质的活性，以保证食品的货架期，即所谓的栅栏技术。

栅栏技术是多种技术的科学合理的结合。通过各个栅栏因子的协同作用，如水分活度、防腐剂、酸化、温度、氧化还原电势等的作用，建立起一套完整的屏蔽体系，即栅栏效应。

任务 5-2　食用菌加工

 任务描述

食用菌味道鲜美，因富含蛋白质、氨基酸、维生素、矿物质以及具有抗病毒和抗肿瘤功效的多种核苷酸等，而被人们视为食品中的珍品，素有"山珍佳肴"之美称。食用菌含水量高、组织脆嫩，采收后如果不及时加工，其风味会很快下降，质地也会很快改变，甚至腐烂而丧失食用价值。因此，食用菌加工的各种方式也应运而生。通过本任务的学习，学生可以了解常用的食用菌加工技术。

 知识准备

一、食用菌的干制原理及意义

食用菌干制的原理是利用脱水进行贮藏。微生物的生命活动需要一定的水分，没有了水分，一些腐败菌便无法生活、繁殖。新鲜食用菌所含的水分有两种：一种是游离水，

也称为自由水，这是食用菌体内水分存在的主要形式，干燥过程中容易排除；另一种是结合水，也称为化合水、束缚水，结合于组织内的化合物质中，干燥过程中不能排除。因此，食用菌干制品有一定的含水量。干制技术是指将新鲜食用菌的子实体脱水，使之成为符合标准的干制品的加工工艺。食用菌干制品水分含量一般低于16%。低水分抑制了有害微生物的生长、繁殖，所以干制品不会腐烂、变质，保证了干制食用菌的长期保存、长途运输、全年供应和出口。干制是一种被广泛采用的加工贮藏方法，经过干制的食用菌称为干品。食用菌经过干制后，不仅能长期贮藏，还能产生浓厚的菇香和改善色泽，提高其商品价值。多数食用菌都可以制成干品。例如，香菇、银耳、木耳等的干品都是非常名贵的。但有些食用菌干制后，其鲜味和风味均不及鲜菇，所以不同食用菌应采用不同的处理方式。干燥后的干品应立即密封贮藏，否则其会重新吸水。

二、影响食用菌干制的因素

（1）干燥介质的温度。通常食用菌的干制采用预热的空气作为干燥介质。

（2）干燥介质的相对湿度。在温度不变时，干燥介质（预热的空气）的湿度越低，菇体干燥的速度越快。

（3）气流速度。气流速度越大，干燥速度越快。

（4）原料的装载量和菇体的大小。

（5）大气压力。

三、常用的食用菌干制方法

（一）自然干制

自然干制可分为晒干和阴干。

1. 晒干

利用太阳光晒干食用菌，不仅可节约能源，还可提高食用菌的营养价值。例如，香菇经过太阳光的照射，其含有的麦角固醇变成了维生素 D，香菇本身的营养价值得到了提高。晒干时，一般选择受阳光照射时间长、通风良好的位置，因为通风能加速水分蒸发、缩短晒干时间。操作时，可将鲜食用菌摊在竹席上，也可摊在专门的筛框上，厚薄要均匀，不能重叠。对于伞状菌（如平菇、香菇），要将菌盖向上，菌柄向下，这样有利于子实体干燥均匀。晒到半干时，要进行翻动。在晴朗天气，3～5 d 便可晒干。晒干的时间越短，子实体干制的品质就越好。

晒干不需要特殊的设备，简单易行，很早就被人们利用。晒干法适用于多种食用菌，但其脱水速度慢，并受天气变化的影响，因此，处理时必须注意以下几点。

（1）对后熟作用强的食用菌，需在采收当日以蒸、煮方式进行灭活处理后再进行日晒。

（2）日晒前要进行清洁处理，去净泥屑，按等级分开，用清水洗去杂质和表面黏液，然后再暴晒。

（3）将鲜菇薄薄地摊在竹帘、竹筛、竹席等器具上，暴晒过程中要勤翻动，小心操作，以防破损。要使其干燥均匀，防止腐烂。

（4）大规模晒制时，要注意气象预报，遇到连续的阴雨天，要及时改用其他干制方法，以防腐烂。

（5）晒干后及时装入塑料袋，封口保存。

晒干的食用菌干品由于含水量相对较高，因此不耐久藏、色泽较差，仅适用于加工内销产品。

2. 阴干

阴干是指通过气流使鲜菇脱水干燥的加工方法，又称自然气流干燥。这种方法适用于多种食用菌的干燥加工。一般将鲜菇在竹帘、竹筛等器具上摊摆，置于通风处，并不断翻动；或将采集的鲜菇用线或细铁丝串联起来，挂在屋檐下或通风避雨的棚架内，利用热风自然干燥。对于后熟活力强的食用菌，如草菇、双孢蘑菇、香菇等，要先进行蒸、煮等灭活处理。这种方法虽然方便易行，但脱水较慢；空气湿度大时，食用菌在干燥过程中容易腐烂，菌面容易发黑，菇味欠香；由于干制时间过长，易受虫害、蛀食，不卫生；蘑菇穿孔处易留有伤孔破洞，对质量影响很大，故大量生产时一般不宜采用。

（二）人工干制

人工干制（烘烤）是指利用烘房或烘干机等设备使菇体干燥。人工干制用烘箱、烘笼、烘房，或用炭火、热风、电热以及红外线等热源进行烘烤，使菌体脱水干燥。此法干制速度快、质量好，适用于大规模加工产品。目前人工干制按其热作用方式可分为：热气对流式干燥、热辐射式干燥、电磁感应式干燥。我国现在大量使用的有直线升温式烘房、回火升温式烘房以及热风脱水烘干机、蒸汽脱水烘干机、红外线脱水烘干机等设备。可以根据生产规模或投资能力确定干制所使用的烘干设备。

（1）大型烘干设备一般每炉次可烘干鲜菇 2 000～2 500 kg，如投资修建大型烘房或采用大型烘干机。

（2）中型烘干设备一般每炉次烘干鲜菇 500～1 500 kg，如采用塞进式强制通风烘干房。

（3）小型烘干设备一般每炉次烘干鲜菇 250 kg 左右，如采用简易烘干房。

（4）家用烘干设备一般每炉次烘干鲜菇 20～25 kg，如采用小型烘干机或自制小型烘干箱。

四、腌制加工

1. 腌制原理

食用菌在生长和采收过程中，菇体表面存在各种微生物，利用腌渍可杀死这些微生物，因为一切生物都是在一定渗透压条件下才能生存，只有在合适的渗透压下才能生长繁殖，如果超过其能承受的渗透压范围，生物将会死亡。微生物在高渗腌制剂中，细胞内的水分会渗出细胞外，产生质壁分离；细胞外的食盐也会渗入细胞组织内部，使细胞蛋白质凝固，导致新陈代谢停止，使其生命消失、细胞死亡。另外，食盐对微生物还有一定的抑制作用，利用腌制技术可较长时间贮藏食用菌。

2. 腌制方法

食用菌的腌制加工是外贸出口加工最常用的方法，适合平菇、滑菇、双孢蘑菇和猴头菇等的加工。

腌制加工的具体生产工艺流程为：选料→护色处理→杀青→冷却→盐渍包装。

（1）选料。腌制用的食用菌要求含水量尽可能少些，采菇前不喷水。选用菇形圆整、没有缺损、大小均匀、无虫、无杂质、色泽正常的子实体。

（2）护色处理。进行护色处理是为了防止鲜菇的氧化、褐变和腐烂。处理方法为：首先，用清水配制 0.03% ～ 0.05% 焦亚硫酸钠护色液。其次将清洗后的鲜菇倒入护色液中浸泡 10 min，并不断上下翻动，使其护色均匀。最后用清水漂洗，冲掉鲜菇上的焦亚硫酸钠残液。

由于焦亚硫酸钠属于亚硫酸盐类，有些国家已经禁止使用，因此也可采用以下方法处理：先用 0.6% 的食盐水（过浓会使菇体发红）洗去菇体表面泥屑杂质，随后用 0.05 mol/L 柠檬酸溶液（pH 为 4.5）漂洗护色。

（3）杀青。杀青是指将食用菌放入稀盐水中煮沸以杀死其细胞的过程。其作用有三个：一是驱除鲜菇组织中的空气和钝化氧化酶的活力，阻止其氧化变色；二是使鲜菇内的蛋白质受热凝固，使细胞发生质壁分离，便于盐分渗入；三是使鲜菇的水分渗出，体积显著缩小。杀青应在护色处理后及时进行，使用的容器一般为不锈钢锅或铝锅。杀青不要用铁锅，因为子实体中含有带硫的氨基酸，与铁会发生反应产生硫化铁，使子实体变色。

杀青的具体方法是将漂洗后的食用菌放入 10% 盐水中煮沸，加入食用菌的量为每100 kg 水加食用菌 30 kg，每锅盐水可连续使用 5 ～ 6 次，但在用过 2 ～ 3 次后应适量补充食盐，并做到沸水下锅。煮沸时间为 6 ～ 10 min，具体时间根据菇体大小而定，以煮熟煮透为度，以熟而不烂为宜。有两种方法可判断菇体生熟状况：一种方法是漂浮法，即取煮过的菇投入冷水中，若其漂浮在水面上，表明尚未全熟；另一种方法是解剖法，即将煮过的菇沿中心线剖开，观察其中心颜色，若中心呈白色，表明其尚未煮透；若菇体内外颜色一致，均呈淡黄色，表明已煮熟。

（4）冷却。冷却的作用是停止热处理。冷却的时间要尽量短，并冷却透彻，否则盐渍会使温度上升，影响产品质量。冷却方法是将杀青后的食用菌立即倒入流动的冷水中冷却。

（5）盐渍包装。盐渍包装是腌制过程的重要环节，用不同的腌制方法和不同的腌制剂，可腌制出不同风味的产品，一般有以下几种腌制方法。

①盐水腌制。盐水腌制是指以食盐溶液为主要腌制剂的腌制方法。首先，将食盐溶于水中，配成 15% ～ 16% 食盐溶液。其次，把冷却到室温的菇体从冷却水中捞出，沥去水分。最后将其投入食盐溶液中浸泡。浸泡时食盐溶液开始向菇体内渗透，而菇体内水分向外渗出。腌制时温度高则渗透较快，但菇体易发黑，因此，腌制温度一般控制在 18 ℃以下。腌制 3 ～ 4 d 后，腌制液浓度降低，可向腌制液中再加盐，将浓度调至 23% 左右；也可将初腌的菇体捞出来，转放入浓度为 23% ～ 25% 的浓腌制液中。在腌制期间，要经常检查食盐溶液浓度，若食盐溶液浓度下降到 20% 以下时，要立即加盐，也可用饱和盐水置换部分稀盐水。

②酱汁腌制。酱汁腌制是指以酱汁为主要腌制剂的腌制方法。首先配制酱汁，腌 1 000 g 菇体的酱汁配方为豆酱 2 000 g、食醋 40 mL、柠檬酸 0.2 g、蔗糖 400 g、味精 8 g、辣椒粉 4 g、山梨酸钾 2 g。其次，将冷却的菇体放入陶瓷容器中，撒一层酱汁放一层菇体，依次重复地摆放，直到放完。腌制最好在低温下进行，以防菇体受微生物侵染，导致腐烂变质。最后，每天翻动一次，7 d 后腌制即可结束。

③醋汁腌制。醋汁腌制是指以醋汁为主要腌制剂的腌制方法。首先配制醋汁，腌 1 000 g 菇体的醋汁配方为醋精 3 mL、月桂叶 0.2 g、胡椒 1 g、石竹 1 g。其次，将调料一并放入沸水中搅混，再放入菇体煮沸 4 min。再次，取出菇体，装入陶瓷容器中。最后注入煮沸过的、浓度为 15% ～ 18% 的盐水，密封保存。

五、罐藏加工技术

（一）罐藏原理

罐藏食用菌产品之所以能较长时间贮藏，一方面是因为密封的罐藏容器隔绝了外界的空气和各种微生物；另一方面是因为密闭在容器里的食用菌产品经过杀菌处理，罐内微生物营养体被完全杀死，极少数幸存的好气性微生物也会因罐内缺氧而无法活动。但当厌气性微生物存在时，罐藏食用菌产品依然有变质的风险。一般来说，罐藏食用菌产品的贮藏期限是 2 年。

（二）工艺流程

罐藏食用菌的工艺流程为：原料菇验收→漂洗→预煮→分级→装罐→加汤汁→预封→排气和密封→杀菌和冷却→包装。

（三）具体工艺要点

1. 原料菇验收

鲜菇采收后极易变色和开伞，因此鲜菇在采收后到装罐前的处理要可能快，以减少其在空气中暴露的时间。为了确保罐头质量，验收原料菇时要按照罐头规格要求严格验收。验收后，将原料菇立即浸入 2% 稀盐水或 0.03% 焦亚硫酸钠溶液中，并防止菇体浮出液面。

2. 漂洗

漂洗也叫护色。采收的鲜菇应及时浸泡在漂洗液中进行漂洗。漂洗的目的是洗去菇表泥沙和杂质；隔绝空气，抑制菇体中酪氨酸酶的氧化作用，防止菇体变色，保持菇体色泽正常；抑制蛋白酶的活性，阻止菇体继续生长发育，使伞菌保持原来的形状。

漂洗液有清水、2% 稀盐水和 0.03% 焦亚硫酸钠溶液等。为保证漂洗效果，漂洗液需注意更换，根据溶液的浑浊程度，使用 1 ～ 2 h 更换 1 次。

3. 预煮

鲜菇漂洗干净后及时捞起，用煮沸的稀盐水或稀柠檬酸溶液等煮 10 min 左右，以煮透为度。预煮的目的是破坏菇体中酶的活性，排除菇体组织中的空气，防止菇体氧化变色；杀死菇体组织细胞，防止伞菌开伞；破坏细胞膜结构，增加膜的通透性，以利于汤汁渗透；使菇体组织软化，菇体收缩，增强塑性，减少菌盖破损。预煮完毕，立即将菇体放入冷水中冷却。

由于食用菌菇体中含有含硫氨基酸，易与铁反应生成黑色的硫化铁，所以预煮容器应是铝质的或不锈钢的。

4. 分级

为了使罐头内菇体大小基本一致，装罐前仍需进行分级。分级有人工分级和机械分级。

5. 装罐

处理好的菇体要尽可能快地进行装罐，以防止微生物再次污染。装罐时要注意菇体大小、形状、色泽基本一致，装罐量力求准确，并留有一定的顶隙。顶隙是指罐内菇体表面与罐盖之间的距离。装罐有手工装罐和机械装罐。

6. 加汤汁

菇体装罐后，应再注入一定的汤汁，其目的是增进风味、提高罐内菇体的初温、改变罐内的传热方式、缩短杀菌时间、提高罐内真空度。

汤汁的种类、浓度、加入量因食用菌种类不同而有所差异，常用精制食盐水或用柠檬酸调酸的食盐水。汤汁温度要求在 80 ℃左右。加汤汁一般采用注液机。

7. 预封

原料装罐后、排气前要进行预封，以防止加热排气时出现罐中菇体因加热膨胀落到罐外、汤汁外溢等现象发生。预封使用封罐机。封罐机的滚轮将罐盖的盖钩与罐身的身钩初步钩起来，其松紧程度为罐盖能自由地沿着罐身回转，但不能脱离罐身，以便在排气时让罐内空气、蒸汽等气体能够自由地逸出。

8. 排气和密封

为了防止罐中嗜氧细菌和霉菌的生长繁殖、防止在加热灭菌时因空气膨胀而导致容器变形和破坏、减少菇体营养成分的损失等，罐头在密封前要尽量将罐内空气排除。常用的排气方法有加热排气法和真空封罐排气法。

9. 杀菌和冷却

食用菌罐头经高温灭菌后要迅速冷却至 40 ℃左右。将罐头灭菌过程的升温阶段、恒温阶段和冷却阶段的主要工艺条件按规定的格式连写在一起称为杀菌公式。

10. 包装

用纸箱或其他包装打包。

六、食用菌的深加工

（一）食用菌深加工的意义

（1）食用菌的深加工能利用高科技开发更多产品。

（2）食用菌深加工能提取食用菌中重要的有效成分，为食品、药品、保健品生产提供优质的原材料。

（3）食用菌深加工能提高食用菌的利用率，减少浪费、节约资源。

（4）食用菌的深加工能延长产业链，提高附加值，开发产业发展潜力。

（二）食用菌有效成分提取

近些年来，人们研究最多的食用菌有效成分提取的内容是食用菌多糖的提取。食用菌多糖是指食用菌中由 10 个或 10 个以上的单糖构成的化合物，其结构复杂，具有增强机体免疫力、防病治病、抗癌等功效。对食用菌多糖的提取的研究已成为目前食用菌深加工的重要课题之一。

（三）食用菌乳酸菌发酵饮料

食用菌乳酸菌发酵饮料是近年来开发研制的一类新型食用菌饮料，也是一类新型乳酸菌发酵饮品。食用菌含有丰富的营养，适合乳酸菌生长。乳酸菌本身就是一种益生菌，且生长过程中还能产生多种生理活性物质和特有的风味。两者的结合具有营养互补、功能互补的增效作用，食用菌乳酸菌发酵饮料是一种较理想的营养保健饮品。该产品通常是采用食用菌深层发酵液或子实体的浸提液，经过乳酸菌发酵后配制而成。

（四）食用菌加工食品

食用菌具有高蛋白、低脂肪、低热量、低盐分的特点，正是现代人所注重的"一高三低"型保健食品。目前市场上出售的食用菌加工食品种类繁多，主要有以下几种。

1. 即食脆片食品

食用菌即食脆片食品是指在不破坏食用菌原有基础外观的情况下，利用真空低温技术将食用菌进行深加工形成的脆片食品。目前这类产品主要采用真空低温油炸和真空冷冻干燥2种技术进行加工。真空低温油炸技术能够在保证食品含油量最小化的同时保持食品的口感和色泽；真空冷冻干燥技术则是在保证食用菌外观完整的同时最优化食品的口感。

2. 休闲代餐食品

在对食用菌进行高温深加工时保留食用菌的原有营养成分并且创造独特的口感，是食用菌休闲代餐食品深加工技术努力发展的方向。食用菌深加工产品中的休闲代餐食品，如市场中常见的菇饼干和菇米稀，有着独特的风味和较高的营养价值，备受消费者的青睐。这类食品将食用菌加工的菌粉添加到面粉中，提高面粉的营养价值，并创造独特的口感。此类食用菌休闲代餐食品的深加工技术含量较低，所以市场上有大量的类似产品出现，导致其市场竞争力下降。同时，这种食用菌休闲代餐食品的价格相对较高，市场热度保持期短，不具备竞争优势。

3. 食用菌保健食品

食用菌保健食品是指通过提取、分离和纯化等多种精细化深加工工艺加工制成的食用菌茶、食用菌胶囊和食用菌片剂、饮剂等。目前市场中此类产品具有广阔的市场发展空间，但市场上多有假冒产品流通，这些假冒产品大部分是从植物中提取的。

🍅 任务实施

一、几种常见的食用菌干制方法

（一）香菇干制加工技术

鲜香菇采收后应迅速运往干燥室，装入烘筛中干燥。烘烤前，鲜香菇不要堆积，可放入预备烘筛中置于日光下或通风处，以免菇体失去原有色泽、菌褶倒伏、变色，甚至腐烂。按鲜香菇的大小和菌肉厚薄，将鲜香菇分别装筛，单层摆放于干燥机内。以 15 层的干燥机为例，上段（11 ~ 15 层）放小香菇；中段（4 ~ 10 层）放质量好的大香菇及中香菇；下段（1 ~ 3 层）放质量较差的大香菇。烘烤过程中，香菇具有随热风流向变形的性质。因此，对于完全开伞的劣质菇，菌柄应向上放置，使其菌盖有向上卷的趋势；但对于适时采收的普通香菇，菌柄向下放置较合理。

香菇干燥温度为 40 ~ 65 ℃，每次升温不超过 5 ℃。全程干燥预定的 18 h，可分成初期、中期和后期 3 个阶段，每个阶段 6 h，吸气口和排气口分别处于全开、半开和全闭状态。

（1）初期。干燥初期，香菇在短时间内蒸发大量水分，应用干燥的强风把水分排出箱外。此时吸气口和排气口全开，强送风，温度为 40 ~ 45 ℃。

（2）中期。干燥中期，香菇菇体表面干燥、开始出现光泽、菌褶开始变为淡黄色时，表明已经进入中期。此时吸气口和排气口半开，中等强度送风，温度为 50 ~ 55 ℃。

（3）后期。干燥后期为香菇菇体内部水分丧失阶段。当菌褶干燥呈淡黄色，菌盖边缘卷缩，菇重为鲜重的 12% ~ 14% 时，表明干燥进入后期。此时吸气口和排气口全封闭（全循环），送风减至弱风，温度为 60 ~ 65 ℃。

当菌柄干燥时，干制终止。如果未完全干燥便终止，香菇易发霉、受虫蛀，商品价值低；过度干燥时，干菇生产率低，易碎。干香菇可按菌盖大小、厚薄、颜色，菌柄长短等进行分级。小规模生产时，按菌盖直径大（3 ~ 5 cm）、中（2 ~ 3 cm）、小（1 ~ 2 cm），或花菇、厚菇、薄菇和等外菇进行分级上市，经济效益好。

（二）黑木耳干制技术

1. 晒干

晒干适合晴朗天气，应选择通风、透光良好的场地搭载晒架，并铺上竹帘或晒席，将已采收的黑木耳，剔去渣质、杂物，薄薄地撒摊在晒席上，在烈日下暴晒 1 ~ 2 d，并定时用手轻轻翻动。

2. 烘干

烘干用烘干房或烘干机均可。烘干时将黑木耳均匀摆放在烘筛上，摆放厚度不超过 6 ～ 8 cm，烘烤温度先低后高。

二、双孢蘑菇盐渍加工技术

各类食用菌盐渍加工工艺流程基本一致，仅略有差异。下面介绍双孢蘑菇盐渍加工工艺和技术。

1. 漂洗护色

将新鲜双孢蘑菇子实体用 0.5% 盐水漂洗，以除去菇体表面的泥屑和杂物。因其子实体含有酪氨酸酶，当双孢蘑菇表面受伤后，如不及时浸泡在盐水中，受伤处会变为红褐色。用稀柠檬酸溶液漂洗双孢蘑菇，也能显著改善菇色。

2. 杀青

在烧开的水中，倒入漂洗过的双孢蘑菇子实体，边煮边上下翻动，捞去浮在表面的泡沫。当子实体煮至熟而不烂时，即可捞起冷却，一般煮 8 ～ 10 min 即可。锅里的水可连续煮 5 ～ 6 次之后再换清水。杀青的水可用浓度为 5% ～ 6% 的盐水，也可用清水。

3. 冷却

将杀青后的子实体立即放入流动的冷水中冷却，或用 4 ～ 5 只水缸轮流冷却。

4. 盐渍

双孢蘑菇通常采用二次盐渍法，即子实体冷却后沥去清水，先放到 15% ～ 16% 盐水中盐渍 3 ～ 4 d，使盐分向菇体中自然渗透，子实体逐渐"定色"，再将子实体从 15% ～ 16% 盐水中捞起、沥干，放到 23% ～ 25% 盐水内。在开始几天最好每天转缸 1 次，发现盐水浓度低于 20% 时，应立即加盐补足，或倒出一部分淡盐水，再倒入饱和盐水调整。盐渍 1 周后，当缸内盐浓度不再下降，咸度稳定在 22°Bé 左右时，即可装桶。

双孢蘑菇也可以采用多次加盐盐渍法，即每天加入一定量的食盐，加入量为子实体和盐水总质量的 4% ～ 5%，使咸度每天提高 4 ～ 5°Bé，直到咸度稳定在 22°Bé 以上时，停止加盐。一般盐渍过程需要 20 d，每 100 kg 菇（杀青后的质量）需用 35 ～ 40 kg 食盐。注意在盐渍过程中，及时用竹编板或木板将子实体压在液面下，防止子实体漂浮。子实体露在空气中，会导致腐烂、变黑和发臭。

5. 装桶与调酸

将已盐渍好的盐水菇捞起，沥去盐水，约 5 min 后称重，装入塑料桶内。然后在塑料桶内灌满新配制的 22°Bé 的盐水，用 0.4% ～ 0.5% 柠檬酸溶液调节 pH 至 3 ～ 3.5 并加盖封存；或用柠檬酸、偏磷酸钠、明矾配制调酸饱和盐水，调节 pH 至 3 ～ 3.5 再灌入桶内。

三、茶树菇软罐头加工技术

1. 原料验收

茶树菇必须新鲜、色泽正常、菌盖光滑、无病虫害、无开伞、无畸形、无异味、无杂质。采摘后，在短时间内（最好低于 3 h）将茶树菇运至工厂加工。若采摘时气温高于 15 ℃，最好先存放于 3～6 ℃条件下保鲜。

2. 预煮

预煮的主要作用在于钝化酶的活性、软化菇体组织、杀死表面微生物和驱除组织中的气体。预煮时间为 10 min，温度为 100 ℃。

3. 冷却漂洗

预煮后，茶树菇必须尽快冷却漂洗，并去除残留的杂质。

4. 分拣、装盒

茶树菇在漂洗至分拣中的露空滞留时间不得太长。应及时将其按大小、长短归类、装盒，且菌盖朝向应一致，以确保密封杀菌后产品美观。

5. 充填封口

装好菇的盒中应加注热汤汁，并允许汤汁溢出少许，以排除盒内空气并加强杀菌时的热传导。要预先将封口机二道封口的温度升到设定温度，然后进行密封剪切。

6. 杀菌

密封后的软罐头检查无破、漏后，须及时进行杀菌。杀菌时必须严格遵守操作规程，恒温及升降温度过程中，温度、压力波动不得太大。

7. 保温

冷却去水后的软罐头产品应先置于 37 ℃贮藏室内观察 7 d，没有胀罐、浑浊及长霉等现象，方可放到成品库中。

四、茯苓夹饼制作技术

茯苓夹饼可按如下配方进行生产：淀粉 10 kg、精面粉 2.5 kg、核桃仁 20 kg、松子仁 17.5 kg、茯苓 2.5 kg、蜂蜜 18.5 kg、绵白糖 37.5 kg。

制作时，首先将蜂蜜和绵白糖调和，将核桃仁、松子仁剁成米粒大小的颗粒加到蜂蜜内，调和成稠状甜馅。其次将鲜茯苓去皮，切成块，蒸熟后磨成粉，与淀粉、精面粉混合，调成糊状。最后在特制的圆形烤模中，薄薄抹一层素油，向模内倒一小勺稀茯苓糊，摊平后在火上稍烤一下，剪去毛边，形成厚 0.1 cm、直径约 8 cm 的半透明薄饼，在两层薄饼之间涂抹一层甜馅即可。

五、香菇汽水制作技术

1. 原料

干香菇、白糖、柠檬酸、小苏打、水。

2. 制作

首先，取无霉烂、虫害的干香菇30 g，去柄、洗净，放入锅中，加入1 000 mL水，煮沸10 min，冷却后用四层纱布过滤。其次，在滤液中加适量水，使其体积仍保持在1 000 mL，随后加入适量白糖，冷却后装瓶，加入柠檬酸9 g，小苏打7 g，迅速盖上瓶盖。最后，将瓶子放入冷水或冰箱中，20 min后即可饮用。

也可以取适量香菇浸膏，加入0.16%柠檬酸、0.01%可可香精、11%白糖、2 mg/kg的乙基麦芽酚、0.05%香精、0.05%苹果酸钠等调配后装瓶，即为香菇汽水。

六、香菇果脯制作技术

1. 选料与护色

选用优质新鲜香菇，要求菌盖茶褐色、菌褶白色、菌伞完整。采收后，立即浸入0.03%焦亚硫酸钠溶液中进行护色。

2. 杀青

因香菇菌柄质地硬，需进行一次杀青。杀青时间为5～8 min，香菇与水比例为1∶2。

3. 硬化处理

为防止菌盖煮烂，经过一次杀青的香菇要放入0.3%无水氯化钙溶液泡5～7 h，捞出后洗净。硬化处理后，需对其进行二次杀青，以组织透明为准。

4. 糖浸渍

将白砂糖与淀粉糖浆按约1∶1的比例混合，配制40%糖溶液并加入0.5%柠檬酸溶液，将香菇在此糖液中浸渍20 h，香菇与糖液比例为1∶2。

5. 糖煮

将浸渍后的菇脯坯从糖液中捞出，将糖液倒入夹层锅，加入白砂糖，使糖度达50%；同时加柠檬酸，使pH为3，文火煮沸，当糖度为55%时立即停火。

6. 烘烤

把菇脯坯从糖液中捞出，放到烤盘摊平，送入烤箱烘烤，烘烤温度为60～65 ℃，烘烤时间为5～6 h，当菇体透明、不粘手时取出。

7. 包装、检验

对烘烤后的菇脯进行整理、分级，使其外观一致。将菇脯装入食品袋封口，经检验合格即为成品。

 知识拓展

菌渣综合利用

食用菌菌渣是指采用木屑、棉籽壳、玉米芯等有机物栽培食用菌之后，培养料中剩余的菌丝、被不同程度降解的木质纤维素和多种糖类、有机酸类及生物活性物质。目前食用菌菌渣问题已受到广泛关注，对菌渣资源化利用的研究和开发取得了一系列进展，主要集中在菌渣二次种菇、土壤改良、有机肥料生产、育苗和栽培基质生产、能源化利用、动物饲料、养殖垫料等方面。在菌渣利用方面，国外侧重于生态环境修复、土壤改良和栽培基质生产，在菌渣二次种菇、动物饲料添加料、生物活性酶提取、提高植物抗病性等方面也有报道。食用菌菌渣的营养成分受多种因素影响，如栽培原料、栽培品种、出菇潮次和栽培模式等。食用菌栽培原料通过菌丝体的生物转化，粗纤维降低了50%左右，木质素降低30%左右，粗蛋白质及粗脂肪提高1倍以上，且含有氮、磷、钾、钙、镁、硫、铜、锌、铁、锰等。

通常食用菌菌渣含水量在30%～55%，粗蛋白质含量为5.8%～15.4%，粗纤维含量为2%～37.1%，粗脂肪含量为0.1%～4.5%，粗灰分含量为1.5%～35.8%，无氮浸出物含量为33%～63.5%，钙含量为0.2%～4.6%，碳氮比在30∶1以下，pH为6～8，多数菌渣有机质含量在45%以上。

食用菌菌渣氨基酸种类齐全，其中多种氨基酸含量与玉米中的氨基酸含量接近。其不但含有大量的营养物质，还存在着多种微生物及酶等活性物质，对改良土壤理化性状和微生态环境、促进植物营养吸收都有着积极的作用。

一、菌渣种植食用菌

不同食用菌对培养料利用程度不同。菌渣可部分替代棉籽壳、木屑、玉米芯等，拓宽食用菌培养料来源，降低生产成本。二次种菇后，菌渣可直接沤制肥料或加工成商品有机肥。

目前工厂化栽培的金针菇、杏鲍菇、真姬菇等食用菌的菌渣中，不仅含有未完全降解利用的木质素、纤维素等营养物质，还含有大量食用菌菌丝体，将其晒干粉碎后补充一些其他的栽培原料，不仅可以二次栽培双孢蘑菇、草菇等草腐型食用菌，还可以栽培秀珍菇、榆黄蘑、平菇等侧耳类食用菌。采用金针菇菌渣替代部分棉籽壳进行平菇栽培，当菌渣添加量为70%时，生物学效率达到110%以上，栽培成本比全棉籽壳栽培降低30%以上，经济效益提高12%以上。杏鲍菇菌渣在双孢蘑菇栽培中有比常规粪草培养料更好的表现，已经被大量采用。香菇、黑木耳、平菇等木腐型食用菌菌渣的二次种菇技术正在研究和开发中。

二、菌渣肥料化利用

目前农业生产中大量使用化肥，危害着生态环境。食用菌菌渣中有机质含量高，各种速效性养分齐全，菌丝还会分泌出一些生物活性物质和酶类，能够抑制部分土传性病害，分解复杂有机物，促进植物生长。菌渣质地疏松，有较好的持水能力，能进一步分解成具有良好通气、蓄水能力的腐殖质，可有效改良土壤。通过复配，在菌渣中添加一些养分，实现养分的合理搭配，能生产菌渣有机肥。

在食用菌菌渣堆肥中接种高温放线菌，可使堆内温度上升至45℃以上，并可持续18～20 d，其总养分和有机质含量等指标均达到有机肥料标准。采用真姬菇菌渣快速堆制有机肥料，无须添加其他原材料，仅做好水分、pH、通气和温度等管理，就可获得各项养分指标均符合相关标准的有机肥料产品。在双孢蘑菇菌渣中添加发酵剂腐熟生产肥料，用于稻田做基肥试验，发现水稻空瘪粒数减少，稻穗饱满，产量较施用普通肥料增加20.55%，与不施肥相比增产44.18%，增产效果明显。

三、菌渣饲料化利用

多数食用菌栽培基质中蛋白质含量较低或粗纤维含量过高，导致其饲用性能较差。但经过多种微生物发酵和食用菌的分解，纤维素、半纤维素和木质素等均被不同程度降解，同时还产生了大量菌体蛋白，以及多种糖类、有机酸类和其他活性物质，增加了有效营养成分含量。菌渣中含有少量生物碱、黄酮，还含有机酸、多肽、固醇等生物活性物质，这些物质可作为天然抗氧化剂和抗炎物质，能预防一些动物因食物链问题而引起疾病。

在育肥猪日粮中添加40%的发酵菌渣，不仅能促进其生长、明显降低腹泻率，还能减少精料用量、降低养殖成本。用金针菇菌渣替代其他饲料饲喂牛、羊等草食动物，可降低饲料成本、提高经济效益。

四、菌渣基质化利用

草炭是目前广泛使用的作物育苗基质，但其不可再生、价格高，且过度开采会造成资源枯竭和生态环境破坏。菌渣腐熟物的密度、总孔隙度、通气孔隙度与持水孔隙度之比、pH等理化指标都符合制备育苗基质的标准，重金属含量也远低于国家标准规定的上限值。

菌渣经腐熟处理后可部分替代草炭，这种复合基质不仅养分丰富，而且通透性良好，可以较好地满足幼苗的苗期生长对水、空气和养分的需要，在育苗期间也不需再追肥。其生产成本低廉，有利于当地废弃物的无害化、减量化和资源化。

采用双孢蘑菇菌渣、平菇菌渣及二者体积比各 50% 混合的菌渣，45℃干燥 48 h，研磨成 5 mm 大小，分别以 25%、50%、75% 和 100% 的体积比与草炭混合，用纯草炭做对照；选择对盐不敏感的番茄、中等敏感的西葫芦和最敏感的辣椒进行穴盘育苗。结果表明，3 种蔬菜种子萌发的育苗基质中，菌渣的最大添加量为 75%。与纯草炭相比，种子萌发率随育苗基质中菌渣含量的增加而下降。菌渣基质培育的可移栽植株的生物量和营养成分，相当于或高于草炭基质培育的植株。所有供试基质都适于番茄育苗，而双孢蘑菇菌渣、双孢蘑菇菌渣与平菇菌渣体积比各 50% 混合菌渣的基质更适合西葫芦和辣椒育苗。

五、菌渣用于生态修复

利用农业副产物作吸附剂去除溶液中重金属离子的研究备受关注。食用菌菌渣对 Pb^{2+} 和 Zn^{2+} 吸附作用的研究表明，菌渣对 Pb^{2+} 和 Zn^{2+} 有较强的吸附作用。人工配制 Pb^{2+} 和 Zn^{2+} 溶液，pH 分别为 5 和 6，初始浓度均为 20 mg/L，吸附剂用量分别为 16 g/L 和 12 g/L，吸附时间 3 h，室温（25℃）条件下吸附率达到最高，吸附后水中 Pb^{2+} 和 Zn^{2+} 浓度与《污水综合排放标准》(GB 8978—1996) 中规定的浓度接近。

戊唑醇能够有效防治多种作物病害，但戊唑醇在表层土壤中容易富集，易造成环境污染。为期一年的试验表明，采用 75% 双孢蘑菇菌渣和 25% 糙皮侧耳菌渣对戊唑醇污染的土壤进行修复处理，不仅能够加快戊唑醇去除速率，还对其持续性和迁移性有一定的影响；将戊唑醇类农药和菌渣同时使用会显著降低戊唑醇污染土壤与水体的危险性。

在土壤中添加有机物料，能够改变土壤微生物群落结构，提高土壤肥力。使用食用菌菌渣改善土壤结构，提高作物产量，在国内外均有很多报道。西班牙学者采用双孢蘑菇菌渣和双孢蘑菇与平菇混合菌渣进行试验，以不添加菌渣处理的土壤作为对照。在处理后 126 d 时间内测定了土壤 pH、电导率、可氧化有机碳、可利用磷、有机氮、土壤呼吸作用以及多种酶（过氧化氢酶、磷酸酶等）的活性。结果表明，菌渣处理后的土壤，尤其是添加双孢蘑菇菌渣的土壤，过氧化氢酶活性、可氧化有机碳和可利用磷含量显著增加，而其对土壤物理、化学特性（电导率和 pH）的影响不大，菌渣处理后，土壤呼吸作用和磷酸酶活性显著增强。研究结果表明，施用食用菌菌渣能够增加土壤肥力，但不显著改变土壤盐渍度和 pH。

参考文献

［1］罗孝坤，华蓉，周玖璇，等. 食用菌栽培与生产［M］. 昆明：云南科技出版社，2019.

［2］吕作舟. 食用菌栽培学［M］. 北京：高等教育出版社，2006.

［3］罗信昌，陈士瑜. 中国菇业大典［M］. 2 版. 北京：清华大学出版社，2016.

［4］张锐捷. 食用菌栽培：上册［M］. 北京：高等教育出版社，1992.

［5］张瑞华，常明昌. 食用菌栽培［M］. 3 版. 北京：中国农业出版社，2021.

［6］边银丙. 食用菌栽培学［M］. 3 版. 北京：高等教育出版社，2017.

［7］弓建国. 食用菌栽培技术［M］. 北京：化学工业出版社，2011.

［8］孟庆国，侯俊，高霞. 食用菌规模化栽培技术图解［M］. 北京：化学工业出版社，2021.